EUL VERLAG

CONTROLLING

Herausgegeben von Prof. Dr. Volker Lingnau, Kaiserslautern, und Prof. Dr. Albrecht Becker, Innsbruck

Band 11
Lisa Hubig
Die Universität – Leistungsmessung und -bewertung in einer komplexen Organisation
Lohmar – Köln 2009 • 288 S. • € 59,- (D) • ISBN 978-3-89936-764-5

Band 12
Volker Lingnau (Hrsg.)
Mittelstandscontrolling 2009
Lohmar – Köln 2009 • 376 S. • € 65,- (D) • ISBN 978-3-89936-860-4

Band 13
Anna Bassler
Die Visualisierung von Daten im Controlling
Lohmar – Köln 2010 • 244 S. • € 56,- (D) • ISBN 978-3-89936-939-7

Band 14
Tatiana Villalobos Baum
Organisationales Lernen und Anreizsysteme nach dem Börsengang – Ein verhaltensorientierter Ansatz
Lohmar – Köln 2010 • 248 S. • € 56,- (D) • ISBN 978-3-89936-971-7

Band 15
Jürgen Kantowski
Einsatz von Realoptionen im Investitionscontrolling am Beispiel Biotechnologie
Lohmar – Köln 2011 • 248 S. • € 56,- (D) • ISBN 978-3-8441-0022-8

Band 16
Michael Rademacher
Prozess- und wertorientiertes Controlling von M&A-Projekten
Lohmar – Köln 2011 • 368 S. • € 64,- (D) • ISBN 978-3-8441-0110-2

Band 17
Carmen Kühn
Psychopathen in Nadelstreifen
Lohmar – Köln 2012 • 244 S. • € 56,- (D) • ISBN 978-3-8441-0138-6

JOSEF EUL VERLAG

Reihe: Controlling · Band 17

Herausgegeben von
Prof. Dr. Volker Lingnau, Kaiserslautern,
und Prof. Dr. Albrecht Becker, Innsbruck

Dr. Carmen Kühn

Psychopathen in Nadelstreifen

Mit einem Geleitwort von Prof. Dr. Volker Lingnau,
Technische Universität Kaiserslautern

EUL VERLAG

Bibliografische Information der Deutschen Nationalbibliothek

Die Deutsche Nationalbibliothek verzeichnet diese Publikation in der Deutschen Nationalbibliografie; detaillierte bibliografische Daten sind im Internet über <http://dnb.d-nb.de> abrufbar.

Dissertation, Technische Universität Kaiserslautern, 2011, unter dem Titel:
Psychopathen in ökonomischen Anreizsystemen – Ein nosologisches Konzept

D 386 (2011)

ISBN 978-3-8441-0138-6
1. Auflage März 2012

JOSEF EUL VERLAG GmbH
Brandsberg 6
53797 Lohmar
Tel.: 0 22 05 / 90 10 6-6
Fax: 0 22 05 / 90 10 6-88
E-Mail: info@eul-verlag.de
http://www.eul-verlag.de

Bei der Herstellung unserer Bücher möchten wir die Umwelt schonen. Dieses Buch ist daher auf säurefreiem, 100% chlorfrei gebleichtem, alterungsbeständigem Papier nach DIN 6738 gedruckt.

In memoriam

Raimund Kühn

(1951-2006)

Geleitwort

Frau Kühn baut ihre Arbeit auf den Ergebnissen neuerer Untersuchungen auf, wonach Psychopathen nicht nur als gewalttätige und schwerstkriminelle Kapitalverbrecher in Hochsicherheitsgefängnissen und „geschlossenen" forensischen Abteilungen zu finden sind, „sondern auch als smarte und erfolgreiche Führungskräfte in den Führungsriegen von Wirtschaftsunternehmen" (S. 1). Damit stellt sich u. a. die Frage, ob diese Personen „ihre Führungsposition vielleicht nicht erreicht haben, obwohl sie psychopathische Persönlichkeitsmerkmale aufweisen, sondern gerade weil dies der Fall ist" (S. 5). Dabei gilt ihr Hauptinteresse möglichen dysfunktionalen Wirkungen von Anreizsystemen.

Zunächst werden ausgesprochen kenntnisreich „Psychologische Grundlagen der Psychopathie" behandelt. Man merkt deutlich, dass die Verfasserin hier auf ihr umfangreiches psychologisches Wissen zurückgreifen kann. Sodann wendet sich Frau Kühn dem Phänomen der erfolgreichen Psychopathen zu und macht u. a. den geringen Erkenntnisstand zu diesem Phänomen deutlich. Die Untersuchung der Möglichkeiten zur Detektion erfolgreicher Psychopathen in Führungspositionen führt zu dem ernüchternden Ergebnis: „Keines der vorgestellten ... Verfahren ist in der Lage, Psychopathie zu detektieren." (S. 110). Die Autorin schlägt als Konsequenz daraus vor, „psychopathenfeste Anreizsysteme" zu entwickeln (S. 111).

Hierfür stellt die Verfasserin im nächsten Kapitel zunächst die Beziehung zwischen Menschenbild und Anreizsystemen her und erörtert das Menschenbild des homo oeconomicus. Kernstück der Arbeit ist der Abschnitt 4.1.3, in dem die Autorin die in der Literatur diskutierten Merkmale des homo oeconomicus einer psychodiagnostischen Analyse mit Hilfe der PCL-R unterzieht. Schrittweise konfrontiert sie die Merkmale der PCL-R mit Aussagen über Eigenschaften des homo oeconomicus. Diese Vorgehensweise ist nicht nur von der Idee her ausgesprochen kreativ und bislang einmalig, sondern auch überzeugend umgesetzt. Selbst wenn man der Argumentation der Autorin nicht in allen Fällen folgen will, so bleibt doch das Fazit eindeutig: „Es handelt sich bei dem H. O. also um einen „Faktor-1-Psychopathen" nach dem Zwei-Faktoren-Modell." (S. 150). Abschließend verknüpft die Verfasserin Überlegungen zum Menschenbild des homo oeconomicus mit der Wirkungsweise von Anreizsystemen und den Merkmalen der psychopathischen Persönlichkeitsstörung. Sie begründet überzeugend, dass die auf dem homo oeconomicus Modell aufbauenden Anreizsysteme „Psychopathen geradezu anlocken und psychopathisches Verhalten belohnen." (S. 172). Ergänzt werden diese Ausführungen durch die Betrachtung des homo oeconomicus als Sozialcharakter. Danach wäre der homo oeconomicus als zweckrational handelnder Akteur nicht nur ein theoretisches Modell, sondern Vorbild für gesellschaftliche Gruppen.

Zusammenfassend kann festgestellt werden, dass Frau Kühn mit ihrer Dissertation erstmals in der Literatur ein nosologisches Konzept des Phänomens der erfolgreichen Psychopathen in Führungspositionen vorlegt. Das Konzept beinhaltet die Anamnese, Epidemiologie, Diagnostik, Ätiologie, Pathogenese, Therapie und Prophylaxe der Persönlichkeitsstörung Psychopathie in der Wirtschafts- und Finanzwelt sowie Implikationen und Effekte. Es handelt sich dabei um eine interdisziplinäre Arbeit, die das Phänomen der „Psychopathen in Nadelstreifen" aus Sicht der Wirtschaftswissenschaften und aus dem Blickwinkel der Psychologie betrachtet. Die Ausführungen zeigen, dass es der Autorin gelingt, ökonomische und psychologische Betrachtung zu integrieren. Mit ihren Überlegungen gibt Frau Kühn wertvolle Impulse für eine dringend notwendige psychologische Fundierung des Controllings, die in dieser Art bislang einzigartig in der Controllingforschung ist.

Kaiserslautern, im März 2012

Prof. Dr. Volker Lingnau

Vorwort

Die vorliegende Arbeit wurde vom Fachbereich Wirtschaftswissenschaften der TU Kaiserslautern als Dissertation angenommen. Ihre wesentlichen Ideen und insbesondere der Begriff der Psychopathen in Nadelstreifen entstanden in der Zeit meiner Tätigkeit am dortigen Lehrstuhl für Unternehmensrechnung und Controlling.

Während der vergangenen Jahre, in denen diese Arbeit immer mehr Gestalt annahm, haben mich zahlreiche Menschen auf unterschiedliche Art und Weise unterstützt und damit zu der Dissertation beigetragen. All denjenigen gilt mein herzlicher Dank. Einige von ihnen möchte ich jedoch hier besonders herausstellen.

An erster Stelle danke ich meinem Doktorvater Prof. Dr. Volker Lingnau, der mich in den vergangenen Jahren gefördert und gefordert hat, für seine wissenschaftlichen Ratschläge und Hilfen sowie für die offenen Diskussionen. Die interdisziplinäre Arbeit wäre ohne diesen Mentor nicht möglich gewesen. In diesem Zusammenhang danke ich auch Prof. Dr. Daniel Geiger, der die Aufgabe des Zweitgutachters übernommen hat. Darüber hinaus danke ich Prof. Dr. Michael von Hauff und Prof. Dr. Michael Hassemer dafür, dass sie die Prüfungskommission komplettiert und bereichert haben.

Dem Team des Lehrstuhls für Unternehmensrechnung und Controlling danke ich für die vielfältige Unterstützung. Dr. Michael Hoogen, Dr. Lisa Hubig und Dr. Andreas Jonen sowie Christel Klemens sind mir nachhaltig freundschaftliche Weggefährten. Ebenso bedanke ich mich bei Benny Bohlmann, Eduard Stoppel und Lena Wohninsland für die Pflege der ausufernden Literaturdatenbanken.

Weniger wissenschaftliche, aber grenzenlose und uneingeschränkte Unterstützung habe ich durch meine Familie erfahren. Besonders danken möchte ich meinen Eltern, die in jeglicher Hinsicht die Grundsteine für meinen Weg gelegt haben. Meine Mutter Monika Kühn ist mir in ihrem Mut und ihrer unerschöpflichen Energie immer ein Vorbild. Meinem Vater Raimund Kühn, von dem ich viel lernen durfte, sei diese Arbeit in liebevoller und dankbarer Erinnerung gewidmet.

Meiner „Godi“ Rita Reichert und meiner Mutter möchte ich herzlich danken, dass sie die Rechtschreibung dieser Arbeit in ihren unterschiedlichsten Versionen und zahlreichen Varianten kontrolliert haben. Danken möchte ich allen meinen engen Freunden, die mich aufgebaut und beraten haben und auch für die erforderliche Zerstreuung sorgten. Insbesondere die willkommenen Kaffeepausen mit Sebastian Schmitt werde ich immer im Gedächtnis bewahren.

Der größte Dank gilt meinem Ehemann und besten Freund Michael Kühn für den Rückhalt, sein Verständnis und das fortwährende Interesse an dem, was ich tue. Noch mehr möchte ich ihm dafür danken, dass er mich nie hat vergessen lassen, dass es immer mehr gibt als Psychologie, Controlling und Wissenschaft.

Lebach-Landsweiler, im Januar 2012

Carmen Kühn

Inhaltsübersicht

Inhaltsverzeichnis

Seite

Abbildungsverzeichnis

Tabellenverzeichnis

Abkürzungsverzeichnis

APA	Amerikanische Psychiatrische Vereinigung (*American Psychiatric Association*)
AP	Affektives Priming
B-Scan	*Business-Scan*
DSM	Diagnostisches und statistisches Manual psychischer Störungen (*Diagnostic and Statistical Manual of Mental Disorders*)
IAT	Impliziter Assoziationstest
ICD	Internationale statistische Klassifikation der Krankheiten und verwandten Gesundheitsprobleme (*International Classification of Diseases and Related Health Problems*)
IKP	Inventar klinischer Persönlichkeitsakzentuierungen
LDT	*Lexical Decision Task*, lexikalische Entscheidungsaufgabe
PCL	*Psychopathy Checklist*
PCL-R	*Psychopathy Checklist-Revised*, revidierte Form der PCL
PCL: SV	*Psychopathy Checklist: Screening Version*
PCL-YV	*Psychopathy Checklist-Youth Version*
PwC	Pricewaterhouse Coopers
PPI-R	*Psychopathic Personality Inventory-Revised*
PSSI	Persönlichkeits-Stil- und Störungs-Inventar
SP	Semantisches Priming
vs.	*versus*
WHO	Weltgesundheitsorganisation (*World Health Organization*)

1 Einleitung

„Haben Sie auch manchmal das Gefühl, dass es unter den Lenkern der Wirtschaft von skrupellosen Irren nur so wimmelt?
Sie könnten Recht haben. Hinter der smarten Fassade von Führungskräften verstecken sich nicht selten echte Psychopathen.“[1]

1.1 Motivation, Zielsetzung und Vorgehensweise

Entgegen der alltagspsychologischen Vorstellung handelt es sich bei Psychopathen nicht ausschließlich um blutrünstige Serienkiller und skrupellose Massenmörder, wie beispielsweise den Kannibalen Hannibal Lecter aus dem Film „Das Schweigen der Lämmer“ oder den kaltblütigen Frauenmörder Norman Bates in „Psycho“. Psychopathen sind nicht nur als gewalttätige und schwerstkriminelle Kapitalverbrecher in Hochsicherheitsgefängnissen und „geschlossenen“ forensischen Abteilungen zu finden, sondern auch als smarte und erfolgreiche Führungskräfte in den Führungsriegen von Wirtschaftsunternehmen – als „Psychopathen in Nadelstreifen“[2].

Die vorliegende Arbeit beschäftigt sich mit der Anamnese[3], Epidemiologie[4], Diagnostik, Ätiologie[5], Pathogenese[6], Therapie und Prophylaxe der Persönlichkeitsstörung Psychopathie in der Wirtschafts- und Finanzwelt. Dabei werden die Implikationen und Effekte für

[1] Online Medical Tribune (2005), S. 12.

[2] Die Bezeichnung „Psychopathen in Nadelstreifen“ wurde erstmals von LINGNAU in Kühn, C. / Lingnau, V. (2009) erwähnt.

[3] Die Anamnese stellt die Krankengeschichte dar, in der die Art, der Beginn und der Verlauf der Beschwerden zussammengefasst werden (vgl. Pschyrembel (2002), S. 70). Eine Definition des Begriffs findet sich bei Pschyrembel (2002), S. 70.

[4] Die Epidemiologie ist die wissenschaftliche Disziplin, die „sich mit der Verteilung von übertragbaren und nicht übertragbaren Krankheiten und deren physikalischen, chemischen, psychischen und sozialen Determinanten und Folgen in der Bevölkerung befasst“ (Pschyrembel (2002), S. 460).

[5] Die Ätiologie ist der wissenschaftliche Zweig der Medizin, der sich mit den einer Krankheit oder einer Störung zu Grunde liegenden Ursachen beschäftigt. Eine Definition des Begriffs findet sich bei Pschyrembel (2002), S. 26.

[6] Die Pathogenese beschreibt die Entstehung und Entwicklung einer Krankheit oder Störung. Für eine Begriffsdefinition siehe Pschyrembel (2002), S. 1266.

die Wirtschaft wie auch für die Gesellschaft betrachtet. Es soll so ein Ansatz für eine Nosologie[7] des Phänomens der Psychopathen in ökonomischen Anreizsystemen geschaffen werden.

In der Literatur werden die „smarten" Psychopathen in Führungspositionen auch als „*industrial psychopaths*"[8], „*white collar psychopaths*"[9], „*organisational psychopaths*"[10] , „erfolgreiche Psychopathen"[11], „*corporate psychopaths*"[12], „*bosses from hell*"[13], „*snakes in suits*"[14] oder „Schlangen in Nadelstreifen"[15] bezeichnet. Dass es sich dabei nicht um ein rein theoretisches Konstrukt handelt, konnten zahlreiche neuere und empirische Untersuchungen bestätigen.[16] Diese Studien zeigen neben der Existenz von erfolgreichen Psychopathen auch, dass der Anteil an Psychopathen innerhalb der Population der Führungskräfte deutlich höher ist als in der Gesamtbevölkerung.[17] Dieses real existierende Phänomen der Psychopathie in Führungspositionen stellt den Ausgangspunkt der vorliegenden Arbeit dar.[18]

White collar psychopaths zeichnen sich gerade dadurch aus, dass sie am gesellschaftlichen und wirtschaftlichen Leben erfolgreich teilnehmen. Während sich ein internationaler und interdisziplinärer Forschungsbereich traditionell mit der Gruppe der gewalttätigen und in-

---

[7] Unter dem Begriff Nosologie wird die Krankheitslehre verstanden. Sie stellt eine „systematische Beschreibung der Krankheiten" dar (Pschyrembel (2002), S. 1188).

[8] Babiak, P. (2000), S. 294.

[9] Hare, R. D. (1993), S. 102 ff..

[10] Boddy, C. R. (2006), S. 1461.

[11] Dazu zählen auch Bezeichnungen wie „*non-institutionalized psychopaths*" oder „*non-criminal psychopaths*" (vgl. Boddy, C. R. et al. (2010), S. 2 f.; vgl. Hall, J. R. / Benning, S. D. (2006), S. 459 f. und Huss, M. T. (2009), S. 81 f.).

[12] Boddy, C. R. (2010), S. 26; Boddy, C. R. et al. (2010), S. 1 und Deutschman, A. (2005), S. 1 f..

[13] Vgl. Fast Company (2007).

[14] Babiak, P. / Hare, R. D. (2006).

[15] Hofert, S. (2006), S. 51.

[16] Siehe Babiak, P. / Hare, R. D. (2007); siehe Board, B. J. / Fritzon, K. (2005), S. 17-32; siehe Dammann, G. (2009), S. 61-89 und siehe Dammann, G. (2007). Auf diese Studien wird auf 66 ff. dieser Arbeit eingegangen.

[17] Mit der Epidemiologie der Psychopathie in Führungspositionen beschäftig sich Kapitel 3.1.1, S. 62 ff. dieser Arbeit. Dort wird insbesondere auf eine Kennzahl der epidemiologischen Forschung eingegangen, auf die Prävalenz.

[18] Die Anamnese des Phänomens der Psychopathie in Führungspositionen findet sich in Kapitel 3.1, S. 61 ff. dieser Arbeit. Hier wird auf die *white collar psychopaths* im Speziellen eingegangen.

haftierten Psychopathen beschäftigt und diese in zahlreichen Studien untersucht, besteht für die Gruppe der erfolgreichen Psychopathen noch ein großer und bedeutsamer Bedarf an theoretischer wie auch empirisch-methodischer Forschung.[19]

Psychopathie zählt zu den Persönlichkeitsstörungen.[20] Laien wie auch Fachleute sehen in Psychopathen eine Gefahr für Leib und Leben, da es sich um chronisch schwer gestörte Persönlichkeiten handelt. Psychologen, Psychotherapeuten und Psychiater verstehen unter einem Psychopathen eine egozentrische und zur Empathie unfähige Person. Gekennzeichnet ist das chronische Störungsbild durch sozial verantwortungsloses und emotional inkompetentes Verhalten sowie impulsives, aggressives und rücksichtsloses Handeln. Psychopathen sind nicht in der Lage, Reue oder Schuldgefühle zu zeigen. Darüber hinaus haben sie ein manipulatives Wesen und ein stark übersteigertes Selbstwertgefühl.[21]

Die Epidemiologie der Störung Psychopathie ist in Gefängnispopulationen gut untersucht. Bei einem Großteil der Straffälligen kann eine antisoziale Persönlichkeitsstörung diagnostiziert werden.[22] Eine weitaus geringere Zahl von Straffälligen kann der Gruppe der Psychopathen zugeordnet werden, die meist als eine Subgruppe der Personen mit antisozialer Persönlichkeitsstörung angesehen wird.[23] Ein Merkmal von Psychopathen ist nach ROBERT HARE eine extrem hohe Rückfälligkeitsquote,[24] woraus schlechtere Legalprognosen resultieren. Soziologen konnten beobachten, dass eine kleine Anzahl von Straffälligen für einen

[19] Einige Pionierstudien zur Untersuchung der Psychopathen in Führungspositionen werden in Kapitel 2.2.5, S. 56 ff. dieser Arbeit vorgestellt und diskutiert.

[20] Auf die Grundlagen der Persönlichkeitspsychologie, die die Persönlichkeits- und Persönlichkeitsstörungstheorie beinhaltet, wird in Kapitel 2.1, S. 11 ff. dieser Arbeit eingegangen.

[21] Die Diagnostik der Persönlichkeitsstörung Psychopathie wird in Kapitel 3.2, S. 75 ff. dieser Arbeit behandelt.

[22] Vgl. Saß, H. / Felthous, A. R. (2007), S. 1.

[23] Bei den Psychopathen handelt es sich jedoch nicht um eine echte Teilmenge der Personen mit antisozialer Persönlichkeitsstörung, auch wenn Psychopathen alle Kriterien einer antisozialen Persönlichkeitsstörung erfüllen. Gerade die emotionalen Defizite sind bei Psychopathen ausgeprägter als bei Personen mit einer antisozialen Persönlichkeitsstörung. Darüber hinaus verfügen Psychopathen über distinkte Merkmale wie einen glatten und oberflächlichen Charme und ein narzisstisch übersteigertes Selbstwertgefühl.

[24] Vgl. Saß, H. / Felthous, A. R. (2007), S. 1.

Großteil der schweren Verbrechen verantwortlich ist.[25] Es gibt jedoch nur einige wenige großzahlige Studien innerhalb der täterzentrierten Kriminologie,[26] die empirisch vorgehen und dabei ein multifaktorielles Design nutzen.[27]

Zur Diagnose der Persönlichkeitsstörung Psychopathie stehen verschiedene in Forschung und Praxis anerkannte klinische Verfahren zur Verfügung. Der Psychopathie teilweise entsprechende Persönlichkeitsstörungen finden sich in internationalen Manualen zur allgemeinen Erfassung von psychischen Störungen wieder. Darüber hinaus sind auch für Psychopathie spezifische Testverfahren in ihrer Anwendung weit verbreitet und in ihrer Validität bestätigt. Zur Erfassung und Diagnose von psychopathischen Persönlichkeitsakzentuierungen und deren pathologischer Ausprägung, der psychopathischen Persönlichkeitsstörung, konnten verschiedene direkte und indirekte Verfahren entwickelt und angewendet werden. Ansatzpunkte für mögliche Detektionsverfahren für die Gruppe der erfolgreichen Psychopathen im Kontext eines Unternehmens finden sich sowohl im Bereich der Persönlichkeits- und Organisationsforschung als auch in davon bisher unabhängigen Bereichen wie der Grundlagenforschung der Allgemeinen und Kognitiven Psychologie. Diese diagnostischen Testverfahren erfüllen zwar meist die Testgütekriterien, eine Anwendung auf

25 Empirische Studien dazu siehe Heinz, W. et al. (1988); Heinz, W. / Storz, R. (1992); Weschke, E. / Krause, W. (1983); West, D. J. / Farrington, D. P. (1973) und Wolfgang, M. E. et al. (1972). Diese Kohorten-Studien nutzen ein Längsschnittdesign.
So konnte eine Untersuchung zeigen, dass 6,3 Prozent der untersuchten Jugendlichen über 60 Prozent aller erfassten Straftaten verübten. Zu ähnlichen Ergebnissen kommen auch Heinz, W. et al. (1988); Heinz, W. / Storz, R. (1992); Weschke, E. / Krause, W. (1983); West, D. J. / Farrington, D. P. (1973) und Wolfgang, M. E. et al. (1972).

26 Weiterführende Informationen zur Kriminalitätstheorie siehe Kaiser, G. (1996). Siehe auch Farrington, D. P. / Welsh, B. C. (2007); West, D. J. / Farrington, D. P. (1973) und West, D. J. / Farrington, D. P. (1977). Farringtons Ansatz kann als Lebenslauftheorie verstanden werden. Er geht davon aus, dass ein krimineller Lebenslauf durch eine Interaktion der Person mit antisozialem Verhalten und durch eine Umwelt, die Tatgelegenheiten gibt, entsteht (vgl. Farrington, D. P. / Welsh, B. C. (2007)). Im Gegensatz dazu stellt Kaiser, G. (1996) eine Theorie der unterschiedlichen Sozialisation und Sozialkontrolle auf (vgl. Kaiser, G. (1996), S. 85 ff.).

27 Wie zum Beispiel die Studie zur Entwicklung jugendlicher Delinquenz (*Unraveling Juvenile Delinquency*) (vgl. Glueck, S. / Glueck, E. (1950)), die Cambridge Studie von West / Farrington (vgl. Farrington, D. P. et al. (1998), S. 85-106 und vgl. West, D. J. / Farrington, D. P. (1973)) sowie die Tübinger Jungtäteruntersuchung von Göppinger (1964-1985) (vgl. Göppinger, H. (1983)).

die angesprochene spezifische Population und das spezifische Umfeld ist jedoch nach jetzigem Stand der Forschung nicht möglich.[28]

Das Ausmaß an Schaden und Leid, das durch erfolgreiche Psychopathen in Führungspositionen verursacht wird, ist nicht berechenbar. Psychopathen handeln ausschließlich rücksichtslos und auf den eigenen Vorteil hin orientiert. Ihr Verhalten richtet sich weder nach den Wünschen anderer Personen noch nach den Organisationszielen. Neben dem eigenen möglichen Leidensdruck ist vor allem der Schaden zu betrachten, den Psychopathen anderen Personen zufügen. Hinzukommt der ökonomische Schaden, den die Gesellschaft tragen bzw. bezahlen muss.[29] Bisher existieren auch kaum Studien, die den wirtschaftlichen Schaden, den Psychopathen verursachen, fokussieren.[30]

Bislang fehlt sowohl eine Theorie über die Entstehung und die Ursachen der Psychopathie in Führungspositionen als auch ein Erklärungsmodell dafür, weshalb sich in Führungspositionen gerade gestörte Persönlichkeiten finden lassen.[31] Neben der Frage nach der Ursache für die Häufung von Psychopathen in Führungspositionen stellt sich die Frage, ob die „Psychopathen in Nadelstreifen ihre Führungsposition vielleicht nicht erreicht haben, obwohl sie psychopathische Persönlichkeitsmerkmale aufweisen, sondern gerade weil dies der Fall ist“.[32] Die Belohungssysteme, die einen Teil des Anreizsystems darstellen, könnten dabei auf zwei Wegen versagt haben. Zum einen verhindern diese anscheinend nicht den Eintritt von Psychopathen in die Organisation. Zum anderen kann durch die angebote-

[28] Mit den methodischen Grundlagen zur Erfassung der Persönlichkeitsakzentuierung und Persönlichkeitsstörung Psychopathie beschäftigt sich Kapitel 3.2, S. 75 ff. dieser Arbeit. Möglichkeiten und Grenzen der Messung der Psychopathie werden hier diskutiert.

[29] Bei straffälligen Psychopathen entstehen Kosten durch die Strafverfolgungsbehörden, die Strafvollstreckung und die Wiedereingliederung. Die Kosten, die durch die Behandlung der Opfer entstehen, werden ebenfalls zum Teil von der Gesellschaft getragen (vgl. Saß, H. / Felthous, A. R. (2007), S. 1).

[30] Auf den durch Psychopathen in Führungspositionen entstehenden Schaden wird in Kapitel 3.1.2, S. 72 ff. dieser Arbeit eingegangen. Hier werden die wirtschaftlichen und gesellschaftlichen Effekte erläutert.

[31] Die Ätiologie und die Pathogenese der erfolgreichen Psychopathen wird in Kapitel 4.3, S. 169 ff. dieser Arbeit thematisiert.

[32] Kühn, C. / Lingnau, V. (2009), S. 26.

nen Anreize das psychopathische Verhalten von Psychopathen belohnt und verstärkt werden.[33]

Anreizsysteme basieren – sowohl in der Literatur als auch in der Praxis – auf der Annahme eines grenzenlosen Opportunismus der Organisationsmitglieder. Um die Organisationsziele zu realisieren, gilt es, die Eigennutzenmaximierung der Organisationsmitglieder entsprechend einzuschränken. Anreiz- und Belohnungssysteme sind aus diesem Grund so gestaltet, dass die Organisationsziele erreicht werden durch die parallele Eigennutzenmaximierung der Organisationsmitglieder. Die Grundlage dieser Überlegungen, die sich insbesondere in der Prinzipal-Agent-Forschung wiederfinden lassen, ist das Menschenbild der Wirtschaftswissenschaften, der *homo oeconomicus*.

In einem Anreizsystem sind diejenigen Organisationsmitglieder erfolgreich, die anreizkompatibeles Verhalten zeigen. Der persönliche Gewinn wird maximiert, wenn das Verhalten und die Eigenschaften der Organisationsmitglieder denen des zu Grunde liegenden Menschenbildes des *homo oeconomicus* entsprechen. Der *homo oeconomicus*[34] stellt so ein Muster und ein Vorbild für das Verhalten der Organisationsmitglieder im Anreizsystem dar.

Werden allgemeine und spezifische psychologische Verfahren zur Diagnose von Persönlichkeitsstörungen auf die modelltheoretischen Merkmale und Eigenschaften des *homo oeconomicus* angewendet, zeigt sich, dass der *homo oeconomicus* nach den internationalen Manualen die Kriterien für die Diagnose „Psychopathie“ erfüllt. Ein zentrales Thema dieser Arbeit stellt die psychodiagnostische Betrachtung des *homo oeconomicus* dar.[35]

Dieser Diagnose schließt sich eine ätiologische und pathogenetische Untersuchung an.[36] Diese kommt zu dem Ergebnis, dass das theoretische Modell des *homo oeconomicus* Auswirkungen auf das Verhalten und Handeln von realen Menschen haben kann. Der *homo*

---

[33] Mit den theoretischen Grundlagen von Anreizsystemen beschäftigt sich Kapitel 4.2, S. 152 ff. dieser Arbeit.

[34] Auf das modelltheoretische Konzept des *homo oeconomicus* wird in Kapitel 4.1, S. 113 ff. dieser Arbeit eingegangen.

[35] Vgl. Kapitel 4.1.3, S. 125 ff. dieser Arbeit.

[36] Vgl. Kapitel 4.3, S. 169 ff. dieser Arbeit.

oeconomicus repräsentiert nämlich einen Sozialcharakter, einen erfolgreichen Charakter innerhalb einer Gesellschaft.[37]

Durch die nosologische Betrachtung der erfolgreichen Psychopathen in der Wirtschafts- und Finanzwelt soll erörtert werden, dass sowohl die Anreizsysteme als auch der Sozialcharakter auf dem *homo oeconomicus* basieren. Diese beiden befördern die Psychopathen auf dem Weg an die Spitze der Organisationshierarchie: im wirtschaftlichen Bereich das Anreizsystem und auf der gesellschaftlichen Ebene der Sozialcharakter. Die Ätiologie der erfolgreichen Psychopathen findet sich also im Menschenbild der Wirtschaftswissenschaften. Die Pathogenese dieses Phänomens entwickelt sich durch die Anreizsysteme und den Sozialcharakter.

Die Persönlichkeitsstörung Psychopathie ist nach aktuellem Stand der Forschung weder therapier- noch heilbar. Vor dem Hintergrund des durch erfolgreiche Psychopathen entstehenden – wenn auch nicht quantifizierbaren – Schadens scheinen Gegenmaßnahmen jedoch erforderlich. Psychopathen können als solche auch von Experten kaum erkannt werden. Direkte wie auch indirekte Verfahren zur Detektion von Psychopathen sind weder im Unternehmensumfeld anwendbar noch für die Gruppe der *white collar psychopaths* geeignet. Als Maßnahme bzw. Maßregel gegen die Psychopathen bleibt die Prophylaxe. Um Psychopathen von den Organisationen fernzuhalten und die Attraktivität der Organisationen für Psychopathen zu mindern, können Anreizsysteme „psychopathenfest“ gestaltet werden.[38]

Denn:

„*Look like th'innocent flower,*

But be the serpent under't.“[39]

---

[37] Warum es sich beim *homo oeconomicus* um einen Sozialcharakter handelt, wird in Kapitel 4.3.2, S. 175 ff. dieser Arbeit begründet.

[38] Psychopathenfeste Anreizsysteme als prophylaktische Maßnahmen gegen Psychopathen im Unternehmensumfeld werden in Kapitel 5.2, S. 188 ff. dieser Arbeit erläutert.

[39] Shakespeare, W. (1623), Akt 1, Szene V, Vers 65 f., Ratschlag von Lady Macbeth an Macbeth. Lady Macbeth, getrieben von Ehrgeiz, Machtgier und Gewaltbereitschaft bis hin zur Mordlust, beginnt hier, ihrem noch zögerlichen Gatten Ratschläge für den geplanten Königsmord zu geben. Er sei noch „*too full o'*

1.2 Aufbau der Arbeit

Die vorliegende Arbeit baut auf zwei Säulen auf: der Psychologie und den Wirtschaftswissenschaften. Zum einen werden psychologische Grundlagen erläutert und es wird das Themengebiet der Psychopathie fokussiert. Zum anderen wird auf wirtschaftswissenschaftliche Grundlagen eingegangen und dabei werden im Speziellen die Themen Anreizsysteme, Prinzipal-Agent-Theorie und *homo oeconomicus* erläutert. Die beiden Säulen werden in dem Thema Psychopathen in Nadelstreifen zusammengeführt, da es sich dabei um ein Phänomen im Grenzgebiet zwischen Psychologie und Betriebswirtschaftslehre handelt. Der grundlegende Aufbau der Arbeit ist in Abbildung 1 dargestellt.

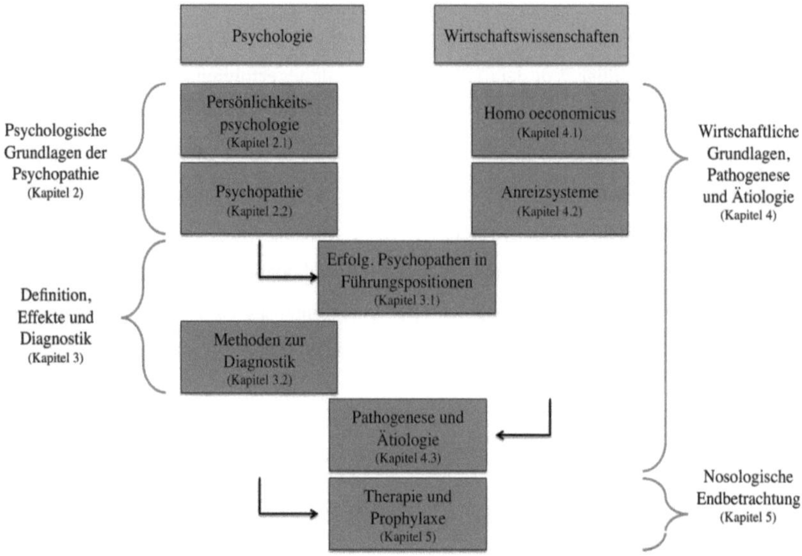

Abbildung 1: Aufbau der Arbeit

the milk of human kindness“ (Shakespeare, W. (1623), Akt 1, Szene V, Vers 15-18) und es fehle ihm an Skrupellosigkeit und Kaltblütigkeit. Lady Macbeth rät Macbeth, wie ein Psychopath zu handeln. Aus ihrer Sicht führt nur das psychopathische Verhalten zum Erfolg. Dass es sich bei der Psychopathie um einen pathologischen Charakter handelt, der nur schwer als solcher erkennbar ist, wird in der bildlichen Darstellung der unter Blumen versteckten Schlange deutlich.

Der Ablauf dieser Arbeit ist vom Vorgehen der medizinischen Diagnostik inspiriert. Es soll – metaphorisch gesprochen – der neue Patient „Psychopath in Nadelstreifen“ betrachtet werden. Zuerst wird eine ausführliche Anamnese des Problems erstellt. Dabei soll auch auf die Epidemiologie der Psychopathie und der Psychopathen in Nadelstreifen eingegangen werden. Kapitel 2 dieser Arbeit beschäftigt sich mit den psychologischen Grundlagen zur Persönlichkeitsstörung im Allgemeinen und mit der Persönlichkeitsstörung Psychopathie im Speziellen. Die besondere Subgruppe der erfolgreichen Psychopathen in Führungspositionen wird in Kapitel 3.1 thematisiert. Auf Basis dieser Anamnese wird eine Diagnose erstellt. Wie eine Diagnose bei der speziellen Gruppe von Probanden erstellt werden kann, wird in Kapitel 3.2 erläutert. Dem Patienten in Nadelstreifen nähert sich aus dem Blickwinkel der Wirtschaftswissenschaften Kapitel 4, das sich mit den Themen *homo oeconomicus* (4.1) und Anreizsysteme (4.2) beschäftigt. Eine Ätiologie und eine Pathogenese des Phänomens werden anschließend herausgearbeitet und erläutert (4.3). In der nosologischen Endbetrachtung in Kapitel 5 werden Therapiemöglichkeiten entwickelt.

2 Psychologische Grundlagen der Psychopathie

2.1 Grundlagen der Persönlichkeitspsychologie

Die Definition und Beschreibung der Persönlichkeitsstörung Psychopathie setzt ein Verständnis des Konzeptes der Persönlichkeit voraus. Aus diesem Grund behandelt Kapitel 2.1 neben den Persönlichkeitstheorien[40] auch die Definitionen des Begriffes Persönlichkeitsstörung und des damit verwandten Begriffes der Persönlichkeitsakzentuierung[41].

2.1.1 Persönlichkeit und Persönlichkeitstheorien

> „Weder der Theologe noch der Philosoph, Jurist, Soziologe, noch der Mann auf der Straße oder der Psychologe [kann] das Wort Persönlichkeit für sich allein beanspruchen."[42]

Die Persönlichkeit[43] eines Menschen definiert sich durch eine Vielzahl von individuellen Eigenschaften und Verhaltensmerkmalen.[44] Sie beinhaltet die Gesamtheit der Eigenschaften und Merkmale seiner Persönlichkeit, wozu „die individuellen Besonderheiten in der körperlichen Erscheinung und in Regelmäßigkeiten des Verhaltens und Erlebens"[45] zählen. Jeder Mensch kann so durch die Kombination einzelner Ausprägungen der Persönlichkeitsmerkmale individuell und distinkt beschrieben werden.[46] Persönlichkeitseigenschaften sind zeitstabil und weitgehend unabhängig vom Kontext.[47] Durch die Verallgemeinerung

[40] Kapitel 2.1.1, S. 11 dieser Arbeit.

[41] Kapitel 2.1.2, S. 14 dieser Arbeit.

[42] Allport, G. W. (1949), S. 49.

[43] Lat.: persona = Maske, Rolle.

[44] Vgl. Nissen, G. (2000), S. 6 und vgl. Saß, H. (1987), S. 2.

[45] Asendorpf, J. B. (2009), S. 2.

[46] Vgl. Mummendey, H. D. (1987), S. 28.

[47] Vgl. Fiedler, P. (2007), S. 2. Die Persönlichkeit umfasst alle individuellen überdauernden Besonderheiten; diese überdauernden Zeiträume beziehen sich auch auf Wochen und Monate. Persönlichkeitsmerkmale sind relativ stabil, das heißt, sie können sich über Monate und Jahre hinweg verändern (vgl. Becker, P. (2005), S. 511). Mit zunehmendem Lebensalter stabilisieren sich die Persönlichkeitsmerkmale (vgl. Asendorpf, J. B. (2005), S. 19). Diese zunehmende Stabilisierung entsteht unter anderem durch das Ge-

vom wiederholt und regelmäßig beobachtbaren Verhalten einer Person und den gezeigten sozialen Besonderheiten dieser lassen sich die Persönlichkeitseigenschaften ableiten.[48]

In der psychologischen Literatur finden sich zahlreiche Definitionen des Begriffs Persönlichkeit, die sich hauptsächlich durch den theoretischen und methodischen Zugang unterscheiden, mit denen versucht wird, die Persönlichkeit zu untersuchen.[49] ALLPORT gliedert 49 Definitionen des Begriffs Persönlichkeit in verschiedene Gruppen, je nachdem ob die Bezeichnung grundsätzlich eine theologische, juristische, soziologische oder psychologische Bedeutung besitzt.[50] Entsprechend gibt es eine Flut von Ansätzen, Modellen und Theorien zur Persönlichkeit, die im Folgenden erläutert werden. So soll zum einen ein Überblick über dieses Teilgebiet der Psychologie gegeben werden und zum anderen der Hintergrund für das dieser Arbeit zu Grunde liegende Verständnis des Begriffes Persönlichkeit aufgezeigt werden.

Es finden sich in der Literatur eine Vielzahl von Persönlichkeitstheorien, wie die lerntheoretischen Ansätze, der humanistische Ansatz, die phänomenologische Theorie, der biologische Ansatz, die psychodynamische Theorie, die sozio-kognitive Theorie oder die *Trait* Theorien.[51]

Die Mehrheit der Forscher geht derzeit davon aus, dass die Persönlichkeit aus fünf Persönlichkeitszügen besteht:

---

nom, die Selbststabilisierung sowie die zunehmende Passung von Genom und Umwelt (vgl. Asendorpf, J. B. (2005), S. 25).

[48] Vgl. Fiedler, P. (2007), S. 2.

[49] Vgl. Fisseni, H.-J. (1998), S. 6. Fisseni, H.-J. (1998) gibt eine ausführliche Zusammenstellung weiterer Persönlichkeitstheorien (vgl. Fisseni, H.-J. (1998), S. 25 ff.). Die oben genannte Definition von Persönlichkeit, die dem Gedankengang der vorliegenden Arbeit zu Grunde liegt, kann durch die Definitionen und Anmerkungen folgender Autoren ergänzt und vervollständigt werden: Amelang, M. / Bartussek, D. (2001), S. 37; Becker, P. (2005), S. 515; Eysenck, H. J. (1992), S. 667-673; Eysenck, H. J. / Eysenck, S. B. G. (1976), S. 232; Fiedler, P. (2007), S. 2; Hare, R. D. / Babiak, P. (2007), S. 57; Mummendey, H. D. (1987), S. 28 f. und S. 41; Oldham, J. M. / Skodol, A. E. (1998), S. 202 f. sowie Schneider, K. (1950), S. 1 und S. 16.

[50] Vgl. Allport, G. W. (1949), S. 26-51.

[51] Vgl. Diehl, S. (2009), S. 53 und vgl. Schlick, C. et al. (2010), S. 112. Weiterführende Literatur zu den Theorien siehe Diehl, S. (2009), S. 53-56 und Zimbardo, P. G. / Gerrig, R. J. (2008), S. 504-537.

1.	Neurotizismus
2	Extraversion
3.	Offenheit
4.	Verträglichkeit
5.	Gewissenhaftigkeit

Tabelle 1: Die fünf Hauptfaktoren der Persönlichkeit (Big-Five)[52]

In diesem Forschungsgebiet finden sich zwei unterschiedliche Forschungsansätze, die die Existenz von fünf wesentlichen Persönlichkeitsdimensionen bestätigen. Der lexikalische Ansatz geht davon aus, dass alle grundlegenden Persönlichkeitszüge in der natürlichen Sprache vorkommen.[53] Auf Basis von Wortlisten und Eintragungen in Lexikas können durch faktoranalytische Verfahren fünf stabile und voneinander unabhängige Faktoren (*Big-Five*) gefunden werden. Auf Grundlage dieses Fünf-Faktoren-Modells entwickelten COSTA / MCCRAE ein multidimensionales Persönichkeitsinventar.[54] Diese Fragebögen stellen den zweiten Forschungsansatz der Persönlichkeitspsychologie dar.[55]

Nachdem in einem ersten Schritt der Begriff Persönlichkeit definiert wurde, soll in einem nächsten Schritt auf die Störung der Persönlichkeit eingegangen werden. Neben dem Verständnis des Begriffs der Persönlichkeitsstörung sollen auch die damit verwandten Begriffe der Persönlichkeitsakzentuierung und des Persönlichkeitsstils erläutert werden.

[52] Quelle: nach Asendorpf, J. B. (2009), S. 54; nach Amelang, M. / Schmidt-Atzert, L. (2006), S. 276-291; nach Ehlers, S. (2004), S. 37 und nach Schlick, C. et al. (2010), S. 112 f..

[53] Zum Vorgehen und der Entstehung des lexikalischen Ansatzes siehe Amelang, M. / Schmidt-Atzert, L. (2006), S. 276-279 und siehe Asendorpf, J. B. (2009), S. 54.

[54] Weiterführende Literatur zum Modell siehe McCrae, R. R. / Costa, P. T. (2003).

[55] Zur Erfassung dieser Faktoren sind zahlreiche Fragebögen entwickelt worden. Zu den bekanntesten und gebräuchlichsten zählen das NEO Fünf-Faktoren-Inventar (NEO-FFI) und das *Big-Five*-Inventar (BFI).

2.1.2 Persönlichkeitsstörung, -akzentuierung und -stil

Eine Persönlichkeitsstörung liegt dann vor, wenn die Persönlichkeitseigenschaften im Erwachsenenalter stark und signifikant von der Norm abweichen.[56] Die Weltgesundheitsorganisation definiert eine Persönlichkeitsstörung durch die Abweichung der „charakteristischen und dauerhaften inneren Erfahrungs- und Verhaltensmuster der Betroffenen ... von kulturell erwarteten und akzeptierten Vorgaben ...“[57]. Diesem Verständnis von Störung liegen zwei grundlegende Komponenten zu Grunde: zum einen die Abweichung von der Norm und zum anderen der Leidensdruck.

Ein wesentliches Merkmal von Persönlichkeitsstörungen ist „ein überdauerndes Muster von innerem Erleben und Verhalten“[58]. Die Persönlichkeitsmerkmale und Verhaltensmuster sind starr, unflexibel und unangepasst, was zu bedeutsamen und erheblichen Beeinträchtigungen der Funktion oder der Leistungsfähigkeit sowie zu persönlichem Leiden führt.[59] Die zweite Komponente des Störungsbegriffs bezieht sich auf die Abweichung von der Mehrheit der Bevölkerung. Sowohl die Wahrnehmung als auch das emotionale Erleben und Denken der Person weichen bei der Persönlichkeitsstörung deutlich von den Erwartungen, die durch die soziokulturelle Umgebung entstehen, ab. Dies gilt auch für ihr Verhalten und ihre Beziehung zu anderen Personen.[60]

Persönlichkeitsstörungen treten zwar bereits in der Kindheit, der Adoleszenz oder im frühen Erwachsenenalter auf, manifestieren sich jedoch endgültig im Erwachsenenalter.[61]Diesem Verständnis von Persönlichkeitsstörung liegen die Definitionen der offiziellen Klassifikationssysteme ICD-10 und DSM-IV sowie die weiteren Ausführungen von Fiedler (2007) zu Grunde.[62]

---

[56] Vgl. Asendorpf, J. B. (2009), S. 2.
[57] Dilling, H. et al. (2005), S. 151.
[58] Saß, H. et al. (2003), S. 750.
[59] Vgl. Saß, H. et al. (2003), S. 750.
[60] Vgl. Dilling, H. et al. (2010), S. 244.
[61] Vgl. Dilling, H. et al. (2010), S. 246 und vgl. Saß, H. et al. (2003), S. 750.
[62] Für die Definition von Persönlichkeitsstörung nach der ICD-10 siehe Dilling, H. et al. (2010), S. 244. Die Definition nach DSM-IV findet sich bei Saß, H. et al. (2003), S. 750. Siehe auch Fiedler, P. (2007), S. 32.

Das kategoriale Konzept von Störung wird durch den Begriff Persönlichkeitsakzentuierung zugunsten eines dimensionalen Verständnisses aufgegeben. Im Gegensatz zu dem dimensionalen geht das kategoriale Verständnis von Persönlichkeitsstörungen von qualitativ differenzierbaren Kategorien und einer klassifikatorischen Zuordnung aus.[63]

Die einschlägige Literatur sowie die wissenschaftliche Gemeinschaft auf dem Gebiet der Psychopathie vertreten weitgehend übereinstimmend die Annahme, dass es sich bei der Persönlichkeitsstörung Psychopathie um ein dimensionales Konstrukt handelt, das entlang eines quantitativ graduierbaren Kontinuums existiert.[64]

Das Konzept der akzentuierten Wesenszüge stellt ein vermittelndes Konstrukt zwischen den (normalen) Persönlichkeitsmerkmalen und den (pathologischen) Persönlichkeitsstörungen dar.[65] Dabei wird von einem Kontinuum ausgegangen, das von den allgemeinen und zugleich gesunden Persönlichkeitsdimensionen (wie den *Big-Five*[66]) über die akzentuierten Wesenszüge bis hin zu den pathologischen und tiefgreifenden Persönlichkeitsstörungen reicht.

Der Begriff Persönlichkeitsakzentuierung beinhaltet eine Relativierung des von Diagnosesystemen verwendeten Störungsbegriffs,[67] da das Konzept von keinen festen Grenzen zwischen normalen und akzentuierten Persönlichkeiten ausgeht.[68] Das Konzept der Persönlichkeitsstile entspricht in weiten Teilen dem der Persönlichkeitsakzentuierung.[69]

Dieses Verständnis stimmt mit den Annahmen der Kontinuitätshypothese überein, die von einem kontinuierlichen Übergang, von sozial akzeptierten bis hin zu pathologischen, auf-

[63] Eine Gegenüberstellung der kategorialen Diagnostik vs. der dimensionalen Diagnostik nimmt Stieglitz vor (vgl. Stieglitz, R.-D. (2008), S. 18).

[64] Vgl. Hare, R. D. / Neumann, C. S. (2008), S. 220 und S. 234.

[65] Zum Akzentuierungs-Begriff vgl. Leonhard, K. (1976). Das Konzept der akzentuierten Wesenszüge nach Leonhard (1976) und seine aktuelle Relevanz erläutern Jabs, B. et al. (2002), S. 247-254.

[66] Siehe S. 13 dieser Arbeit.

[67] Vgl. Andresen, B. (2006), S. 21.

[68] Vgl. Pukrop, R. et al. (2002), S. 247 f..

[69] Vgl. Berger, M. (2009) S. 653. Eine Abgrenzung von Persönlichkeitsstil und -störung findet sich bei Fiedler, P. (2007), S. 5. Mit Persönlichkeitsstilen und dadurch entstehenden Belastungen beschäftigt sich ausführlich Horowitz, M. J. (2009), S. 244 ff.. Weiterführende Literatur zum Begriff Persönlichkeitsakzentuierung siehe Jabs, B. et al. (2002), S. 247-254 und siehe Leonhard, K. (1976).

fälligen und gestörten Verhaltensweisen und Erfahrungsmustern ausgeht.[70] Dieser Übergang ist dabei quantitativ graduierbar. Der vorliegenden Arbeit liegt ein solcher dimensionaler Ansatz zu Grunde.

2.2 Psychopathie

Kapitel 2.2 beschäftigt sich ausführlich mit der Persönlichkeitsstörung Psychopathie. Neben dem umgangssprachlichen Verständnis von Psychopathie existieren unterschiedliche Konzepte der Störung, die vor allem auf die unterschiedlichen Traditionen in Frankreich, in Deutschland und im angloamerikanischen Sprachraum zurückzuführen sind. Ehe eine Entscheidung für das für diese Arbeit angemessene Verständnis getroffen werden kann, wird zuerst chronologisch die Entwicklung des Psychopathiekonzeptes bis hin zum heutigen Verständnis der Psychopathie erläutert und die Unterschiede der verschiedenen Konzepte untersucht (2.2.1).[71] Anschließend kann definiert und begründet werden, was in dieser Arbeit in Übereinstimmung mit der Klinischen Psychologie, Forensik und Psychiatrie unter dem Begriff der Psychopathie verstanden wird. Daran anknüpfend wird auch auf die Epidemiologie und die Prävalenz dieses Störungsbildes eingegangen sowie bekannte Modelle zur Ätiologie und Pathogenese der Persönlichkeitsstörung Psychopathie werden erläutert (2.2.2).[72] Wie die Störung diagnostiziert werden kann und welche diagnostischen Klassifikationssysteme dazu genutzt werden, wird anschließend untersucht (2.2.3).[73] In diesem Zusammenhang werden weltweit verbreitete und aktuelle Diagnosesysteme sowie speziell für die Störung Psychopathie entwickelte Konzepte und Messinstrumente vorgestellt und diskutiert. Anschließend werden Subtypen von Psychopathen genannt (2.2.4).[74]

---

[70] Vgl. Pukrop, R. et al. (2002), S. 247 f..
[71] Siehe Kapitel 2.2.1, S. 17 dieser Arbeit.
[72] Siehe Kapitel 2.2.2, S. 28 dieser Arbeit.
[73] Siehe Kapitel 2.2.3, S. 31 dieser Arbeit.
[74] Siehe Kapitel 2.2.4, S. 49 dieser Arbeit.

Einige Studien, die mit Psychopathen durchgeführt wurden, sowie deren Ergebnisse werden als Abschluss des Kapitels dargestellt (2.2.5).[75]

Auf einen Subtyp von Psychopathen, die erfolgreichen Psychopathen in Führungspositionen, wird im Kapitel 3.1 eingegangen.[76] Das in hier erläuterte Verständnis der Störung Psychopathie stellt dabei die Basis für die Betrachtung der Psychopathen in Führungspositionen dar.[77]

2.2.1 Chronologische Geschichte der Psychopathie

Verschiedene Konzepte haben zu der Entwicklung des heutigen diagnostischen Verständnisses der Persönlichkeitsstörung Psychopathie beigetragen. Aus den unterschiedlichen Traditionen haben sich jedoch auch unterschiedliche Definitionen und Bedeutungen des Konzeptes der Psychopathie entwickelt. Oft wird in der Literatur auch nicht zwischen der Psychopathie und verwandten Störungen unterschieden, was zu Missverständnissen führen kann.

Allgemein kann beim Verständnis des Begriffes Psychopathie zwischen den Konzepten der französischen, angloamerikanischen und deutschen psychiatrischen Tradition unterschieden werden.

Einen Überblick und eine Auswahl der wichtigsten und bekanntesten Meilensteine in der Geschichte und Entwicklung des Konzepts der Persönlichkeitsstörung und der Psychopathie gibt Tabelle 2.[78] Ausgewählte Konzepte aus jeder Tradition sollen im Folgenden als Beispiele untersucht werden.

[75] Siehe Kapitel 2.2.5, S. 56 dieser Arbeit.

[76] Siehe Kapitel 3.1, S. 61 ff. dieser Arbeit.

[77] Hinweise auf Verbindungen zu Kapitel 3.1 finden sich auch in den Fußnoten.

[78] Einen Überblick über die Entstehung und das Konzept der Psychopathie gibt auch Lykken, D. T. (1995), Kapitel 7, S. 113-130.

Konzepte der Persönlichkeitsstörung und Psychopathie	Referenz
Französische Konzepte	
Manie sans délire	PINEL (1809)[79]
Les Monomanies	ESQUIROL (1839)[80]
Déséquilibration mentale	DUPRÉ (1925)[81]
Dégénérés	MOREL (1957)[82]
Angloamerikanische Konzepte	
Moral alienation of the mind	RUSH (1812)[83]
Moral insanity	PRICHARD (1835)[84]
Sociopathy[85]	PARTRIDGE (1930)[86]
Psychopathic states	HENDERSON (1939)[87]
Anethopathy	KARPMAN (1941)[88]
Semantic dementia	CLECKLEY (1941)[89]
Psychopathy Checklist	HARE (1980)[90]
Deutsche Konzepte	
Psychopathische Minderwertigkeiten	KOCH (1891-93)[91]
Der geborene Verbrecher	BLEULER (1896)[92]
Konstitutionelle Degeneration	ZIEHEN (1905)[93]

[79] Vgl. Pinel, P. (1809) und siehe S. 19 dieser Arbeit.
[80] Vgl. Esquirol, E. (1839).
[81] Vgl. Dupré, E. (1925).
[82] Vgl. Morel, B. A. (1857).
[83] Vgl. Rush, B. (1812) und siehe S. 20 dieser Arbeit.
[84] Vgl. Prichard, J. C. (1835).
[85] Zur Soziopathie siehe S. 26 dieser Arbeit.
[86] Vgl. Partridge, G. E. (1930).
[87] Vgl. Henderson, D. (1939).
[88] Vgl. Karpman, B. (1941).
[89] Vgl. Cleckley, H. (1976).
[90] Vgl. Hare, R. D. (1970) sowie Hare, R. D. (1990) und siehe Kapitel 2.2.3.1, S. 32 ff. dieser Arbeit.
[91] Vgl. Koch, J. L. A. (1891-1893) sowie Koch, J. L. A. (1889) und siehe S. 23 dieser Arbeit.
[92] Vgl. Bleuler, E. (1896).
[93] Vgl. Ziehen, T. H. (1905, 1907, 1908, 1912).

Konzepte der Persönlichkeitsstörung und Psychopathie	Referenz
Deutsche Konzepte	
Psychopathische Persönlichkeiten	KRAEPELIN (1909-15)[94]
Körperbau und Charakter	KRETSCHMER (1921)[95]
Psychopathische Persönlichkeiten	SCHNEIDER (1923)[96]
Psychopathische Verbrecher und Soziopath	BIRNBAUM (1926)[97]

Tabelle 2: Meilensteine in der Geschichte des Konzepts der Persönlichkeitsstörung und Psychopathie[98]

Stellvertretend für die französische Tradition soll nun das Konzept der *Manie sans Délire* vorgestellt werden.

PINEL (1809) sieht im Konzept der ***Manie sans Délire*** die gestörte Persönlichkeit als nosologisches Ganzes.[99] Seine Studien können als der Beginn der wissenschaftlichen Untersuchung von Persönlichkeitsstörungen angesehen werden.[100] Im 18. Jahrhundert wurden Persönlichkeitsstörungen als Störungen des Intellekts verstanden. Störungen der Affekte wurden in der psychiatrischen Phänomenologie grundsätzlich vernachlässigt.[101] Im Gegensatz zu diesem Verständnis betont PINEL, dass bei einigen Störungen primär die Emotionen betroffen sind bei gleichzeitig nicht beeinträchtigtem Intellekt.[102] In seiner Dissertation unterscheidet der französische Psychiater zwischen fünf nosologischen Kategorien: Melancholie, Manie ohne Delir[103], Manie mit Delir, Demenz und Idiotismus.[104] PINEL beschreibt nach empirischer Beobachtung Beispiele für die Manie ohne Delir. Dabei stimmt lediglich

[94] Vgl. Kraepelin, E. (1909-1915) und siehe S. 25 dieser Arbeit.
[95] Vgl. Kretschmer, E. (1921) und siehe auch Kretschmer, E. (1925).
[96] Vgl. Schneider, K. (1950) und siehe S. 24 dieser Arbeit.
[97] Vgl. Birnbaum, K. (1926) und siehe S. 26 dieser Arbeit.
[98] Quelle: nach Saß, H. / Felthous, A. R. (2007), Tabelle 1.1, S. 10.
[99] Vgl. Pinel, P. (1809); siehe auch Hare, R. D. (1993), S. 25 und Hervé, H. (2007), S. 32.
[100] Vgl. Saß, H. / Felthous, A. R. (2007), S. 10.
[101] Vgl. Saß, H. / Felthous, A. R. (2007), S. 11.
[102] Vgl. Saß, H. / Felthous, A. R. (2007), S. 10.
[103] Während eines Delirs treten unter anderen Bewusstseins-, Orientierungs- und Aufmerksamkeitsstörungen auf. Häufig sind dabei auch Halluzinationen zu beobachten (vgl. Pschyrembel (2002), S. 344). Eine Definition des Begriffs und weiterer Subtypen des Delirs findet sich bei Pschyrembel (2002), S. 344.
[104] Für weiterführende Informationen siehe Pinel, P. (1801): Melancholie (siehe Pinel, P. (1801), S. 161 ff.), Manie ohne Delir und Manie mit Delir (siehe S. 139 ff.), Demenz (siehe S. 175 ff.) sowie Idiotismus (siehe S. 181 ff.)

nur eine Beschreibung mit der heutigen diagnostischen Beschreibung von Psychopathie überein. In diesem Fallbeispiel liegt eine extreme emotionale Instabilität bei gleichzeitiger Ausprägung von dissozialen Tendenzen vor.[105] Die verbleibenden nosologischen Kategorien können nach heutigem Verständnis der Epilepsie und der paranoiden Schizophrenie zugeordnet werden. PINEL konnte als erster Wissenschaftler empirisch ein Syndrom dokumentieren, bei dem Störungen in der Emotion und dem Verhalten vorliegen, ohne dass intellektuelle Defizite zu finden sind.[106]

Im Folgenden wird auf die angloamerikanische Tradition eingegangen.

BENJAMIN RUSH, der oft als der Vater der amerikanischen Psychiatrie bezeichnet wird,[107] lieferte mit dem Konzept der **Krankheit der moralischen Fähigkeiten** (*disease of the moral faculty*) einen weiteren Meilenstein in der Erforschung der Persönlichkeitsstörung Psychopathie. RUSH war der erste angloamerikanische Psychiater, der Patienten untersuchte, deren primäre Störung sich durch Verantwortungslosigkeit, Gewissenlosigkeit und Aggressivität auszeichnete.[108] In diesem Zusammenhang wird auch von sozial verwirrtem Verhalten gesprochen.[109] Dieses Störungsbild wird als Perversion der moralischen Fähigkeiten (*perversion of the moral faculties*) und als moralische Entfremdung des Geistes (*moral alienation of the mind*) bezeichnet.[110] In RUSHS Konzept finden sich so die dissozialen und amoralischen Aspekte der Psychopathie.

1941 veröffentlicht HERVEY CLECKLEY seine Monographie „***The Mask of Sanity***“[111], in der er 16 Eigenschaften von Psychopathen definiert.[112] Dieses Werk stellt die klinisch-empirische Basis für das heutige – von einer breiten Forschungsgemeinschaft geteilte – Verständnis der Psychopathie dar. In seiner Arbeit erläutert er Fallstudien und bildet durch

[105] Vgl. Pinel, P. (1801) und vgl. Saß, H. / Felthous, A. R. (2007), S. 10 f..

[106] Vgl. Saß, H. / Felthous, A. R. (2007), S. 10.

[107] Vgl. Saß, H. / Felthous, A. R. (2007), S. 15.

[108] Vgl. Saß, H. / Felthous, A. R. (2007), S. 15; siehe auch Rush, B. (1827), S. 261 und Rush, B. (1812).

[109] Vgl. Kosson, D. et al. (2010).

[110] Vgl. Rush, B. (1827), S. 261 und vgl. Saß, H. / Felthous, A. R. (2007), S. 15.

[111] Vgl. Cleckley, H. (1976) und vgl. Cleckley, H. M. (1988). Die erste Auflage dieses Werkes erschien 1941.

[112] Siehe Tabelle 3, S. 21 dieser Arbeit; vgl. Cleckley, H. M. (1964), S. 362 f.; vgl. Fiedler, P. (2007), S. 155 und Hart, S. D. et al. (2008), S. 5.

diese umfassend die klinische Ausprägung der Psychopathie ab. Aus seinen Studien und durch den Vergleich mit anderen Persönlichkeitsstörungen leitet CLECKLEY ein klinisches Profil des Psychopathen ab, das aus 16 Merkmalen besteht.

1.	Oberflächlicher Charme und gute Intelligenz (*Superficial charm and good intelligence*)
2.	Abwesenheit von Wahnvorstellungen und anderen Anzeichen von irrationalem Denken (*Absence of delusions and other signs of irrational thinking*)
3.	Fehlen von Erregbarkeit oder psychoneurotischen Erscheinungen / Angstfreiheit (*Absence of nervousness or psychoneurotic manifestations*)
4.	Unzuverlässigkeit (*Unreliability*)
5.	Unaufrichtigkeit (*Untruthfulness and insincerity*)
6.	Fehlen von Reue oder Scham (*Lack of remorse and shame*)
7.	Unangemessen motiviertes antisoziales Verhalten (*Inadequately motivated antisocial behavior*)
8.	Mangelhaftes Urteilsvermögen und Unfähigkeit, aus Erfahrungen zu lernen (*Poor judgment and failure to learn by experience*)
9.	Pathologische Egozentrik und das Unvermögen zu lieben (*Pathologic egocentricity and incapacity for love*)
10.	Allgemeiner Mangel von wichtigen emotionalen und affektiven Reaktionen und Gefühlsarmut (*General poverty in major affective reactions*)
11.	Mangelndes Vermögen zur Einsicht (*Specific loss of insight*)
12.	Allgemeine Teilnahmslosigkeit in zwischenmenschlichen Beziehungen (*Unresponsiveness in general interpersonal relations*)
13.	Abstruses / unsinniges und abstoßendes Verhalten unter Alkoholeinfluss, auch teilweise ohne Alkoholeinfluss (*Fantastic and uninviting behavior with drink and sometimes without*)
14.	Niedrige Suizidrate, Suizide werden kaum ausgeführt (*Suicide threats rarely carried out*)
15.	Belangloses, unpersönliches und schlecht integriertes Sexualleben (*Sex life impersonal, trivial, and poorly integrated*)
16.	Fehlen langfristiger Pläne (*Failure to follow any life plan*)

Tabelle 3: Die Merkmale eines Psychopathen nach CLECKLEY[113]

[113] Quelle: nach Cleckley, H. M. (1988), S. 338-364; nach Cleckley, H. M. (1964), S. 362 f. und nach Dreßing, H. (2009), S. 318. In der Tabelle wird eine eigene deutsche Übersetzung verwendet, die die Übersetzung von Dreßing, H. (2009) ergänzt. In Klammern findet sich die ursprüngliche Bezeichnung von Cleckley, H. M. (1964) und Cleckley, H. M. (1988).

Mit dem Ziel, die vollständige klinische Ausprägung der Psychopathie abzubilden, schildert CLECKLEY 15 Fallstudien. Ergänzend dazu werden sechs Fallstudien erläutert, die eine unvollständige Manifestation der Störung darstellen oder als ein Idealtyp betrachtet werden können.[114] Durch diesen Gedankengang wird deutlich, dass Cleckley eher ein dimensionales Konstrukt anstelle eines kategorialen Diagnoseverständnisses entwickelt hat.[115]

Ein weiterer wesentlicher Meilenstein in der Entwicklung des Psychopathiekonzepts stellt die Veröffentlichung der ersten Version der Psychopathie-Checkliste (*psychopathy checklist*, PCL) von ROBERT HARE im Jahr 1980 dar. Die PCL basiert auf CLECKLEYS Psychopathiekonzept.[116] HARE entwickelte mit der PCL sowohl ein operatives Instrument zur dimensionalen Erfassung von Psychopathie als auch ein eigenes Psychopathiekonzept.[117] In der Forschungsgemeinschaft wird sowohl HARES Psychopathiekonzept als auch sein Psychopathie-Test als der „Goldstandard" angesehen.[118] Wegen der aktuellen und zentralen Bedeutung der PCL für die Erforschung, das Verständnis über die Persönlichkeitsstörung Psychopathie sowie für die Messung und Diagnose der Psychopathie wird auf die PCL später vertieft eingegangen.[119]

Zum angloamerikanischen Konzept zählen neben der Bezeichnung *psychopathy* verschiedene Begriffe, die teilweise das gleiche Konstrukt beschreiben. So wird im englischen Sprachraum oft der Begriff der Soziopathie[120] als Synonym für den Begriff der Psychopa-

[114] Vgl. Cleckley, H. M. (1988), S. 188.
[115] Zur Unterscheidung zwischen kategorialem und dimensionalem Verständnis siehe S. 15 dieser Arbeit.
[116] Vgl. Hart, S. D. et al. (2008), S. 5; siehe Cleckley, H. M. (1982) und siehe Cleckley, H. M. (1950).
[117] Mit der PCL beschäftigt sich ausführlich Kapitel 2.2.3.1, S. 32 ff. dieser Arbeit.
[118] Vgl. Blackburn, R. (2009), S. 117 und Hare, R. D. (1999), S. 185.
[119] Siehe Kapitel 2.2.3.1, S. 32 ff. dieser Arbeit.
[120] Zur Soziopathie siehe S. 26 dieser Arbeit.

thie verwendet.[121] Auch bezeichnet *psychopathy* oft kriminelles und/oder antisoziales Verhalten, welches sich nicht anderen psychiatrischen Kategorien zuordnen lässt.[122]

Im Gegensatz zu den angloamerikanischen Konzepten der Persönlichkeitsstörungen, die sich hauptsächlich auf dissoziale Aspekte konzentrierten, ist das deutsche Konzept breiter und weiter gefasst.[123]

In Deutschland wurde der Begriff Psychopathie als Bezeichnung für die häufigsten Formen von Persönlichkeitsstörungen verwendet. Unter Psychopathie konnte ein psychologischer Defekt, eine Psychose oder eine Krankheit verstanden werden.[124]

Im deutschen Sprachraum war und ist der Begriff Psychopathie mit einer negativen Valenz und abwertenden Assoziationen belegt[125], die hauptsächlich aus der falschen und zugleich plakativ propagandistischen Verwendung des Begriffs in der Zeit des Nationalsozialismus resultieren.[126]

Die heutige Bedeutung von Psychopathie ist auf den Begriff der **Psychopathischen Minderwertigkeiten** zurückzuführen, den JULIUS LUDWIG AUGUST KOCH in seinem Handbuch „Ein kurzgefasster Leitfaden der Psychiatrie" einführt.[127] Durch sein Buch „Psychopathische Minderwertigkeiten" (1891-93)[128] erlangte KOCH wie schon seine Vorgänger

---

[121] Die Soziopathie hat nur eine geringe Überschneidung mit der Psychopathie (vgl. Peters, U. H. (2007), S. 517). Man versteht darunter ein „schädigendes, seltener einfach abnormes Verhalten gegenüber der sozialen Umwelt" (Peters, U. H. (2007), S. 517). Der Soziopath kommt der Diagnose der antisozialen Persönlichkeitsstörung nach DSM-IV am nächsten (Bronisch, T. et al. (2008), S. 1032 und Peters, U. H. (2007), S. 517).

[122] Vgl. Semmelrock, C. (2009), S. 3. Im englischen Sprachraum ist Psychopathie weitgehend durch antisoziales Verhalten definiert und deshalb oft im Zusammenhang mit Aggressivität, Rücksichtslosigkeit oder Verantwortungslosigkeit beschrieben (vgl. Cleckley, H. M. (1964), S. 28; vgl. Nedopil, N. (2005), S. 100 und vgl. Semmelrock, C. (2009), S. 3).

[123] Vgl. Saß, H. / Felthous, A. R. (2007), S. 18.

[124] Vgl. Saß, H. / Felthous, A. R. (2007), S. 18. Eine detaillierte Darstellung des deutschen Psychopathie-Begriffes und des angloamerikanischen Konstruktes der *psychopathy* findet sich in den Arbeiten von Möller, A. / Hell, D. (2001), S. 603 ff. und Saß, H. (1987). Eine Übersicht über die Probleme der Psychopathieforschung findet sich bei Kobbé, U. (2001), S. 92 ff..

[125] Vgl. Nedopil, N. (2005), S. 99.

[126] Vgl. Sevecke, K. et al. (2005), S. 393.

[127] Vgl. Koch, J. L. A. (1889).

[128] Für weitere Informationen siehe Koch, J. L. A. (1891-1893).

PINEL[129] in Frankreich und RUSH[130] in den USA große Aufmerksamkeit.[131] Die deutschen Definitionen des Begriffs Psychopathie beeinflussten die französischen und angloamerikanischen Konzepte des Begriffs. Dieser Einfluss wurde besonders durch die Abwanderung deutscher Wissenschaftler im Dritten Reich verstärkt.[132]

KOCH unterscheidet in seinen Werken zwischen angeborenen und erworbenen psychopathischen Minderheiten. Beide Kategorien unterteilt er jeweils in die Gruppen psychopathische Prädisposition, psychopathischer Defekt und psychopathische Degeneration. KOCHS Arbeit stellt den Beginn eines neuen Betrachtungswinkels der Psychopathie dar: Die Psychopathie wird durch seine Arbeit als Persönlichkeitsstörung angesehen und nicht mehr als undeutliches klinisches Syndrom.[133]

Einen großen Einfluss auf das heutige diagnostische Verständnis von Psychopathie übt die Typologie von KURT SCHNEIDER aus.[134] Sehr bekannt ist seine 1923 erschienene Monographie **„Die Psychopathischen Persönlichkeiten"**.[135] Die aktuellen Klassifikationssysteme ICD-10 und DSM-IV[136] integrieren wesentliche Teile von SCHNEIDERS Arbeiten zur Psychopathie in ihren Konzeptionen der Persönlichkeitsstörungen.[137]

SCHNEIDER betrachtet abnormale Persönlichkeiten als statistische Abweichung vom geschätzten Mittelwert bzw. Normwert. Diese heute noch vertretene Definition von Störung[138] ist in den Arbeiten von SCHNEIDER noch sehr vage konzeptualisiert.[139] Dementsprechend betrachtet er auch außergewöhnlich kreative und intelligente Personen als abnormal. Dabei sind aber nicht alle abnormalen Persönlichkeiten von psychiatrischer Be-

---

[129] Zu dem Konzept von Pinel siehe S. 19 dieser Arbeit.
[130] Zu Rushs Konzept siehe S. 20 dieser Arbeit.
[131] Vgl. Saß, H. / Felthous, A. R. (2007), S. 18.
[132] Vgl. Saß, H. / Felthous, A. R. (2007), S. 18.
[133] Vgl. Gutmann, P. (2008), S. 202 und S. 209 sowie vgl. Hervé, H. (2007), S. 34.
[134] Vgl. Saß, H. / Felthous, A. R. (2007), S. 20 f..
[135] Siehe Schneider, K. (1923).
[136] Auf die ICD-10 und das DSM-IV wird in Kapitel 2.2.3.2, S. 44 dieser Arbeit eingegangen.
[137] Vgl. Saß, H. / Felthous, A. R. (2007), S. 20.
[138] Vgl. Huber, G. (2005), S. 425.
[139] Vgl. Saß, H. / Felthous, A. R. (2007), S. 20.

deutung.[140] Psychopathische Persönlichkeiten sind für SCHNEIDER diejenigen abnormen Persönlichkeiten, die unter ihrer Abweichung von der Norm leiden oder unter denen andere Personen (oder die Gesellschaft) leiden.[141]

SCHNEIDER unterscheidet in seiner Typologie zehn Formen von psychopathischen Persönlichkeiten: den hyperthymischen, den depressiven, den selbstunsicheren, den fanatischen, den geltungsbedürftigen, den stimmungslabilen, den explosiven, den gemütsarmen, den willenlosen und den asthenischen Psychopathen.[142] Die genannten Persönlichkeitstypen basieren auf klinischen Beobachtungen; dabei beabsichtigt SCHNEIDER keine systematische Qualität.[143]

Wie Schneider nutzt auch EMIL KRAEPELIN einen typologischen Ansatz.[144] In seinen 1921 veröffentlichten „Studien über Persönlichkeit und Schicksal eingeschriebener Prostituierter" arbeitete er zwölf charakterologische Typen aus. Im Gegensatz zur KRAEPELINS Konzept der **„Psychopathischen Persönlichkeiten"** mit seinen soziologischen Formen der psychopathischen Zustände beschreibt SCHNEIDER ein psychologisch-deskriptives und nicht wertendes Konzept.[145] Dem Konzept gegenüber werden zwei Hauptkritikpunkte genannt: Zum einen ist es die Tendenz zur Abwertung, [146] die auch als qualitativ abwertende Etikettierung[147] bezeichnet wird, zum anderen besteht mit der Typologie von Schneider auch die Gefahr einer zu starken Vereinfachung der vielfältigen Abweichungen von der

---

140 Vgl. Schneider, K. (1923), S. 6 f..

141 Vgl. Schneider, K. (1923), S. 6. Eine ausführliche Beschreibung der Definition von psychischen Störungen auf Basis von Schneider (1923) gibt Huber, G. (2005), S. 424 ff..

142 Vgl. Langelüddeke, A. / Bresser, P. H. (1976), S. 204 ff.; vgl. Schneider, K. (2007), S. 16 ff. und vgl. Witter, H. (1972), S. 990 ff..

143 Vgl. Saß, H. / Felthous, A. R. (2007), S. 21.

144 Für weitere Informationen zum Kraepelins Konzept siehe Kraepelin, E. (1909-1915); siehe Kraepelin, E. (1904) und siehe Kraepelin, E. (1896).

145 Vgl. Gaschler, K. (2005), S. 26; vgl. Nedopil, N. (2005), S. 99; vgl. Saß, H. / Felthous, A. R. (2007), S. 20; vgl. Steigleder, E. (1966), S. 91 und vgl. Schreiber, H.-L. / Rosenau, H. (2009), S. 93 sowie siehe die Ausführungen von Schneider, K. (1923).

146 Vgl. Maurach, R. / Zipf, H. (1992), S. 496 und vgl. Schreiber, H.-L. / Rosenau, H. (2009), S. 93.

147 Vgl. Witter, H. (1972), S. 990 ff..

Norm.[148] Die fehlende Differenziertheit von empirisch fundierten Klassifikationssystemen zur Diagnose der Psychopathie wird auch aktuell in diesem Zusammenhang geäußert.[149]

Im deutschsprachigen Raum wurde der Begriff Psychopathie seit den 80er Jahren des 20. Jahrhunderts vermieden. In Diagnosehandbüchern wird die Störung Psychopathie mit dem Überbegriff Persönlichkeitsstörung bezeichnet.[150] Dies führte dazu, dass der Begriff Psychopathie im deutschsprachigen Raum auch für die Bezeichnung Persönlichkeitsstörungen im Allgemeinen genutzt wurde.[151] Da die Störung Psychopathie nur eine Art der Persönlichkeitsstörungen darstellt, führte und führt der synonyme Gebrauch der Begriffe zu zahlreichen Missverständnissen.

Auch aktuell verwenden deutsche Wissenschaftler oft bewusst die englische Bezeichnung *psychopathy*, um sich von der propagandistischen Verwendung des Begriffes Psychopathie im Dritten Reich[152] und den seit dem damit einhergehenden negativen und abwertenden Assoziationen zu distanzieren.[153] Dies gilt vor allem für deutschsprachige Vorträge.[154] In der neuen deutschsprachigen Literatur findet der Begriff Psychopathie jedoch erneut Verwendung.

Missverständnisse treten auch bei der Unterscheidung und Abgrenzung von Psychopathie und **Soziopathie** auf, da beide Begriffe häufig synonym Verwendung finden. KARL BIRNBAUM geht davon aus, dass das soziopathische Verhalten durch soziales Lernen und eine defizitäre familiäre Umgebung entsteht.[155] Erworbene Soziopathie (*acquired sociopathy*) ist ein durch Sozialisation und Prägung hervorgerufenes Syndrom.[156] Der Soziopath

---

148 Vgl. Wegener, H. (1981), S. 101.

149 Vgl. Rasch, W. (1982), S. 183; vgl. Schreiber, H.-L. / Rosenau, H. (2009)), S. 93 und vgl. Wegener, H. (1981), S. 102.

150 Vgl. Boetsch, T. (2003), S. 1; Bronisch, T. et al. (2008), S. 1032; vgl. Gaschler, K. (2005), S. 24 und S. 27 sowie vgl. Nedopil, N. (2005), S. 99 f.. Oft werden auch die Begriffe Persönlichkeitsstörung und Psychopathie synonym verwendet.

151 Vgl. Haug, H.-J. / Kind, H. (2008), S. 78 und vgl. Steigleder, E. (1966), S. 91.

152 Vgl. Nedopil, N. (2005), S. 99 und vgl. Sevecke, K. et al. (2005).

153 Vgl. Boetsch, T. (2003), S. 80.

154 Zum Beispiel Kosson, D. et al. (2010).

155 Vgl. Birnbaum, K. (1926).

156 Vgl. Hare, R. D. (2005), S. 21.

ist eine Art gelernter Psychopath.[157] Die Psychopathie ist angeboren und unheilbar, im Gegensatz dazu handelt es sich bei der Soziopathie um eine erworbene Störung.[158] Werden bei den Ursachen für die Entstehung auch biologische, genetische und psychologische Faktoren berücksichtigt, so spricht man nicht mehr von Soziopathie, sondern von Psychopathie.[159]

Nachdem ein Überblick über die bedeutendsten Konzepte in der Entwicklung der heutigen Konzeption von Psychopathie gegeben wurde, wird nun auf Basis dieses historischen Überblicks das in dieser Arbeit vertretene Verständnis von Psychopathie vorgestellt.

In dieser Arbeit wird durchgehend der Begriff „Psychopathie" verwendet, der nicht der deutschen Tradition entspricht, sondern dem Psychopathieverständnis von HARE. Sein Psychopathiekonzept und die entwickelte Psychopathie-Checkliste werden von Psychologen, Psychiatern und forensischen Gutachtern weitgehend als unbestrittenes reliabeles, obektives und valides Diagnoseverfahren angesehen.[160] Es zeigt sich auch in Deutschland eine zunehmende Verbreitung in der Anwendung des von HARE entwickelten Tests.[161] Ein weiterer Grund, weshalb in der vorliegenden Arbeit das Psychopathie-Konzept von HARE vertreten wird, resultiert daraus, dass keine anderen Konzepte – auch die in diesem Kapitel vorgestellten – dem aktuellen Stand der Forschung entsprechen.[162] Das Psychopathieverständnis von HARE wird durch die von ihm entwickelte PCL deutlich. Auf Grund der wesentlichen Bedeutung dieses diagnostischen und prognostischen Verfahrens für die vorlie-

---

157 In der vorliegenden Arbeit wird dieses Verständnis von Soziopathie vertreten.

158 Einige Definitionen von Soziopathie schließen auch die durch physische Läsionen verursachten Hirnschäden als Ursache für die Soziopathie mit ein. Ein Beispiel stellt der von Damasio beschriebene Patient Phineas Gage dar (vgl. Damasio, A. R. et al. (1996), S. 1413 und Damasio, H. et al. (1994), S. 1102-1105).

159 Vgl. Hare, R. D. (2005), S. 21.

160 Vgl. Braasch, M. (2006), S. 168 f.; Hart, S. D. et al. (2008), S. 5 und Nedopil, N. (2005), S. 100.

161 Siehe zum Beispiel Babiak, P. / Hare, R. D. (2007), S. 21; siehe Deutschman, A. (2005), S. 44; siehe Ehlers, S. (2004), S. 34; siehe Sevecke, K. / Krischer, M. (2008), S. 63; Sevecke, K. et al. (2007), S. 552 und siehe Sevecke, K. et al. (2005), S. 173 und S. 392.

162 Vgl. Blackburn, R. (2009), S. 117 und Hare, R. D. (1999), S. 185.

gende Arbeit wird auf den Test vertieft im Rahmen der aktuellen Klassifikationsverfahren eingegangen.[163]

2.2.2 Definition, Epidemiologie, Ätiologie und Pathogenese

> Unter einem Psychopathen versteht man „eine hochgradig egozentrische Person, die rücksichtslos und emotional inkompetent handelt, mitleidslos und gefühlskalt ist und zu impulsiven Handlungen und polytroper Kriminalität neigt."[164]

Bei der Störung Psychopathie handelt es sich um ein Syndrom, das aus einem Komplex von Symptomen besteht. Das Muster des Störungsbildes ist aggressives, impulsives und sozial verantwortungsloses Verhalten. Diese Patienten zeigen dabei weder Schuldgefühl noch können sie Empathie für andere empfinden.[165] Schon in der Kindheit zeigen sie normwidriges Verhalten, sind delinquent und geraten oft mit dem Gesetz in Konflikt.[166] Auffallend bei Patienten mit Psychopathie sind ein stark übersteigertes Selbstwertgefühl und ein manipulatives Wesen. Darüber hinaus sind sie nicht zu stabilen und langfristigen Beziehungen mit anderen Menschen in der Lage.[167] Die Psychopathie wird von zahlreichen Forschern[168] als ein Subtyp der antisozialen Persönlichkeitsstörung dargestellt.[169] Dabei sind die Psychopathen aber keine echte Teilmenge der Personen mit antisozialer Persönlichkeitsstörung.[170]

---

[163] Diagnose- und Klassifikationsverfahren, die aktuell in der Praxis und in der Forschung Anwendung finden, werden in Kapitel 2.2.3, S. 31 ff. dieser Arbeit diskutiert.

[164] Sevecke, K. et al. (2007), S. 392.

[165] Vgl. Hare, R. D. (1993).

[166] Vgl. Walter, H. (2005), S. 557.

[167] Vgl. Walter, H. (2005), S. 557.

[168] Vgl. zum Beispiel Hare, R. D. (1993); vgl. Kosson, D. et al. (2010) oder vgl. Sevecke, K. et al. (2005).

[169] Die diagnostischen Kriterien einer antisozialen Persönlichkeitsstörung erfüllen neben den Psychopathen auch eine größere Anzahl von weiteren Patienten. Die Kriterien der antisozialen Persönlichkeitsstörung beschreibt das DSM-IV. Auf diese Diagnostik wird in Kapitel 2.2.3.2, S. 44 ff. dieser Arbeit eingegangen.

[170] Nicht alle Psychopathen erfüllen die Kriterien für eine antisoziale Persönlichkeitsstörung. Darüber hinaus weisen Psychopathen auch noch weitere Merkmale auf, die über die Diagnosekriterien der antisozialen Persönlichkeitsstörung hinausgehen (vgl. Tabelle 7, S. 44 dieser Arbeit). So lassen sich die Merkmale „glatter, oberflächlicher Charme", „übermäßiges Selbstwertgefühl" sowie „promiskuitives Sexualverhalten" ausschließlich in den Kriterien zur Diagnose der Psychopathie finden.

Die Prävalenz der Psychopathie, also das Vorkommen der Störung in der Population, beträgt in der Gesamtpopulation weniger als ein Prozent.[171] Die Prävalenz der antisozialen Persönlichkeitsstörung wird mit circa drei Prozent bei Männern und circa ein Prozent bei Frauen angegeben.[172] Betrachtet man die Gefängnispopulation, ist die Prävalenz deutlich höher: 15 bis 25 Prozent.[173] Männer sind auch hier häufiger betroffen als Frauen. Neben diesem Geschlechterunterschied zeigt sich auch ein Alterseffekt.[174] Mit steigendem Alter nimmt die Ausprägung der Psychopathie ab. Daneben sind auch interkulturelle Unterschiede in der Ausbreitung bekannt.[175]

Die Psychopathie tritt häufig mit anderen Störungen auf. Es gibt Komorbiditäten mit anderen Persönlichkeitsstörungen wie der Borderline Persönlichkeitsstörung, der narzisstischen Persönlichkeitsstörung[176], der histrionischen Persönlichkeitsstörung[177] oder der passiv-aggressiven Persönlichkeitsstörung sowie mit weiteren psychischen Störungen.[178] Es besteht ein gehäuftes gemeinsames Auftreten mit Schizophrenie, Alkohol- und Drogenabusus.[179] Der Verlauf der Psychopathie ist chronisch mit Beginn in der Kindheit.[180]

Die Ätiologie der Psychopathie, also die ihr zugrunde liegenden Ursachen, Faktoren und Ursachenbündel, ist nach aktuellem Stand der Forschung umstritten. Dies gilt auch für ihre Pathogenese, weshalb im Folgenden lediglich Ansätze zur Ursache und Entwicklung der Störung diskutiert werden können.

---

171 Vgl. Herpertz, S. C. / Sass, H. (2003).

172 Vgl. American Psychiatric Association (1996), S. 732 und S. 743.

173 Aktuelle Studien geben bei Erwachsenen im Straf- oder Maßregelvollzug eine Prävalenz von 15 bis 30 Prozent an. Für männliche inhaftierte Jugendliche sind die Prävalenzen mit 20 bis 45 Prozent höher (vgl. Kosson, D. et al. (2010)).

174 Vgl. Forth, A. E. et al. (1996).

175 Vgl. Cooke, D. J. (1996).

176 Psychopathen wie auch Narzissten sind egozentrische Personen mit einem erhöhten Selbstwert. Bei beiden Störungsbildern ist eine charmante Art, die jedoch oberflächlich ist, zu beobachten.

177 Merkmale für eine histrionische Persönlichkeitsstörung sind theatralisches Verhalten, Dramatisierungen in Bezug auf die eigene Person und eine stark übertriebene Expression von Gefühlen (vgl. Dilling, H. et al. (2005), S. 230 f.).

178 Vgl. Fiedler, P. (2007).

179 Vgl. Fiedler, P. (2007).

180 Vgl. Kiel, K. A. (2005).

Zur Entwicklung und Entstehung der Psychopathie gibt es mehrere Erklärungsansätze, die sich gegenseitig nicht ausschließen. Evolutionsbiologen gehen von einer genetischen Erklärung für psychopathisches Verhalten aus.[181] Psychopathie in einer bestimmten Ausprägung kann zu einem Selektionsvorteil führen, indem Individuen „rücksichtslos und ohne emotionale Skrupel, allein auf ihren Vorteil ... bedacht“[182] handeln. Psychopathisches Verhalten tritt auch bei Patienten mit Schädigungen des orbitofrontalen Kortex auf. Hier spricht man jedoch von einer erworbenen Soziopathie, die erst (meist im Erwachsenenalter) nach einer Läsion oder einem Trauma auftritt.[183] Diese ist von der Psychopathie zu unterscheiden. Die Psychopathie, wie sie in dieser Arbeit betrachtet wird und wie sie oben definiert ist, wird als Entwicklungspsychopathie (*developmental psychopathy*) bezeichnet. Sie entwickelt sich aus dem Kindesalter heraus. Die Erklärungsmodelle zu der erworbenen Soziopathie unterscheiden sich von den Erklärungsmodellen zur eigentlichen Psychopathie im Sinne der Entwicklungspsychopathie.

Auch die Lernpsychologie gibt einen Erklärungsansatz für Psychopathie: Patienten mit Psychopathie zeigen eine Störung im passiven Vermeidungslernen (Lernen durch Bestrafung).[184] Das Lernen durch Bestrafung normalisiert sich in Experimenten, in denen den psychopathischen Probanden zuvor stimulierende bzw. angstauslösende Substanzen (zum Beispiel Adrenalin oder Amphetamin) verabreicht werden. Werden den Probanden zuvor sedierende Substanzen (wie zum Beispiel Diazepam oder Alkohol) gegeben, verschlechtert sich das passive Vermeidungslernen. Im Gegensatz zum Lernen durch Bestrafung ist das Lernen durch Belohnung bei psychopathischen Patienten aber nicht gestört.

Aktuell werden auch neuropathologische Ursachen für die Psychopathie diskutiert.[185]

---

181 Siehe Blonigen, D. M. et al. (2005), S. 637 ff..

182 Mealey, L. (1995), S. 523, übersetzt von Walter, H. (2005), S. 557.

183 Auf die Soziopathie und ihre Abgrenzung von der Psychopathie wird auf S. 26 dieser Arbeit eingegangen.

184 Vgl. Herpertz, S. C. / Sass, H. (2000), S. 567 ff..

185 Vgl. Blair, R. J. R. (2005), S. 865.

Abschließend kann festgehalten werden, dass zur Ätiologie und Pathogenese der Persönlichkeitsstörung Psychopathie zwar verschiedene mögliche Ansätze vertreten werden, aber insgesamt weiterhin ein hoher Forschungsbedarf besteht.

2.2.3 Klassifikation und Diagnose

Nachdem in Kapitel 2.2.1 verschiedene historische Konzeptionen der Psychopathie untersucht werden, sollen im Folgenden aktuelle Klassifikationsverfahren zur Diagnose der Störung erläutert und diskutiert werden.

In einer Diagnose erfolgt eine überzeugende Zuordnung von Beschwerdebildern und Symptomatiken zu einer Störung. Dabei stellt sich im Besonderen das Problem, dass der Begriff der Psychopathie in den klassischen Diagnosesystemen nicht vorkommt, was eine Diagnose und Zuordnung erschwert. Die beiden Diagnosesysteme mit der weitesten Verbreitung sind die ICD-10 und das DSM-IV. Wo sich die Störung Psychopathie in diesen Systemen finden lässt, wird in Kapitel 2.2.3.2 erläutert. Dabei werden auch die Diagnosen der beiden Manuale, die der Psychopathie am ehesten entsprechen, vorgestellt. Zuvor wird auf das Psychopathieverständnis nach HARE (Kapitel 2.2.3.1) eingegangen. Zur Erfassung des angloamerikanischen Konzeptes der „*psychopathy*“ entwickelte 1980 HARE in Kanada die Hare-Psychopathie-Checkliste (PCL)[186]. HARE verfolgte dabei das Ziel, den Begriff der Psychopathie exakter zu definieren. Er entwickelte eine operative Rating-Skala zur quantitativen Erfassung des Psychopathiekonzeptes von CLECKLEY[187], die sowohl die spezifischen Verhaltensauffälligkeiten als auch die spezifischen Persönlichkeitsmerkmale erfasst.[188]

Bei den erfolgreichen Psychopathen der wirtschaftlichen Führungsriege, die in Kapitel 3 behandelt werden, finden sich die psychopathischen Merkmale, die im Folgenden be-

---

186 Vgl. Hare, R. D. / Neumann, C. S. (2008), S. 222; vgl. Hart, S. D. et al. (2008), S. 5 und vgl. Semmelrock, C. (2009), S. 4; siehe auch Hare, R. D. (1991).

187 Vgl. Cleckley, H. M. (1982); siehe auch Cleckley, H. M. (1950).

188 Vgl. Hart, S. D. et al. (2008), S. 5.

schrieben werden.[189] Insbesondere die von HARE und CLECKLEY postulierten Merkmale sind vorhanden, jedoch im Vergleich zum „allgemeinen“ Psychopathen in unterschiedlicher Ausprägung. Die hier beschriebene Diagnostik der Psychopathie nach internationalen und anerkannten Verfahren kann auch zur Erklärung des Phänomens der Psychopathen in Führungspositionen verwendet werden.[190]

2.2.3.1 Das Psychopathie-Konzept nach HARE und die Psychopathie-Checkliste

> „Die PCL-R fungiert nicht nur als Maß der Psychopathie, sondern stellt auch eine wissenschaftlich fundierte Merkmalssammlung dar und ist damit seither die Referenz für die Definition von Psychopathie.“[191]

1980 entwickelte HARE die erste Version der PCL,[192] die 22 Items beinhaltet. HARE ET AL. veröffentlichten 1985[193] eine revidierte Version, die *Psychopathy Checklist-Revised* (PCL-R).[194] Die PCL-R umfasst 20 Items, die in Tabelle 4 dargestellt sind.

Die verschiedenen Versionen der Psychopathie-Checkliste[195], die von HARE UND KOLLEGEN entwickelt wurden, werden in Abschnitt 2.2.3.1.2 dargestellt[196]. Dieses Kapitel beschäftigt sich im Wesentlichen mit der revidierten Form der PCL (PCL-R).

Im englischen Sprachraum hat sich die PCL-R als valides Prognoseinstrument zur Beurteilung von Legalprognosen bzw. Rückfälligkeiten von Straftätern bewährt. Zunehmend findet die PCL-R auch im deutschsprachigen Raum Verbreitung.[197] Ein Großteil von Forschern und Anwendern von Instrumenten zur Messung von Psychopathie aus den Gebieten

---

[189] Auf die Merkmale der *white collar psychopaths* wird in Kapitel 3.1.1, S. 62 ff. dieser Arbeit eingegangen.

[190] Mit der Ätiologie und Pathogenese der erfolgreichen Psychopathen der Wirtschafts- und Finanzwelt beschäftigt sich Kapitel 4.3, S. 169 ff. dieser Arbeit.

[191] Alpers, G. W. / Eisenbarth, H. (2008), S. 10.

[192] Siehe Hare, R. D. (1980).

[193] Vgl. Hare, R. D. (1991); vgl. Hare, R. D. (1990) und vgl. Hare, R. D. (1985).

[194] Das Manual zur PCL-R ist in mehreren Auflagen veröffentlicht. Die 2. Auflage erschien 2003 (vgl. Nedopil, N. et al. (2007), S. 184).

[195] Siehe auch http://www.hare.org/scales/.

[196] Siehe S. 42 dieser Arbeit.

[197] Siehe zum Beispiel Sevecke, K. / Krischer, M. (2008), S. 63; Sevecke, K. et al. (2007), S. 552 und Sevecke, K. et al. (2005), S. 173 und S. 392.

der Klinischen Psychologie, der Forensischen Psychologie, der Psychiatrie und der Kriminologie sowie aus dem Bereich der Justiz sehen in der PCL-R eine reliabele und valide Möglichkeit zur Erfassung der Psychopathie.[198] Die PCL-R gilt als das exakteste und zuverlässigste Instrument zur Messung der Psychopathie. Daneben handelt es sich um das am häufigsten genutzte diagnostische Messinstrument, das in der Psychopathieforschung allgemein genutzt[199] und speziell bei der Erstellung von Prognosegutachten eingesetzt wird[200]. Die PCL-R wird als „das Flaggschiff auf dem Gebiet der Vorhersage von gewalttätigen Rückfällen“ bezeichnet.[201]

Auch wenn ein Großteil der Forscher von einem validen Messinstrument ausgeht, ist jedoch anzumerken, dass die tatsächliche Validität der PCL-R noch nicht gesichert ist. Weitgehend werden sowohl das Psychopathiekonzept als auch die PCL-R als unbestritten angesehen[202] und als „Goldstandard“ bezeichnet[203]. Alternative Konzepte und Messmethoden, die dem aktuellen Stand der Forschung entsprechen, gibt es nicht.[204]

Grundlage der PCL ist das Psychopathiekonzept von CLECKLEY,[205] wobei CLECKLEYS Werk *The Mask of Sanity* auch heute noch die klinisch-empirische Basis von HARES PCL darstellt. Die von CLECKLEY definierten 16 Eigenschaften von Psychopathen[206] wurden teilweise von HARE übernommen.[207]

---

[198] Vgl. Nedopil, N. (2005), S. 100.

[199] Vgl. Babiak, P. / Hare, R. D. (2007), S. 21; vgl. Deutschman, A. (2005), S. 44 und vgl. Ehlers, S. (2004), S. 34.

[200] Siehe zum Beispiel Nedopil, N. (2005) und Nedopil, N. (2001), S. 363.

[201] Webster, C. D. / Bailes, G. (2000), zitiert nach Eidt, M. (2007), S. 5 und zitiert nach Berger, K. (2010), S. 11.

[202] Vgl. Braasch, M. (2006), S. 168 f.; vgl. Hart, S. D. et al. (2008), S. 5 und vgl. Nedopil, N. (2005), S. 100.

[203] Vgl. Blackburn, R. (2009), S. 117 und vgl. Hare, R. D. (1999), S. 185.

[204] Vgl. Blackburn, R. (2009), S. 117 und vgl. Hare, R. D. (1999), S. 185.

[205] Vgl. Cleckley, H. M. (1982), siehe auch Cleckley, H. M. (1950).

[206] Siehe Tabelle 3, S. 21 dieser Arbeit; vgl. Cleckley, H. M. (1964), S. 362 f.; vgl. Fiedler, P. (2007), S. 155 und vgl. Hart, S. D. et al. (2008), S. 5.

[207] Zum Beispiel wurde Cleckleys Merkmal „Fehlen von Reue“ von Hare identisch übernommen (vgl. Salekin, R. T. et al. (1996), S. 205 und Semmelrock, C. (2009), S. 4).

In der PCL stellt eine Hauptgrundlage für die Bewertung eines Probanden oder Patienten ein halbstrukturiertes Interview dar, in dem der Untersucher auch die Interaktion zwischen ihm und dem Probanden berücksichtigt.

Die PCL-R nutzt also verschiedene Informationsquellen: [208]

- ein halbstrukturiertes, klinisches Interview,
- eine Selbsteinschätzung des Probanden,
- Verhaltensbeobachtungen des Untersuchers und
- weitere Informationen aus Akten und anderen Quellen (Gutachten, Gerichtsurteile, klinische Berichte, Vorstrafen, Befragung der Bezugspersonen, ...).

Voraussetzung für die Anwendung der PCL ist neben der Teilnahme an Workshops und regelmäßigen Schulungen eine große Erfahrung des Untersuchers im diagnostischen und forensischen Bereich.[209]

Die 20 Items der Checkliste werden jeweils auf einer Skala mit 0 bis 2 Punkten bewertet.

1.	Glatter, oberflächlicher Charme (trickreich-sprachgewandter Blender mit oberflächlichem Charme)
2.	Übermäßiges Selbstwertgefühl (erheblich übersteigertes Selbstwertgefühl)
3.	Reizhunger/Neigung zur Langeweile (Stimulationsbedürfnis, Erlebnishunger und ständiges Gefühl der Langeweile)
4.	Pathologisches Lügen (Pseudologie)
5.	Lenkend/manipulativ (betrügerisch-manipulatives Verhalten)
6.	Mangel an Reue und Schuldgefühlen (Mangel an Gewissensbissen oder Schuldbewusstsein)
7.	Oberflächlicher Affekt (oberflächliche Gefühle)
8.	Gefühllos/fehlende Empathie (Gefühlskälte, Mangel an Empathie)
9.	Parasitärer Lebensstil
10.	Geringe Verhaltenskontrolle (unzureichende Verhaltenskontrolle)
11.	Promiskuitives Sexualverhalten

[208] Vgl. Hare, R. D. (1991).
[209] Vgl. Sevecke, K. et al. (2005).

12.	**Frühkindliche Verhaltensprobleme (frühe Verhaltensauffälligkeiten)**
13.	Fehlen realistischer, langfristiger Pläne (Ziele)
14.	**Impulsivität**
15.	Sorglos-unverantwortliches Handeln (Verantwortungslosigkeit)
16.	**Verweigerung der Verantwortung für eigenes Handeln (mangelnde Bereitschaft und Fähigkeit, Verantwortung für eigenes Handeln zu übernehmen)**
17.	Viele kurze, eheliche Beziehungen (oder eheähnliche Beziehungen)
18.	**Jugendkriminalität**
19.	Verletzungen von Bewährungsauflagen (Missachtung von Weisungen und Auflagen)
20.	**Kriminelle Flexibilität (polytrope Kriminalität)**

Tabelle 4: Die Items der PCL-R[210]

Die PCL baut auf der Erkenntnis auf, dass es sich bei der Psychopathie um ein latentes Konstrukt handelt. Die Bewertung der 20 Kriterien erfolgt nach einer Drei-Punkte-Skala.[211] Ist ein Merkmal bei der zu beurteilenden Person ausgeprägt, also der Proband erfüllt das Kriterium voll, wird dieses Merkmal mit zwei Punkten bewertet. Bei einer teilweisen Ausprägung wird das Merkmal mit einem Punkt bewertet, ist das Merkmal kaum vorhanden, mit null Punkten.[212]

Der maximale Punktewert der Checkliste beträgt 40 Punkte, der Minimalwert liegt bei null.[213] Die maximal erreichbare Punktzahl ist als Maximum zu verstehen, das den proto-

---

[210] Quelle: nach Hare, R. D. (1991). Ergänzende Erläuterungen zum Verständnis der Items finden sich in Klammern (siehe Alpers, G. W. / Eisenbarth, H. (2008), S. 9; siehe Habermeyer, E. / Herpertz, S. C. (2006), S. 608 und siehe Jaser, R. (2006), S. 25-30). Im Hinblick auf die Neuauflage der deutschen Übersetzung der PCL-R wird beabsichtigt, die Benennung einger Items zu ergänzen und einige Items umzubenennen. Diese beabsichtigen Neuerungen und Ergänzungen wurden der Autorin in einem persönlichen Gespräch von David Kossom erläutert. Diese Anmerkungen finden sich ebenfalls in den Klammern.
Eine ausführliche Beschreibung der Items in deutscher Sprache findet sich bei Sevecke, K. / Krischer, M. K. (im Druck). Die Items sind bei Sevecke, K. / Krischer, M. (2008), S. 66, Tabelle 5.1 abgedruckt.

[211] Vgl. Hare, R. D. / Neumann, C. S. (2008), S. 218-223 und vgl. Paulhus, D. L. / Williams, K. M. (2002), S. 557.

[212] Vgl. Babiak, P. / Hare, R. D. (2006), S. 22. Eine ausführliche Beschreibung der Merkmale und der Bewertungsmaßstäbe findet sich in den Manualen zur PCL-R. Eine umfassende Diagnostik der Psychopathie sowie eine Anwendung der PCL-R finden sich in Kapitel 4.1.3, S. 125 ff. dieser Arbeit. Die Bewertung der Items wird in Kapitel 4.1.3.1, S. 126 ff. dieser Arbeit erläutert, die Auswertung erfolgt in Kapitel 4.1.3.2, S. 150 ff..

[213] Vgl. Babiak, P. / Hare, R. D. (2007), S. 22.

typischen Psychopathen darstellt.[214] Bei einem Wert von über 30 Punkten wird die (Verdachts-)Diagnose Psychopathie gestellt.[215] Ein tatsächlicher Psychopath sollte dabei alle oder mindestens einen Großteil der beschriebenen Merkmale besitzen.[216] Es wird davon ausgegangen, dass ein überwiegender Teil der Bevölkerung bei der PCL einen Wert von drei bis vier Punkten erreicht.[217]

Der Cutt-Off-Wert impliziert ein taxonomisches Verständnis der Störung. Die Forschungsgemeinschaft nimmt jedoch weitgehend an, dass es sich bei Psychopathie um ein dimensionales Konstrukt handelt, das entlang eines Kontinuums existiert.[218] Es wird diskutiert, ob für die Anwendung der PCL-R im europäischen Raum die diagnostische Schwelle von dem Cutt-Off-Wert von ursprünglich 30 Punkten auf einen Wert von 25 Punkten abzusenken ist.[219] Dieses Senken der Schwelle wird wiederum kritisch betrachtet: Es handele sich um einen willkürlich festgesetzten Cutt-Off-Wert, der die europäische Prävalenzrate künstlich erhöhen könne.[220] Bei einer Anwendung der PCL-R außerhalb der Bereiche der Psychiatrie und des Strafvollzugs werden weitere Schwellenwerte vorgeschlagen. Im Unternehmensbereich, dem so genannten „*white collar setting*“[221], wird ein Schwellenwert von 20 Punkten vorgeschlagen.[222]

Die PCL-R erlaubt eine quantitative Erfassung der Psychopathie.[223] Die Items der PCL-R können in unterschiedlichen Ausprägungen vorliegen und in diesen unterschiedlichen Ausprägungen auch erfasst werden. Im Gegensatz zu den Persönlichkeitsstörungen, die in

---

[214] Vgl. Babiak, P. / Hare, R. D. (2006), S. 22 und vgl. Sevecke, K. et al. (2005), S. 393.

[215] Vgl. Sevecke, K. et al. (2005), S. 393.

[216] Vgl. Babiak, P. / Hare, R. D. (2006), S. 20.

[217] Vgl. Babiak, P. / Hare, R. D. (2006), S. 24 und vgl. Deutschman, A. (2005), S. 1.

[218] Vgl. Hare, R. D. / Neumann, C. S. (2008), S. 220 und S. 234.

[219] Vgl. Habermeyer, E. (2008), S. 92 und vgl. Hartmann, J. et al. (2001), S. 368. Diese Forderung resultiert aus der Annahme, dass die Psychopathie bzw. ihre Ausprägung im europäischen Raum geringer ist als in den USA und Kanada (Vgl. Habermeyer, E. (2008), S. 92 und vgl. Hartmann, J. et al. (2001), S. 368).

[220] Vgl. Leygraf, N. (2006), S. 275.

[221] Widiger, T. A. (1998), S. 62.

[222] Vgl. Widiger, T. A. (1998), S. 62. Die Ausprägung der Psychopathie wird im Unternehmensbereich als geringer angenommen als im Straf- und Maßregelvollzug. Um die daraus resultierende Verschiebung des Mittelwertes und der Standardabweichung zu berücksichtigen wird gefordert, den Cut-off-Wert im *white collar setting* zu senken.

[223] Vgl. Nedopil, N. (2005), S. 100.

der ICD-10 und dem DSM-IV beschrieben sind, ist das Psychopathie-Konstrukt von HARE dimensional kategorisiert.[224]

Der Hauptkritikpunkt an der PCL bezieht sich auf die Übereinstimmung von Messung und Definition.[225] So bezeichnet WALTERS das Konzept als tautologisch:

> *„The evidence that a person is a psychopath is that he or she commits serious crimes and the reason he or she commits serious crimes is attributed to the fact that he or she is a psychopath.“*[226]

Einige Forscher empfehlen, die Persönlichkeitsstörung Psychopathie und damit das zugehörige Konstrukt sollten aus der Nomenklatur der Psychiatrie vollständig entfernt werden.[227]

2.2.3.1.1 Die Faktorstruktur der Psychopathie-Checkliste

Die PCL erfasst mehrere unabhängige Faktoren der Psychopathie. Durch das Verfahren der Faktoranalyse konnten ein Zwei-, ein Drei- und ein Vier-Faktoren-Modell der Psychopathie entwickelt werden. Diese Modelle werden im Folgenden vorgestellt. Für das Verständnis des real existierenden Phänomens der erfolgreichen Psychopathen in Führungspositionen ist dabei insbesondere das Zwei-Faktoren-Modell der Psychopathie von Relevanz.[228]

Einige Studien bestätigen die Annahme, dass die PCL ein homogenes Konstrukt misst.[229] Durch die Faktoranalyse können mehrere unabhängige Faktoren identifiziert werden, aus

---

[224] Vgl. Eisenbarth, H. / Alpers, G. W. (2007), S. 216 f. und vgl. Habermeyer, E. / Herpertz, S. C. (2006), S. 606. Eine ausführliche Beschreibung der kategorialen Diagnostik und der dimensionalen Diagnostik sowie einer Gegenüberstellung dieser beiden Ansätze finden sich bei Stieglitz, R.-D. (2008), S. 18.

[225] Vgl. Schneider, H. J. (2009), S. 505 und vgl. Walters, G. D. (2004), S. 144. Einen Überblick über die verschiedenen Ansichten zur PCL gibt Semmelrock, C. (2009), S. 3.

[226] Walters, G. D. (2004), S. 144.

[227] Vgl. Blackburn, R. (1988), S. 505 und vgl. Boetsch, T. (2003), S. 40.

[228] *White collar psychopaths* besitzen ein besonderes PCL-R-Profil (vgl. Abbildung 4, S. 70 dieser Arbeit). Die Bedeutung des Zwei-Faktoren-Modells für diese Subgruppe der Psychopathen wird in Kapitel 3.1.1, S. 62 ff. dieser Arbeit erläutert.

[229] Vgl. Bolt, D. et al. (2004), S. 155; vgl. Hare, R. D. (1991) und vgl. Hare, R. D. / Neumann, C. S. (2008), S. 57.

denen das Konzept Psychopathie besteht. In einem ersten Schritt konnten zwei Faktoren bzw. Cluster beschrieben werden, aus denen sich das Psychopathie-Konstrukt zusammensetzt (**das Zwei-Faktoren-Modell**):[230] der emotional-interpersonelle Faktor (Faktor 1) und der antisoziale Faktor (Faktor 2).[231] Faktor 1 repräsentiert dabei die grundlegenden Merkmale und Eigenschaften der psychopathischen Persönlichkeit. Faktor 2 stellt sozial deviante Verhaltensweisen sowie einen chronisch unbeständigen und antisozialen Lebensstil dar.[232] Die Zuordnung der Items zu beiden Faktoren ist in Tabelle 5 dargestellt.

Die Items 11, 17 und 20 laden auf keinem der beiden Faktoren. Sie finden sich folglich nicht in den Scores von Faktor 1 und 2, tragen aber zum Gesamtscore der PCL-R bei.[233]

1.	**Glatter, oberflächlicher Charme**
2.	**Übermäßiges Selbstwertgefühl**
3.	*Reizhunger/Neigung zur Langeweile*
4.	**Pathologisches Lügen**
5.	**Lenkend/manipulativ**
6.	**Mangel an Reue und Schuldgefühlen**
7.	**Oberflächlicher Affekt**
8.	**Gefühllos/fehlende Empathie**
9.	*Parasitärer Lebensstil*
10.	*Geringe Verhaltenskontrolle*
11.	Promiskuitives Sexualverhalten
12.	*Frühkindliche Verhaltensprobleme*
13.	*Fehlen realistischer, langfristiger Pläne*

[230] Vgl. Hare, R.D. (1990), S. 338; vgl. Hare, R. D. / Neumann, C. S. (2008), S. 219 f.; vgl. Harpur, T. J. et al. (1989), S. 211; vgl. Harpur, T. J. et al. (1988), S. 741; vgl. Hart, S. D. / Hare, R. D. (1989), S. 211; vgl. Sevecke, K. et al. (2005), S. 393 und vgl. Walters, G. D. (2003), S. 89.

[231] Siehe Tabelle 4, S. 35 dieser Arbeit. Faktor 1 ist **fett**, Faktor 2 *kursiv* dargestellt.

[232] Vgl. Harpur, T. J. et al. (1988), S. 6.

[233] Vgl. Hare, R. D. (1991).

14.	*Impulsivität*
15.	*Sorglos-unverantwortliches Handeln*
16.	**Verweigerung der Verantwortung für eigenes Handeln**
17.	Viele kurze, eheliche Beziehungen
18.	*Jugendkriminalität*
19.	*Verletzungen von Bewährungsauflagen*
20.	Kriminelle Flexibilität

Tabelle 5: Die Items der Zwei-Faktoren-Modells der PCL-R[234]

Während Faktor 1 weitgehend mit den Kernmerkmalen der psychopathischen Persönlichkeit nach dem Modell von CLECKLEY übereinstimmt, beschreibt Faktor 2 das Verhalten, wie es im DSM-IV definiert ist und deshalb der antisozialen Persönlichkeitsstörung entspricht.[235] Zahlreiche Studien können zeigen, dass die Kriterien des DSM-IV hoch mit dem Faktor 2 korrelieren.[236] Die Merkmale des antisozialen Faktors werden durch die Diagnosekriterien der antisozialen Persönlichkeitsstörung abgebildet, allerdings finden sich die Merkmale des emotional-interpersonellen Faktors dort kaum wieder.[237] In Ansätzen spiegelt sich Faktor 1 in der dissozialen Persönlichkeitsstörung nach ICD-10 wider.[238]

Der emotional-interpersonelle Faktor stellt das Herzstück und den Charakter der Psychopathie dar. Es wird davon ausgegangen, dass es sich hierbei um ein tatsächliches Persönlichkeitsmerkmal handelt, das sich in seiner Ausprägung nicht mit dem Alter hinweg verän-

234 Quelle: nach Hare, R. D. (1991). Anmerkung: Der emotional-interpersonelle Faktor (Faktor 1) ist **fett** dargestellt, der antisoziale Faktor (Faktor 2) *kursiv*. Die Items 11 und 17 laden auf keinem der beiden Faktoren. Eine ausführliche Beschreibung der Items in deutscher Sprache findet sich bei Sevecke, K. / Krischer, M. K. (im Druck). Die Items sind bei Sevecke, K. / Krischer, M. (2008), S. 66, Tabelle 5.1 abgedruckt.

235 Vgl. Hare et al. (1990), S. 338; vgl. Harpur, T. J. et al. (1988), S. 741 und S. 211; vgl. Hart, S. D. / Hare, R. D. (1989), S. 211 sowie vgl. Walters, G. D. (2003), S. 89.

236 Vgl. Widiger, T. A. (2006), S. 157. Die Kriterien der antisozialen Persönlichkeitsstörung nach DSM-IV sind in Tabelle 8, S. 44 dieser Arbeit dargestellt.

237 Faktor 1-Psychopathen sind kein Subtyp der antisozialen Persönlichkeitsstörung.

238 Vgl. Tabelle 8, S. 44 dieser Arbeit.

dert.[239] Im Gegensatz dazu beginnt der antisoziale Lebensstil (Faktor 2) schon im frühen Alter, das deviante[240] Verhalten nimmt jedoch mit zunehmendem Lebensalter ab.[241]

Die Korrelationen zwischen den beiden Faktoren werden mit .68 angegeben.[242] Obwohl es diesen Zusammenhang zwischen den beiden Faktoren gibt, besteht die Möglichkeit, dass singulär nur die Merkmale eines Faktors bei einer Person besonders ausgeprägt sind. Dies ist bei Psychopathen in Führungspositionen der Fall, die ein spezielles PCL-Profil aufweisen.[243] Während der emotional-interpersonelle Faktor stark ausgeprägt ist, sind Merkmale, die der antisoziale Faktor abbildet, kaum vorhanden.[244] Dieses Zwei-Faktoren-Modell wird von HARPUR ET AL. (1988) bereits für die PCL vorgeschlagen.[245]

Mittels der Faktoranalyse lassen sich die 20 Kriterien der PCL-R neben den oben beschriebenen zwei auch auf drei und vier Faktoren verdichten. Auf den Überlegungen des Zwei-Faktor-Modells aufbauend, entwickelten COOKE / MICHIE (2001) ein **Drei-Faktoren-Modell** der Psychopathie zur hierarchischen Einteilung der Psychopathie.[246] Mehrere Arbeiten unterstützen dieses Modell.[247] Zugleich wird das Modell auch kritisch diskutiert.[248]

---

[239] Auf die Stabilität von Persönlichkeitsmerkmalen wird auf S. 11 dieser Arbeit eingegangen. Vgl. auch Becker, P. (2005), S. 511 und vgl. Fiedler, P. (2007), S. 2.

[240] Als deviant wird ein Verhalten bezeichnet, das von dem durch soziale Normen erwarteten und geforderten Verhalten abweicht (vgl. Weinrich, M. (2004), S. 180).

[241] Vgl. Harpur, T. J. et al. (1988), S. 745 und vgl. Sevecke, K. et al. (2005), S. 393.

[242] Vgl. Hare, R. D. / Neumann, C. S. (2008), S. 220.

[243] Vgl. Abbildung 4, S. 70 dieser Arbeit.

[244] Siehe Kapitel 3.1, S. 61 ff. dieser Arbeit und siehe insbesondere Kapitel 3.1.1, S. 62 ff.. Bei den erfolgreichen Psychopathen in Führungspositionen ist Faktor 1 stark ausgeprägt. Die Ausprägung ist dabei identisch mit der krimineller Psychopathen, die wegen Gewalt- und Kapitaldelikten inhaftiert sind. Im Gegensatz dazu sind bei den erfolgreichen Psychopathen die Werte der Items, die auf Faktor 2 laden, sehr gering (vgl. Abbildung 4, S. 70 dieser Arbeit). Es wird deshalb angenommen, dass es sich bei den erfolgreichen Psychopathen in Führungspositionen zwar tatsächlich um Psychopathen mit einer psychopathischen Kernpersönlichkeit handelt, diese aber über keine antisozialen Tendenzen verfügen und keine offenen Aggression zeigen (vgl. Kapitel 3.1.1, S. 62 ff. und vgl. Abbildung 4, S. 70 dieser Arbeit).

[245] Vgl. Harpur, T. J. et al. (1988), S. 745 f..

[246] Vgl. Cooke, D. J. / Michie, C. (2001), S. 171.

[247] Vgl. Hall, J. R. et al. (2004), S. 4; vgl. Johansson, P. et al. (2002), S. 82; vgl. Ullrich, S. et al. (2003), S. 1002 und vgl. Weaver, C. M. et al. (2006), S. 208.

[248] Vgl. Hare, R. D. / Neumann, C. S. (2005), S. 57 und vgl. Neumann, C. S. et al. (2005), S. 624. Einen Vergleich des Zwei-Faktoren-Modells mit dem Drei-Faktoren-Modell untersucht Eidt (2007) für eine deutsche Stichprobe (vgl. Eidt, M. (2007), S. 6 ff.).

Mit der Veröffentlichung der zweiten Auflage der PCL-R stellt HARE ein **Vier-Faktoren-Modell** der Psychopathie vor.[249]

Kern-Dimensionen		**Verhaltens-Dimensionen**	
Interpersonaler Faktor	**Affektiver Faktor**	**Lifestyle Faktor**	**Antisozialer Faktor**
(Selbstdarstellung, übersteigerter Selbstwert u.a.)	(oberflächlicher Affekt, mangelnde Empathie u.a.)	(*sensation seeking*, keine langfristigen Ziele u.a.)	(schwere Kriminalität, Bewährungswiderruf, kriminelle Vielseitigkeit u.a.)
- 1 -	- 2 -	- 3 -	- 4 -

Abbildung 2: Das Vier-Faktoren-Modell der PCL-R[250]

Dieses Modell besteht aus dem Drei-Faktoren-Modell von COOKE & MICHIE und einem zusätzlichen vierten Faktor, der sich aus denjenigen Items zusammensetzt, die das gezeigte kriminelle Verhalten widerspiegeln.[251]

Interpersonell	Affektiv
1. Oberflächlicher Charme	6. Fehlende Reue
2. Übersteigertes Selbstwertgefühl	7. Flacher Affekt
4. Pathologisches Lügen	8. Mangel an Empathie
5. Betrügerisch-manipulatives Verhalten	16. Fehlende Verantwortungsübernahme

249 Vgl. Hare, R. D. / Neumann, C. S. (2005), S. 57.

250 Quelle: nach Kosson, D. et al. (2010). Siehe auch Hare, R. D. / Neumann, C. S. (2005), S. 57.

251 Zum Vier-Faktoren-Modell siehe auch Parker, J. et al. (2002).

Lebensstil	Antisoziales Verhalten
3. Stimulationsbedürfnis	10. Geringe Verhaltenskontrolle
14. Impulsivität	12. Frühe Verhaltensauffälligkeiten
15. Verantwortungslosigkeit	18. Jugendkriminalität
9. Parasitärer Lebensstil	19. Verstoß gegen Bewährungsauflagen
13. Fehlende realistische Pläne	20. Polytrope Kriminalität

Tabelle 6: Die Items des Vier-Faktoren-Modells der PCL-R[252]

Der interpersonelle und der affektive Faktor stellen gemeinsam den uspründlichen emotional-interpersonellen Faktor 1 des Zwei-Faktoren-Modells der PCL dar. Der Lebensstil- und der antisoziale Faktor bilden zusammen den ursprünglichen Faktor 2, ergänzt um Item 20.[253] Die Items 11 (promiskuitives Sexualverhalten) und 17 (kurze eheähnliche Beziehungen) tragen zwar zum Gesamtscore der PCL-R bei, laden aber auf keinem der Faktoren.[254]

2.2.3.1.2 Weitere Versionen der Psychopathie-Checkliste

Neben den verschiedenen Auflagen der PCL wurden auch verschiedene Versionen der Checkliste entwickelt, die sich hauptsächlich in Bezug auf die Zielgruppe, die begutachtet werden soll, unterscheiden. Eine erste deutsche Übersetzung der PCL-R erschien im Jahr 2001.[255] 2003 wurde von FORTH ET AL. die erste Version der PCL veröffentlicht, die speziell für die Testung von Kindern und Jugendlichen (*Psychopathy Checklist-Youth Version,*

[252] Quelle: nach Hare, R. D. / Neumann, C. S. (2005), S. 57 und nach Hare, R. D. (2007), S. 44. Die Items des Vier-Faktoren-Modells orientieren sich am Manual der PCL-R von 1991 (vgl. Hare, R. D. (1991)).

[253] Vgl. Hare, R. D. (2007), Tabelle 3.2, S. 44.

[254] Vgl. Hare, R. D. (2007), S. 44.

[255] Die deutsche Übersetzung der PCL findet sich bei Nedopil, N. / Müller-Isberner, R. (2001) (vgl. auch Sevecke, K. et al. (2005), S. 393). Anzumerken ist hierbei, dass lediglich eine Übersetzung des Handbuches erhältlich ist. Eine deutsche Übersetzung des strukturierten Interviews, die von Sevecke, K. / Krischer, M. K. (im Druck) entwickelt und erprobt wurde, ist zur Zeit nicht käuflich erhältlich.

PCL-YV)[256] entwickelt und normiert wurde.[257] Die Autoren der PCL-YV empfehlen eine Anwendung bei Jugendlichen zwischen zwölf und 18 Jahren.[258] Zahlreiche Autoren stehen dem Konzept der Psychopathie im Kindes- und Jugendalter jedoch sehr kritisch gegenüber.[259] Die mit der PCL-YV erzielten Werte sind weder ein Prädiktor für die spätere Ausprägung der Psychopathie im Erwachsenenalter noch für späteres straffälliges Verhalten.[260] Dies gilt insbesondere für die Prognose von delinquentem Verhalten von Mädchen. Bei Jungen gibt es erste Hinweise auf die prädiktive und prognostische Validität der PCL-YV.[261]

Der Zeitaufwand, der zur Durchführung der PCL-R benötigt wird, ist sehr hoch. Für das Interview und das Aktenstudium werden mindestens drei Stunden veranschlagt.[262] Aus diesem Grund wurde eine klinische Version (*clinical version*) der PCL entwickelt, die nur sechs Items umfasst und bei der auf ein vollständiges Studium der Akten verzichtet[263] wird. Diese Version der PCL hat sich allerdings nicht durchgesetzt.

Eine weitere verkürzte Form der PCL, die Screening Version der Psychopathie-Checkliste (PCL: SV)[264], konnte sich jedoch durchsetzen. Diese Version, die von Hart et al. (1995) entwickelt wurde, beinhaltet zwölf Merkmale, sechs Items zu den emotionalen und interpersonellen Persönlichkeitseigenschaften und sechs Items zu den sozial devianten Verhaltensweisen.[265] Die Items der PCL: SV und ihre Zuordnung zu den Items der PCL-R sind in Tabelle 7 dargestellt.

---

256 Forth, A. E. et al. (2003). Die erste Version der PCL-YV wurde 1996 von Forth, Kosson und Hare veröffentlicht (vgl. Forth, A. E. (2005b), S. 324-338 und vgl. Forth, A. E. et al. (2003)).

257 Vgl. Forth, A. E. et al. (2003). Für eine weitere Beschreibung der PCL-YV siehe Forth, A. E. (2005a), S. 324-338.

258 Vgl. Sevecke, K. et al. (2007), S. 552.

259 Vgl. Dreßing, H. (2009), S. 319 und vgl. Sevecke, K. et al. (2005), S. 392 und S. 394. Auch einer der Autoren der PCL-YV warnt ausdrücklich vor möglichen falschen Prognosen für das Erwachsenenalter, die auf Basis der Ergebnisse der PCL-YV erstellt werden (vgl. Kosson, D. et al. (2010)).

260 Vgl. Kosson, D. et al. (2010) und vgl. Sevecke, K. / Krischer, M. (2008), S. 67.

261 Vgl. Sevecke, K. / Krischer, M. (2008), S. 67.

262 Vgl. Kosson, D. et al. (2010).

263 Vgl. Hart, S. D. et al. (2008), S. 5.

264 Siehe Hart, S. D. et al. (1995).

265 Vgl. Dreßing, H. (2009), S. 319.

Items der PCL: SV		Referenz auf PCL-R
1.	Oberflächlichkeit	Item 1
2.	Grandiosität	Item 2
3.	Betrügerisch und manipulativ	Items 4 und 5
4.	Fehlen von Reue und Schuldgefühlen	Item 6
5.	Fehlen von Empathie	Items 7 und 8
6.	Keine Übernahme von Verantwortung	Item 16
7.	Impulsivität	Items 3 und 14
8.	Schlechte Verhaltenssteuerung und -kontrolle	Item 10
9.	Fehlende Lebensziele	Items 9 und 13
10.	Verantwortungslosigkeit	Item 5
11.	Antisoziales Verhalten in der Adoleszenz	Items 12 und 18
12.	Antisoziales Verhalten im Erwachsenenalter	Items 19 und 20

Tabelle 7: Die Items der PCL: SV[266]

Die Autoren der PCL: SV weisen ausdrücklich darauf hin, dass der Test auch für die Anwendung in nicht klinischen Bereichen geeignet ist.

Neben einschlägigen Tests zu spezifischen Persönlichkeitsstörungen werden zur Einordnung von Störungen und zur Diagnose auch allgemeine Manuale zu Störungen und Krankheiten genutzt. Auf die Diagnose der Psychopathie in den Manualen der WHO und der APA (*American Psychiatric Association*) wird im Folgenden eingegangen.

2.2.3.2 Diagnostik nach ICD-10 und DSM-IV

In den klassischen Diagnosesystemen findet sich nicht der Ausdruck Psychopathie, was eine Diagnose erschwert. Offiziell werden (in Deutschland und weltweit) zwei Diagnosesysteme verwendet: Die *International Classification of Diseases* (ICD) und das *Diagnostic and Statistical Manual of Mental Disorders* (DSM). Die ICD wird von der Weltgesundheitsorganisation (WHO) herausgegeben, aktuell in der 10. Auflage.[267] Das

[266] Quelle: nach Hart, S. D. et al. (2008), S. 19-21.
[267] Vgl. Dilling, H. et al. (2005).

DSM wird in seiner 4. Auflage von der *American Psychiatric Association* veröffentlicht. Die der Psychopathie am ehesten entsprechende Diagnose findet sich in der ICD unter dissozialer Persönlichkeitsstörung.[268] Dieses Störungsbild ist dem Konzept der Psychopathie ähnlicher als die entsprechende DSM-Diagnose, der antisozialen Persönlichkeitsstörung. Die Diagnose nach ICD kommt dem Konzept der Psychopathie näher, da der emotional-interpersonelle Faktor eine stärkere Berücksichtigung findet.[269] Die Diagnose nach DSM basiert im Wesentlichen auf sozial devianten Verhaltensmerkmalen.[270] Dies führt dazu, dass das DSM im Vergleich zur ICD die Merkmale antisozialen Verhaltens betont.[271] Die APA setzt antisoziale und dissoziale Persönlichkeitsstörung sowie Psychopathie gleich.[272]

Die diagnostischen Kriterien der dissozialen Persönlichkeitsstörung nach ICD-10 werden in Tabelle 8 den Kriterien der antisozialen Persönlichkeitsstörung nach DSM-IV gegenübergestellt. Auch der Zusammenhang zum Konzept der *psychopathy* nach der PCL wird dabei verdeutlicht.

---

[268] Zu „F60.2 dissoziale Persönlichkeitsstörung" siehe Dilling, H. et al. (2005), S. 229. Die Gruppe der Psychopathen ist dabei weder eine Teilmenge der Personen mit antisozialer Persönlichkeitsstörung noch der Personen mit dissozialer Persönlichkeitsstörung. Auch entsprechen die Kriterien der antisozialen Persönlichkeitsstörung nicht denen der dissozialen Persönlichkeitsstörung. Eine Gegenüberstellung der Diagnosekriterien findet sich in Tabelle 8, S. 46 dieser Arbeit.

[269] Es werden auch relevante Persönlichkeitsmerkmale, wie zum Beispiel der Mangel an Empathie, in die Definition mit eingeschlossen (vgl. Bronisch, T. et al. (2008), S. 1060 und vgl. Dreßing, H. (2009), S. 320). Einige Autoren betonen, dass die dissoziale Persönlichkeitsstörung auf einem umfassenderen Persönlichkeitskonstrukt beruhe (vgl. Walter, H. (2005), S. 557, siehe auch Dreßing, H. (2009), S. 320). Die Diagnosekriterien der dissozialen Persönlichkeitsstörung bilden eher den Faktor 1 der Psychopathie ab als dies die Merkmale der antisozialen Persönlichkeitsstörung tun.

[270] Vgl. Dreßing, H. (2009), S. 320. Kritik hierzu siehe Müller-Isberner, R. et al. (2003), S. 72 und siehe Walter, H. (2005), S. 557.

[271] Vgl. Walter, H. (2005), S. 557.

[272] Vgl. American Psychiatric Association (1996), S. 729.

„Psychopathy" nach PCL-R Forschungskriterium: mindestens 30 von maximal 40 Punkten.	**Dissoziale Persönlichkeitsstörung nach ICD-10 (F 60.2)** Diagnose erst ab dem 18. Lebensjahr möglich. Mindestens drei der folgenden Kriterien müssen erfüllt sein.	**Antisoziale Persönlichkeitsstörung nach DSM-IV (301.7)** Tiefgreifendes Muster von Missachtung und Verletzung der Rechte anderer seit dem 15. Lebensjahr. Mindestens drei der folgenden Kriterien müssen erfüllt sein.
1. Glatter, oberflächlicher Charme 2. Übermäßiges Selbstwertgefühl 3. Reizhunger/Neigung zur Langeweile 4. Pathologisches Lügen	1. Herzloses Unbeteiligtsein gegenüber den Gefühlen anderer	1. Versagen, sich in Bezug auf gesetzmäßiges Verhalten gesellschaftlicher Normen anzupassen, was sich in wiederholtem Begehen von Handlungen äußert, die einen Grund für eine Festnahme darstellen
5. Lenkend/manipulativ 6. Mangel an Reue und Schuldgefühlen 7. Oberflächlicher Affekt	2. Deutliche und andauernde Verantwortungslosigkeit und Missachtung sozialer Normen, Regeln und Verpflichtungen	2. Falschheit, die sich in wiederholtem Lügen, dem Gebrauch von Decknamen oder dem Betrügen anderer zum persönlichen Vorteil oder Vergnügen äußert
8. Gefühllos/fehlende Empathie 9. Parasitärer Lebensstil	3. Unvermögen zur Beibehaltung längerfristiger Beziehungen, aber keine Schwierigkeiten, Beziehungen einzugehen	3. Impulsivität oder Versagen, vorausschauend zu planen
10. Geringe Verhaltenskontrolle 11. Promiskuitives Sexualverhalten 12. Frühkindliche Verhaltensprobleme	4. Sehr geringe Frustrationstoleranz und niedrige Schwelle für aggressives, auch gewalttätiges Verhalten	4. Reizbarkeit und Aggressivität, die sich in wiederholten Schlägereien oder Überfällen äußert
13. Fehlen realistischer, langfristiger Pläne 14. Impulsivität	5. Unfähigkeit zum Erleben von Schuldbewusstsein oder zum Lernen, besonders aus Bestrafung	5. Rücksichtslose Missachtung der eigenen Sicherheit bzw. Sicherheit anderer
15. Sorglos-unverantwortliches Handeln 16. Verweigerung der Verantwortung für eigenes Handeln 17. Viele kurze eheliche Beziehungen	6. Neigung, andere zu beschuldigen oder vordergründige Rationalisierungen für das eigene Verhalten anzubieten, durch welches die Person in einen Konflikt mit der Gesellschaft geraten ist	6. Durchgängige Verantwortungslosigkeit, die sich im wiederholten Versagen zeigt, eine dauerhafte Tätigkeit auszuüben oder finanziellen Verpflichtungen nachzukommen
18. Jugendkriminalität 19. Verletzungen von Bewährungsauflagen	Anhaltende Reizbarkeit kann zusätzliches Merkmal sein	7. Fehlende Reue, die sich in Gleichgültigkeit oder Rationalisierung äußert, wenn die Person andere Menschen kränkt, misshandelt oder bestohlen hat
20. Kriminelle Flexibilität		Störung des Sozialverhaltens muss vor 15 Lj. erkennbar sein

Tabelle 8: Diagnostische Kriterien für die Psychopathie[273]

[273] Quelle: nach Walter, H. (2005), S. 558.

Sehr häufig wird in der Literatur nicht zwischen dissozialer und antisozialer Persönlichkeitsstörung unterschieden, was zu Verwechselungen und Missverständnissen führen kann.[274] Beide Persönlichkeitsstörungen umfassen eine große Bandbreite an sozial deviantem Verhalten wie Lügen, Betrügen, Manipulation, Ausbeutung, Bedrohung oder offener Aggression.[275] Die Entstehung und Weiterentwicklung sowohl der antisozialen als auch der dissozialen Persönlichkeitsstörung entspricht im Wesentlichen der Entstehung des Konzeptes der Persönlichkeitsstörungen.[276]

Im DSM reicht für die Diagnosestellung Psychopathie schon das Vorliegen von drei der sieben Kriterien aus, was häufig kritisiert wird. Dies führt nämlich dazu, dass fast jeder gewalttätige Wiederholungstäter die Kriterien für die antisoziale Persönlichkeitsstörung erfüllt. Im Gegensatz zu Patienten mit antisozialer Persönlichkeitsstörung, die sowohl die instrumentelle Form der Aggression (um ein Ziel zu erreichen) als auch die reaktive Form der Aggression (auf Furcht und Bedrohung) zeigen, weisen Patienten mit der Diagnose Psychopathie überwiegend instrumentelle Aggressionen auf.

Der antisoziale Faktor der Psychopathie korreliert mit sozioökonomischen Faktoren und Intelligenz und nimmt mit dem Alter ab. Dies gilt nicht für den emotional-interpersonalen Faktor der Psychopathie. Bei Patienten mit hohen Scores auf dem emotionalen Faktor hat der Erziehungsstil der Eltern keinen Einfluss auf das antisoziale Verhalten.[277] Diese empirischen Ergebnisse sprechen für die besondere Stellung des emotionalen Faktors. Deshalb wird „die Psychopathie als spezieller Subtyp[278] der APS/DPS [antisozialen Persönlich-

---

[274] Vgl. Einzmann, S. (2009), S. 31. Aus diesem Grund wird in dieser Arbeit durchgehend angegeben, ob sich die Aussagen auf die dissoziale oder die antisoziale Persönlichkeitsstörung beziehen. Unter Psychopathie wird die Definition von Hare verstanden. Hinzu kommt, dass die Begriffe antisozial und dissozial häufig synonym verwendet werden.

[275] Vgl. Müller-Isberner, R. et al. (2003), S. 71.

[276] Vgl. Fiedler, P. (2007), S. 155. Siehe auch Kapitel 2.2.1, S. 17 ff. dieser Arbeit. Weiterführende Literatur zur historischen Entwicklung der beiden Konzepte siehe Fiedler, P. (2007), S. 11-21 und S. 154-156. In diesem Zusammenhang gehen Mentzos, S. (1999), S. 107 sowie Schneider, K. (1923), S. 64-68, S. 75-79 und S. 85-87 auf die Devianz ein.

[277] Vgl. Wootton, J. M. et al. (1997).

[278] Die Psychopathie wird zwar von verschiedenen Autoren als Subtyp der antisozialen Persönlichkeitsstörung und der dissozialen Persönlichkeitsstörung gesehen, es handelt sich dabei jedoch nicht um eine Teilmenge.

keitsstörung / dissozialen Persönlichkeitsstörung] angesehen ..., der durch ausgeprägte Störungen im Bereich des emotionalen-interpersonalen Verhaltens gekennzeichnet ist“[279].

Es gibt drei Merkmale, die sich ausschließlich in den Diagnosekriterien der Psychopathie finden lassen und nicht in den Kriterien der antisozialen Persönlichkeitsstörung oder dissozialen Persönlichkeitsstörung: „glatter, oberflächlicher Charme“, „übermäßiges Selbstwertgefühl“ und „promiskuitives Sexualverhalten“. Die beiden ersten Items werden zum Faktor 1 der Psychopathie gezählt[280] und stellen damit Kern-Charaktereigenschaften eines Psychopathen dar.[281]

Tabelle 9 nennt weitere, physiologische Auffälligkeiten eines Psychopathen.[282]

erhöhte Angstschwelle
niedriges Arousal
sensation seeking behavior
niedriger Ruhepuls
reduzierte elektrodermale Antwort
verringerte Noradrenalinausschüttung
geringerer Anstieg der Herzrate bei der Antizipation aversiver Reize
Amplitudenerhöhung des Schreckreflexes bei aversiven Reizen
Emotionale Wortreize werden ähnlich wie neutrale Wortreize verarbeitet
keine Hemisphärenunterschiede bei der Wahrnehmung emotionaler Reize
allgemeine autonome Untererregbarkeit
gestörtes Bestrafungslernen (bei normalem Belohnungslernen)

Tabelle 9: Physiologische Merkmale eines psychopathischen Patienten[283]

---

[279] Walter, H. (2005), S. 557.

[280] Das Merkmal „promiskuitives Sexualverhalten“ lädt auf keinen der beiden (bzw. vier) Faktoren.

[281] Eine Person mit einer narzisstischen Persönlichkeitsstörung würde ebenfalls die Merkmale „glatter, oberflächlicher Charme“ und „übermäßiges Selbstwertgefühl“ erfüllen. Eine Definition der narzisstischen Persönlichkeitsstörung findet sich bei Andresen, B. (2006), S. 63 und Dilling, H. et al. (2005), S. 232 f..

[282] Vgl. Walter, H. (2005), S. 558.

[283] Quelle: nach Walter, H. (2005), S. 558.

Die in Tabelle 9 aufgezählten Merkmale erklären die Neigung eines Psychopathen zur Delinquenz und Straffälligkeit.

> „Sie verhalten sich normwidrig, da sie aus Bestrafung nicht lernen, keine oder kaum Gefühle wie Mitleid, Schuld oder Reue empfinden, die normalerweise Gewaltanwendung limitieren, und sind, aufgrund ihres niedrigen Erregungsniveaus, motiviert, aufregende Situationen aufzusuchen oder zu provozieren."[284]

Personen mit antisozialer Persönlichkeitsstörung und dissozialer Persönlichkeitsstörung sollten von Personen mit einer psychopathischen Persönlichkeitsstörung unterschieden werden. Die Psychopathen werden oft als eine Subgruppe der Personen mit antisozialer Persönlichkeitsstörung bezeichnet, stellen aber keine Teilmenge dieser dar. Neben den genannten Unterschieden in der Diagnostik kann die Gruppe der Psychopathen wiederum nach weiteren Merkmalen untergliedert werden. Auf die Subtypen von Psychopathen wird im folgenden Kapitel eingegangen.

2.2.4 Subtypen von Psychopathen

Mit der Diskussion über das Konzept der Psychopathie geht auch die Suche nach voneinander differenzierbaren Subgruppen von Psychopathen einher.[285] Auf die von verschiedenen Autoren definierten Untergruppen von Psychopathen soll in diesem Abschnitt eingegangen werden. Aus dem Zwei-, Drei- und Vier-Faktoren-Modell der PCL können verschiedene Faktoren für spezifische Typen von Psychopathen abgeleitet werden.[286] Dabei handelt es sich jedoch nicht zwangsläufig um eigenständige Subtypen der Psychopathie. Eine bereits erläuterte Unterscheidung von Faktor 1- und Faktor 2-Psychopathen kann im Folgenden aufgegriffen werden. Dabei wird begründet werden, dass diese Untergliederung zwei Subtypen von Psychopathen darstellt. Hier werden zunächst psychopathische Untergruppen aus der Literatur untersucht. Weitere neuere Abgrenzungen verschiedener Typen von Psychopathen, die im Umfeld von Organisationen und Unternehmen vorkommen kön-

[284] Walter, H. (2005), S. 559 und 560.
[285] Vgl. Thalmann, T. (2009), S. 382.
[286] Siehe Kapitel 2.2.3.1.1, S. 37 ff. dieser Arbeit.

nen, werden im Zusammenhang mit den erfolgreichen Psychopathen in Führungspositionen erläutert.[287]

Eine Differenzierung, die weite Verbreitung gefunden hat, ist die Unterscheidung zwischen primären und sekundären Psychopathen. Auf diese wird nun im Folgenden eingegangen. Im Anschluss werden weitere Subtypen der Psychopathie genannt.

Der so genannte primäre Psychopath ist auf die 16 Merkmale zurückzuführen, die CLECKLEY in seiner Psychopathiekonzeption definiert.[288] Der von KARPMAN (1948)[289] beschriebene Subtyp des Psychopathen wird als sekundärer Psychopath bezeichnet. KARPMANS Subtyp des Psychopathen entspricht zwar in der Phänologie CLECKLEYS Psychopathen, allerdings unterscheiden sich die beiden Subtypen konstitutionell.[290]

Aktuell werden unter primären Psychopathen diejenigen Psychopathen verstanden, die hauptsächlich die Merkmale des emotionalen-interpersonellen Faktor 1 der PCL-R aufweisen. Diejenigen Psychopathen, die in ihren Eigenschaften mit den Merkmalen des Faktor 2 (antisoziales Verhalten) übereinstimmen, werden als sekundäre Psychopathen bezeichnet.[291] Sekundäre Psychopathen zeigen normale oder sehr leicht erhöhte physiologische Reaktionen auf Gefahrenreize.[292] Das kriminelle und delinquente Verhalten ist eher ungeplant, spontan und impulsiv, wobei die Konsequenzen nicht betrachtet werden.[293]

---

[287] Siehe Kapitel 3.1, S. 61 ff. dieser Arbeit.

[288] Vgl. Murphy, C. / Vess, J. (2003), S. 13 und vgl. Poythress, N. G. / Skeem, J. L. (2006), S. 172. Auf die Psychopathiekonzeption von Cleckley wird in Kapitel 2.2.1 dieser Arbeit eingegangen (vgl. S. 20 ff.).

[289] Vgl. Karpman, B. (1948), S. 523.

[290] Karpmann unterscheidet in seinem Psychopathiemodell zwischen einer primären idiopathischen und einer sekundären symptomatischen Form. Die idiopathische Form wird als Anethopathie (*anethopathy*) bezeichnet (vgl. Karpman, B. (1948), S. 523; siehe auch Boetsch, T. (2003), S. 39). Der deutsche Begriff Anethopathie wurde wie die Bezeichnungen „moralischer Schwachsinn" und „sozialer Parasitismus" aufgegeben (vgl. Dittman, V. et al. (2002), S. 186). In dieser Arbeit wird nur die sekundäre Form der Psychopathie nach Karpmann weiter betrachtet.

[291] Vgl. Lykken, D. T. (1995), S. 156; siehe Hicks, B. M. et al. (2004), S. 277 und siehe Poythress, N. G. / Skeem, J. L. (2006), S. 176. Hier wird die Unterscheidung des Zwei-Faktoren-Modells aufgegriffen (siehe 2.2.3.1.1, S. 37 dieser Arbeit). Bei den Faktor 1-Psychopathen handelt es sich um primäre Psychopathen, bei den Faktor 2-Psychopathen um sekundäre Psychopathen.

[292] Im Vergleich zu einer nicht psychopathischen Kontrollgruppe zeigen die sekundären Psychopathen dieses Reaktionsmuster (vgl. Poythress, N. G. / Skeem, J. L. (2006), S. 178 ff.).

[293] Vgl. Poythress, N. G. / Skeem, J. L. (2006), S. 173-182.

Während die antisoziale Persönlichkeitsstörung die Merkmale von Faktor 2 umfasst, werden die Items von Faktor 1 hingegen kaum durch diese Diagnose abgebildet.[294] Faktor 1-Psychopathen sind demnach kein Subtyp der antisozialen Persönlichkeitsstörung.

MEALEY geht davon aus, dass der Ursprung der primären Psychopathie biologischer und genetischer Natur ist, während die sekundäre Psychopathie aus einer Kombination genetischer Faktoren und Umweltfaktoren resultiert.[295] Umweltbedingungen können dabei emotionale Zurückweisung oder Vernachlässigung sein.[296] Für die sekundäre Psychopathie wird eine erhöhte Prävalenz bei Männern angenommen.[297] [298]

Das Merkmal der pathologischen Angstfreiheit[299], das CLECKLEY zu den Eigenschaften eines Psychopathen zählt,[300] das aber von HARE nicht in die PCL aufgenommen wurde, wird aktuell als diskriminantes Merkmal diskutiert.[301] SWOGGER / KOSSON vertreten die Meinung, dass die Angstfreiheit das ursächliche Unterscheidungskriterium zwischen dem primären und sekundären Psychopathen ist.[302] Primäre Psychopathen zeichnen sich neben den anderen genannten Merkmalen hauptsächlich durch Empathie- und Gefühllosigkeit sowie durch die Unfähigkeit, Angst zu empfinden, aus.[303] Diese spiegelt sich auch darin wider, dass primäre Psychopathen in der Lage sind, bewusst und intentional zu lügen und

---

294 Die diagnostischen Kriterien der antisozialen Persönlichkeitsstörung sind in Kapitel 2.2.3.2, S. 44 ff. dieser Arbeit erläutert. Auf die Faktorstruktur der PCL wird in Kapitel 2.2.3.1.1, S. 37 ff., eingegangen.

295 Vgl. Mealey, L. (1995), S. 523; vgl. auch Dreßing, H. (2009), S. 320 und vgl. Fiedler, P. (2007), S. 166.

296 Vgl. Boetsch, T. (2003), S. 40.

297 Vgl. Dreßing, H. (2009), S. 320.

298 Mealey nimmt dabei an, dass es für die primäre Psychopathie keinen Effekt des Geschlechts in der Prävalenz gibt, also die primäre Psychopathie bei Männern und Frauen gleich häufig zu finden ist (vgl. Mealey, L. (1995), S. 523, vgl. auch Dreßing, H. (2009), S. 320 und Fiedler, P. (2007), S. 166).

299 Unter Angstfreiheit wird hier die Unfähigkeit, Angst zu empfinden, verstanden.

300 Die Angstfreiheit entspricht dem 3. Merkmal, das Cleckley für Psychopathen definiert: „Fehlen von Erregbarkeit oder psychoneurotischen Erscheinungen / Angstfreiheit (Absence of nervousness or psychoneurotic manifestations)“ (vgl. Cleckley, H. M. (1988), S. 338 f.; vgl. Cleckley, H. M. (1964), S. 362 f. und vgl. Tabelle 3, S. 21 dieser Arbeit).

301 Vgl. Swogger, M. T. / Kosson, D. S. (2007).

302 Vgl. Swogger, M. T. / Kosson, D. S. (2007), S. 953-970 und vgl. Thalmann, T. (2009), S. 382.

303 Vgl. Höllrigel, T. (2010), S. 24 und vgl. Thalmann, T. (2009), S. 382.

anderen Personen Schaden zuzufügen, ohne dabei eine erhöhte physiologische Erregung zu zeigen.[304]

Im Gegensatz dazu zeigt der sekundäre Psychopath im Vergleich zu primären Psychopathen eine höhere Ängstlichkeit und Schuldgefühle. Auch der sekundäre Psychopath ist durchaus in der Lage, zu lügen und anderen Schaden zuzufügen. Dies wird bei ihm jedoch durch die fehlende Gewissenshemmung gefördert.[305] In einer Studie konnte gezeigt werden, dass sekundäre Psychopathen im Vergleich zu anderen distinkten psychopathischen Subtypen häufiger wegen Gewaltstraftaten inhaftiert und angeklagt werden.[306] Im Gegensatz dazu werden primäre Psychopathen häufiger wegen nicht gewalttätiger Vergehen und Delikte strafrechtlich verfolgt und belangt.[307] Gemeinsam ist den primären und sekundären Psychopathen, dass sie polytrop kriminell sind, also ihre Delinquenz in verschiedensten Bereichen gleichzeitig angesiedelt ist.[308]

Bei den erfolgreichen Psychopathen in Führungspositionen handelt es sich um primäre Psychopathen. Sie weisen eine sehr hohe Ausprägung des Faktors 1 bei gleichzeitiger geringer Ausprägung des Faktors 2 auf. Auch die Delinquenz, die von den erfolgreichen Psychopathen zu erwarten ist, stimmte mit der des primären Psychopathen überein.[309]

Es existieren zahlreiche weitere Konzepte der primären und sekundären Psychopathie.[310] Diesen Theorien ist gemein, dass sie zum Ziel haben, eine ätiologische Unterscheidung zwischen phänotypisch gleichen Symptomen der Psychopathie zu treffen.

Neben der Unterscheidung von primären und sekundären Psychopathen gibt es zahlreiche weitere Untergliederungen der Population von Psychopathen in Untergruppen.[311] Einige bekannte Subtypen sind im folgenden Abschnitt genannt.

---

[304] Vgl. Beck, A. T. / Freemann, A. (1999), S. 132.

[305] Vgl. Beck, A. T. / Freemann, A. (1999), S.132; vgl. Fiedler, P. (2007), S. 167; vgl. Höllrigel, T. (2010), S. 24; vgl. Swogger, M. T. / Kosson, D. S. (2007), S. 953 und vgl. Thalmann, T. (2009), S. 382.

[306] Vgl. Swogger, M. T. / Kosson, D. S. (2007), S. 953.

[307] Vgl. Swogger, M. T. / Kosson, D. S. (2007), S. 953.

[308] Vgl. Thalmann, T. (2009), S. 382.

[309] Vgl. S. 50 f. dieser Arbeit.

[310] Vgl. Blackburn, R. (2009), S. 113. Weiterführende Literatur zur primären und sekundären Psychopathie siehe Blackburn, R. (2009), S. 113-132.

Es finden sich in der Literatur auch Überschneidungen der Persönlichkeitsstörung Psychopathie mit anderen komorbiden Störungsbildern, wie beispielsweise mit der narzisstischen Persönlichkeitsstörung.

Daneben existieren weitere Theorien, die das Ziel verfolgen, phänotypische Unterschiede zwischen psychopathischen Personen zu finden, die dabei aber gleichzeitig anderen, auch komorbiden Persönlichkeitsstörungen zugeordnet werden können.[312] Die Psychopathie wird dabei in Unterkategorien untergliedert, die anderen Persönlichkeitsstörungen zugeordnet werden können. Über die so entstehenden weiteren psychopathischen Subtypen gibt Tabelle 10 einen Überblick.

Autor	Typen
MURPHY / VESS (2003)[313]	der antisoziale, der Borderline-, der narzisstische und der sadistische Subtyp.
MILLON / DAVIS (1998)[314]	der gewissenlose, der habgierige und der bösartige Psychopath[315].
MELOY / GACONO (1997a, 1997b)[316]	der Borderline-Psychopath[317] und der psychotische Psychopath[318].

Tabelle 10: Psychopathische Subtypen[319]

Im Rahmen der vorliegenden Arbeit können die drei genannten Konzepte von Subtypen der Psychopathie weiter analysiert werden. Es zeigt sich dabei schon in der Benennung der

311 Vgl. Boetsch, T. (2003), S. 49; vgl. Hicks, B. M. et al. (2004), S. 276 und vgl. Murphy, C. / Vess, J. (2003), S. 20.

312 Vgl. Poythress, N. G. / Skeem, J. L. (2006), S. 177.

313 Vgl. Murphy, C. / Vess, J. (2003), S. 11-29.

314 Vgl. Millon, T. / Davis, R. D. (1998), S. 161-170.

315 Diese Subtypen stimmen mit dem antisozialen, narzisstischen und sadistischen Typen nach Murphy, C. / Vess, J. (2003) überein.

316 Vgl. Meloy, J. R. / Gacono, C. B. (1997a), S. 139-156 und vgl. Meloy, J. R. / Gacono, C. B. (1997b), S. 37-52.

317 Der Borderline-Psychopath entspricht dem Subtyp von Murphy, C. / Vess, J. (2003).

318 Der psychotische Psychopath ähnelt dem schizoiden Psychopathen von Kallmann, F. J. (1938), vgl. auch Kallmann, F. J. (1946).

319 Weiterführende Literatur dazu siehe: Kallmann, F. J. (1946), S. 309-322; Kallmann, F. J. (1938); Meloy, J. R. / Gacono, C. B. (1997a), S. 139-156; Meloy, J. R. / Gacono, C. B. (1997b), S. 37-52; Millon, T. / Davis, R. D. (1998), S. 161-170 und Murphy, C. / Vess, J. (2003), S. 11-27. Siehe auch Poythress, N. G. / Skeem, J. L. (2006), S. 177 und 178 sowie Thalmann, T. (2009), S. 48.

Typen, dass es einen Zusammenhang der Psychopathie mit anderen Persönlichkeitsstörungen gibt. In den drei Konzepten ist dieser Zusammenhang phänologisch. Dasss es sich dabei auch um eine korrelativen bzw. komorbiden Zusammenhang handelt, wird im Folgenden untersucht.

Der Zusammenhang von Narzissmus und Psychopathie wird im Allgemeinen und in Bezug auf Führungspositionen diskutiert. Es findet sich ein weites Forschungsfeld mit Arbeiten, Untersuchungen und Studien zum Narzissmuss in der Wirtschafts- und Finanzwelt.[320]

Es bestehen Zusammenhänge und Gemeinsamkeiten zwischen dem Psychopathie-Konstrukt und Narzissmus. Insbesondere ist dies bei den ersten Items der PCL-R der Fall: Sowohl Psychopathen als auch Narzissten zeigen ein übermäßiges Selbstwertgefühl, mangelnde Empathie sowie Gefühllosigkeit.[321] Es bestehen diagnostische Zusammenhänge zwischen dem Faktor 1 der PCL-R und den Kriterien der narzisstischen Persönlichkeitsstörung nach DSM-IV.[322] Diskutiert wird in diesem Zusammenhang die Bedeutung der Aggressivität für beide Persönlichkeitsstörungen.[323]

Dieser Zusammenhang von Narzissmus findet sich in der PCL wieder. Die Items „glatter, oberflächlicher Charme“ und „übermäßiges Selbstwertgefühl“ werden sowohl von Narzissten als auch von Psychopathen erfüllt. Diese beiden ersten Items der PCL sind dem Faktor 1 des Zwei-Faktoren-Modells der Psychopathie zugeordnet und lassen sich deshalb sowohl bei primären Psychopathen als auch bei Psychopathen in Nadelstreifen finden.

Nicht nur die Kombination von Psychopathie mit Narzissmus, sondern auch das Vorkommen beider Persönlichkeitsakzentuierungen gemeinsam mit Machiavellismus, ist Gegenstand einiger Untersuchungen. Es wird in der Literatur diskutiert, ob diese Kombination

---

320 Vgl. Kets de Vries, M. / Engellau, E. (2008), S. 12. Weiterführende Literatur zu den Narzissmustheorien siehe Hartmann, H.-P. (2006), S. 9-18 und siehe Tiedemann, J. L. (2007), S. 252-267. Eine Definition von Narzissmus im Bereich Organisation und Unternehmen findet sich bei Dammann, G. (2009), S. 66; Dammann, G. (2007), S. 18 und Hartmann, H.-P. (2006), S. 14. Das typische Verhalten von Psychopathen beschreiben Dammann, G. (2009), S. 70; Goldman, A. (2006), S. 410; Kernberg, O. F. (2006), S. 265 und Sutton, R. I. (2007), S. 4.

321 Vgl. Walter, H. (2005), S. 558 und vgl. Saß et al. (2003), S. 785.

322 Vgl. Habermeyer, E. / Herpertz, S. C. (2006), S. 608.

323 Vgl. Kernberg, O. F. (2006), S. 270 und S. 263-307; vgl. Paulhus, D. L. / Williams, K. M. (2002), S. 557; und vgl. Saß, H. et al. (2003), S. 771.

eine besondere Gruppe von Psychopathen darstellt. Die Triade des Bösen[324] bezeichnet das gleichzeitige Vorhandensein einer Persönlichkeitsakzentuierung in den Bereichen des Narzissmus, der Psychopathie und des Machiavellismus.[325] In einer Studie mit 245 Studenten untersuchten PAULHUS / WILLIAMS die Ausprägung dieser drei Persönlichkeitsakzentuierungen. Narzissmus, Psychopathie und Machiavellismus zeichnen sich durch unterschiedliche Korrelationen mit den Dimensionen der *Big-Five* aus. Beispielsweise zeigen Personen mit einem hohen Wert an Machiavellismus oder an Psychopathie einen geringen Wert auf der Skala Gewissenhaftigkeit.[326] Die Korrelation von Psychopathie und Narzissmuss ist mit .50 hoch und signifikant.[327] Auch weitere Studien beschäftigen sich mit dem Zusammenhang der Persönlichkeitsdimensionen und der Triade des Bösen.[328] JONASON kommt nach einer Studie zu dem Ergebnis[329]:

> „Wir haben Hinweise darauf, dass diese drei Charaktereigenschaften tatsächlich zusammen gehören und eine erfolgreiche evolutionäre Strategie darstellen.“[330]

Ob es sich dabei tatsächlich um eine Erfolgsstrategie für das wirtschaftliche und soziale Leben handelt, wurde bisher noch nicht untersucht. Während die Untersuchung von Narzissmus bei Führungskräften mittlerweile eine Forschungstradition darstellt,[331] ist die Forschung zu den Psychopathen in Nadelstreifen erst am Anfang.

LYNAM / DEFINKO kommen nach einer Metaanalyse, in der der Zusammenhang des Fünf-Faktoren-Modells der Persönlichkeit mit der Psychopathie untersucht wird, zu dem Ergebnis, *„that psychopathy is personality“*[332].

---

[324] *Dark triad,* auch Dunkeler Dreiklang genannt.

[325] Vgl. Paulhus, D. L. / Williams, K. M. (2002), S. 556-563.

[326] Vgl. Paulhus, D. L. / Williams, K. M. (2002), S. 556.

[327] Vgl. Paulhus, D. L. / Williams, K. M. (2002), S. 557.

[328] Siehe Jakobwitz, S. / Egan, V. (2006), S. 331-339 und siehe Vernona, P. A. et al. (2008), S. 445-452.

[329] Vgl. Jonason, P. K. et al. (2009), S. 5-18.

[330] Zitat von Peter Jonason gegenüber dem *New Scientist*, zitiert nach sueddeutsche.de vom 19.06.2008 (vgl Jonason, P. K. et al. (2009), S. 5-18).

[331] Einen Überblick über die Narzissmusforschung in diesem Bereich geben Kets de Vries, M. / Engellau, E. (2008).

[332] Lynam, D. R. / Derefinko, K. J. (2006), S. 133.

Dieses Ergebnis gründet auf der Annahme, dass es sich bei der Psychopathie um ein dimensionales Konstrukt handelt, das auch in der Form von extremen Ausprägungen normaler Persönlichkeitseigenschaften beschrieben werden kann.[333] Die Metaanalyse kann einen starken negativen Zusammenhang zwischen Psychopathie und Gewissenhaftigkeit und zwischen Psychopathie und Verträglichkeit dokumentieren.[334]

Weitere vor allem experimentelle Studien, die mit Psychopathen durchgeführt wurden, sind im nächsten Kapitel dargestellt.

2.2.5 Studien mit Psychopathen und die „semantische Demenz"

Einige ausgewählte Studien, die mit Psychopathen als Probanden und Patienten durchgeführt wurden, werden im Folgenden untersucht.[335] Eine dabei entdeckte Besonderheit, die semantische Demenz, wird im Anschluss diskutiert.

Erste Arbeiten und empirische Untersuchungen zum Phänomen der *white collar Psychopaths* werden im Rahmen von Kapitel 3.1 erläutert.[336]

Die Pionierzeit der Untersuchung der Psychopathie mit experimentellen Methoden war in den 60er Jahren in den USA. HARE führte in Hochsicherheitsgefängnissen zahlreiche grundlegende und bahnbrechende Experimente mit Psychopathen durch. Zum Beispiel setzte er die Probanden nach einem Hinweisreiz einem unangenehmen und lauten Geräusch aus.[337] Als Hinweisreiz wurde dabei ein Countdown oder ein visueller Reiz ver-

[333] Vgl. De Oliveira-Souza, R. et al. (2008), S. 429 und vgl. Hicks, B. M. et al. (2004), S. 277.

[334] Vgl. Lynam, D. R. / Derefinko, K. J. (2006), S. 138.

[335] Folgende Themen werden in den Studien untersucht:
Verhaltenstherapie bei Psychopathen (vgl. Seto, M. C. / Barbare, H. E. (1999)),
aversive Konditionierung von Psychopathen (vgl. Hare, R. D. (1965)),
fMRT während der aversiven Konditionierung von Psychopathen (vgl. Schneider, K. / Schmalt, H.-D. (2000)), Untersuchung des Schreckreflexes (vgl. Patrick, C. J. et al. (1993)) und
lexikalische Entscheidungsaufgabe bei Psychopathen (vgl. Williamson, S. E. et al. (1991)).

[336] Siehe Kapitel 3.1, S. 61 ff. dieser Arbeit; siehe insbesondere S. 66 ff. dieser Arbeit.

[337] Vgl. Hare, R. D. (1965), S. 499.

wendet. Versuchspersonen der Kontrollgruppe[338] zeigen schon nach wenigen Durchgängen Angst bei der Präsentation des Hinweisreizes. Ihre Hautleitfähigkeit erhöht sich, und sie schwitzen, was für eine Angstreaktion spricht. Dieses Verhalten zeigt, dass die Konditionierung erfolgreich ist. Die Reaktionen auf den unangenehmen Reiz, das laute Geräusch, treten jetzt schon bei Präsentation des Hinweisreizes auf. Anders hingegen verhalten sich die psychopathischen Versuchspersonen: Sie zeigen keine Angst und keine Konditionierung. Ihre Hautleitfähigkeit ist durchgehend gering.[339] Dieses Ergebnis spricht dafür, dass das Lernen aus Bestrafung bei Psychopathen beeinträchtigt ist. HARE konnte so als der erste Forscher zeigen, dass das passive Vermeidungslernen bei Psychopathen beeinträchtigt ist.

Eine aktuelle Studie wurde von SCHNEIDER an der Universität Düsseldorf durchgeführt. Mit der funktionellen Magnetresonanztomographie (fMRT) wurde die Konditionierung von Psychopathen untersucht. An seiner Studie nahmen neben einer Kontrollgruppe, bestehend aus zwölf „gesunden", gering psychopathischen Personen[340], auch zwölf Personen mit der Diagnose einer antisozialen Persönlichkeitsstörung teil, die einen hohen Score in der PCL-R erreichen. Um eine Konditionierung entstehen zu lassen, wurden den Versuchteilnehmern abwechselnd Gesichter mit einem neutralen emotionalen Ausdruck gezeigt, die gemeinsam mit einem unangenehmen Geruch präsentiert wurden. Es handelt sich dabei um eine Standardprozedur der aversiven Konditionierung, bei der der (neutrale) Gesichtsausdruck mehr und weniger feindlich wahrgenommen wird. Während beide Ver-

---

[338] Die Versuchspersonen der Kontrollgruppe wurden als „ normale" Personen bezeichnet.

[339] Vgl. Hare, R. D. (1965), S. 499 ff.. Bei dieser von Hare durchgeführten Studie handelt es sich um eine der ersten empirischen Untersuchungen der Psychopathie. Zu diesem Zeitpunkt war weder die PCL-R noch die Unterscheidung zwischen Faktor 1 und Faktor 2 entwickelt. Aus diesem Grund wird in diesen ersten Untersuchungen nicht zwischen Faktor 1- und Faktor 2-Psychopathen unterschieden. Hare konnte in dieser Untersuchung das von Cleckley zu den Eigenschaften von Psychopathen gezählte Merkmal der pathologischen Angstfreiheit bestätigen (vgl. Cleckley, H. M. (1988), S. 338 f.; vgl. Cleckley, H. M. (1964), S. 362 f. und vgl. Tabelle 3, S. 21 dieser Arbeit). Hare übernahm dieses Merkmal jedoch nicht in die PCL (vgl. Hare, R. D. (1991) und vgl. Tabelle 4, S. 35 dieser Arbeit). Es wird auch aktuell diskutiert, ob es sich bei diesem Merkmal um das Unterscheidungskriterium zwischen der primären und sekundären Psychopathie handelt (vgl. Swogger , M. T. / Kosson, D. S. (2007), S. 953 ff.). Es kann in Untersuchungen gezeigt werden, dass sekundäre Psychopathen im Vergleich zu primären Psychopathen eine höhere Ängstlichkeit und Schuldgefühle zeigen. Dabei zeigen sekundäre Psychopathen im Vergleich zu einer nicht psychopathischen Kontrollgruppe eine normale oder sehr leicht erhöhte Reaktion auf Gefahrenreize (vgl. S. 50 ff. dieser Arbeit).

[340] Die „gesunden" Versuchspersonen haben dabei einen geringen PCL-Score.

suchsgruppen eine aversive Konditionierung zeigen, unterscheiden sie sich in den neuronalen Aktivitäten. Die Versuchgruppe zeigt in den für emotionales Assoziationslernen entscheidenden Gehhirnarealen (der Amygdala und dem Präfrontalen Kortex) eine geringere Aktivität während des Erlernens der Assoziation Geruch-Gesicht.[341] SCHNEIDER schließt aus diesen Ergebnissen, dass Psychopathen auf Grund eines Defizits in der Emotionsverarbeitung beim Assoziationslernen eine größere Anstrengung aufbringen müssen.

PATRICK ET AL. konnten zeigen, dass sich die Schreckreaktion bei Psychopathen nicht ändert, wenn wütende Gesichter gezeigt werden. Die Reaktion, dass jeder Mensch blinzelt, wenn er erschrickt, der Schreckreflex, wird für diese Untersuchung genutzt. Befindet sich die Person in einer beängstigenden Umwelt oder Situation, nimmt der Schreckreflex zu. Simuliert wird eine beängstigende Situation im Labor, indem der Versuchsperson Bilder mit wütenden Gesichtern gezeigt werden. Bei Psychopathen bleibt jedoch der Schreckreflex auch in dieser Situation unverändert.[342]

Einige Studien konnten zeigen, dass Psychopathen anders auf Wörter reagieren, die bei einer Kontrollgruppe eine emotionale Reaktion hervorrufen (zum Beispiel Töten, Verstümmeln, Freude).[343]

WILLIAMSON / HARPER / HARE geben Versuchspersonen die Aufgabe, Wörter von Nicht-Wörtern zu unterscheiden (lexikalische Entscheidungsaufgabe)[344]. Während die Versuchspersonen der Kontrollgruppe bei dieser Aufgabe eine langsamere Verarbeitung von emotionalen Wörtern zeigen, verarbeiten Psychopathen neutrale und emotionale Wörter gleich schnell.[345]

---

341 Vgl. Schneider, K. / Schmalt, H.-D. (2000), S. 192 ff..

342 Vgl. Patrick, C. J. et al. (1993), S. 82 ff..

343 Vgl. Hare, R. D. (1965), S. 499.

344 Auf die lexikalische Entscheidungsaufgabe als indirektes Verfahren wird in Kapitel 3.2.3.2.1, S. 90 ff. dieser Arbeit eingegangen.

345 Vgl. Williamson, S. E. et al. (1991).

Der mögliche Einfluss von psychopathischen Patienten und Probanden auf einen Therapeuten und auf durchgeführte Tests wird im Rahmen der Ausführungen zu den methodischen Grundlagen näher erläutert.[346]

In *The Mask of Sanity* beschreibt CLECKLEY eine Unstimmigkeit bei Patienten mit Psychopathie. Bei diesen Patienten besteht eine Divergenz zwischen den ausgedrückten und empfundenen Werten von Emotionen. Diese Beobachtung nennt CLECKLEY „*semantic dementia*". Semantische Demenz bedeutet, dass Psychopathen zwar die lexikalische Bedeutung von Emotionen repräsentieren, aber nicht in der Lage sind, die dazugehörigen Emotionen zu fühlen.

> „*They know the words but not the music.*"[347]

Psychopathen erleben nicht den affektiven Wert der Emotion, sie verfügen nur über das Wissen über das Wort. Vielleicht wäre emotionale Demenz der bessere Begriff, da das Lernen von Assoziationen, die Emotionen beinhalten, bei Psychopathen beeinträchtigt ist. Psychopathen sind dement gegenüber emotionalen Reizen. Diese semantische oder emotionale Demenz kann sich bei Psychopathen in verschiedenen Aufgaben zeigen. Solche Aufgaben, die als indirekte Verfahren zur Messung der Psychopathie eingesetzt werden, sind in Kapitel 3.2 dargestellt.[348]

---

[346] Siehe Kapitel 3.2.1, S. 76 dieser Arbeit. Vgl. Abbott, A. (2001), S. 298 und Seto, M. C. / Barbare, H. E. (1999), S. 1235.

[347] Blair, K. S. et al. (2006), S. 114.

[348] Siehe Kapitel 3.2.3.2, S. 89 ff. dieser Arbeit.

3 Definition, Effekte und Diagnostik

Auf Grundlage des vorangegangenen Kapitels werden im Folgenden die erfolgreichen Psychopathen in Führungspositionen untersucht. Zu Beginn erfolgt eine Einordnung und Definition dieses Subtyps der Psychopathie (3.1).[349] Dabei werden auch die Auswirkungen (und die Effekte), die *white collar psychopaths* auf die Wirtschaft und auf die Gesellschaft haben, analysiert. Anschließend werden die Möglichkeiten, die Persönlichkeitsstörung Psychopathie zu diagnostizieren, erläutert und ihre Eignung im Unternehmenskontext untersucht (3.2).[350]

3.1 Erfolgreiche Psychopathen in Führungspositionen

> „Zugegeben, ein gewisses Durchsetzungsvermögen ist unabdingbar, wenn man Chef sein will. Aber es gibt auch Vorgesetzte, die nur noch an sich denken, die tricksen und manipulieren."[351]

Die „Psychopathen in Nadelstreifen" zählen zu den erfolgreichen Psychopathen, da es sich bei ihnen nicht um aggressive Kapitalstraftäter handelt, die sich offensichtlich nicht in die Gesellschaft integrieren konnten. Sie können berufliche Erfolge aufweisen, wodurch sie einen hohen sozioökonomischen Status und große Anerkennung erlangen. Im Anschluss an die Definition des Begriffs „Schlangen in Nadelstreifen"[352] (3.1.1) werden empirische Untersuchungen und Ergebnisse erläutert und diskutiert, die sich mit dem real existierenden Phänomen dieser „*snakes in suits*"[353] beschäftigen. Abschließend werden die gesellschaftlichen und wirtschaftlichen Auswirkungen der Psychopathen untersucht (3.1.2), wobei auch der ökonomische Schaden thematisiert wird.

---

349 Weitere Subtypen sind in Kapitel 2.2.4, S. 49 ff. dieser Arbeit erläutert.

350 Siehe S. 75 ff. dieser Arbeit.

351 Durtschi, P. (2004), S. 10.

352 Hofert, S. (2006), S. 51.

353 Babiak, P. / Hare, R. D. (2006).

3.1.1 Psychopathen in Nadelstreifen, *white collar psychopaths* und *corporate psychopaths* – Begriffsbestimmung

> „Nur ein Bruchteil der Psychopathen sitzt im Gefängnis. Der Rest gedeiht prächtig in ganz unterschiedlichen Umgebungen: in Unternehmen, in religiösen, politischen und sozialen Organisationen, im Internet."[354]

Die Psychopathen in Nadelstreifen zählen zu den erfolgreichen Psychopathen. Erfolgreiche Psychopathen unterscheiden sich von nicht erfolgreichen, kriminellen Psychopathen hauptsächlich dadurch, dass sie meist nicht mit der Justiz in Konflikt geraten und hospitalisiert oder inhaftiert sind. Sie kommen nicht in Kontakt mit den Strafverfolgungs- und Strafvollstreckungsbehörden. Sie sind in der Lage, trotz der Persönlichkeitsstörung, am sozialen Leben teilzunehmen.[355] Die *white collar psychopaths* stellen dabei eine Untergruppe der erfolgreichen Psychopathen dar. Einige Merkmale der erfolgreichen Psychopathen sowie Definitionsansätze werden in diesem Zusammenhang im Folgenden erläutert.

Es finden sich in der Literatur zahlreiche Beispiele für erfolgreiche Psychopathen. Eine solche gestörte Persönlichkeit, die trotz ihrer moralischen Defekte in der Lage ist, erfolgreich am gesellschaftlichen Leben teilzunehmen, beschreibt MAGNAN 1893.[356] Der im Konzept der *„dégénéré supérieur"*[357] beschriebene Psychopath verfügt über eine überdurchschnittliche Intelligenz. Diese, sein gesellschaftlicher Einfluss und sein sozialer Status schützen ihn vor gesellschaftlichen und staatlichen Sanktionen sowie vor moralischer Kritik.[358]

LYKKEN integriert in seine Definition eines erfolgreichen Psychopathen eine Verbindung zwischen Psychopathen und Held, die er metaphorisch wie folgt beschreibt:

---

[354] Logan, M., zitiert in Babiak, P. / Hare, R. D. (2007), Buchrücken.

[355] Ausgenommen sind hier die wirtschaftskriminellen Psychopathen, bei denen es sich auch um Kriminelle handelt, die ebenfalls im Justizvollzug gefunden werden können. Diese begehen jedoch keine Verbrechen gegen Leib und Leben, sondern bewegen sich im Bereich der Wirtschafts- und Finanzwelt. Wirtschaftskriminelle Psychopathen sind dabei meist erfolgreich, da dieser Bereich der Kriminalität erst seit kurzem große Beachtung findet (vgl. 71 ff. dieser Arbeit).

[356] Vgl. Magnan, V. / Möbius, P. J. (1892).

[357] Eine Definition sowie eine gesellschaftliche und literarische Einordnung der Bezeichnung finden sich bei Max, K. (2008), S. 213 f..

[358] Vgl. Boetsch, T. (2003), S. 55.

„The hero and the psychopath are twigs from the same branch. Both are relatively fearless.“[359]

Er setzt in einem Beispiel einen Psychopathen mit einer polytropen kriminellen Karriere mit einem Volkshelden gleich.[360] In seinem Lehrbuch *„The Antisocial Personalities*“ sieht LYKKEN einen Psychopathen jedoch nicht als menschlich erfolgreich an.

„He became a successful businessman but not a successful human being“.[361]

Die bekannteste Definition eines erfolgreichen Psychopathen wurde bereits 1941 veröffentlicht. CLECKLEY beschreibt in seinem Werk *The Mask of Sanity* einen psychopathischen Unternehmer, der es trotz seiner Persönlichkeitsstörung oder gerade wegen dieser zu großem beruflichen Erfolg gebracht hat.[362]

Neben LYNAM und CLECKLEY gehen auch weitere Autoren davon aus, dass nicht alle Psychopathen mit dem Gesetz in Konflikt geraten und als nicht erfolgreiche Psychopathen im Gefängnis zu enden, sondern dass es auch erfolgreiche Psychopathen gibt, die mit großem Erfolg eine berufliche Karriere absolvieren.[363]

Auch HARE geht in seinen zahlreichen Arbeiten darauf ein, dass nicht alle Psychopathen in geschlossenen Anstalten oder Gefängnissen untergebracht sind. Erfolgreiche Psychopathen kommen nicht mit dem Gesetz in Konflikt und werden nicht vor Gericht verurteilt.[364]

Allen Psychopathen – den erfolgreichen und nicht erfolgreichen – ist gemein, dass sie gefühllos, zur Empathie unfähig, manipulativ und egozentrisch sind. Im Gegensatz zu den nicht erfolgreichen Psychopathen, die hospitalisiert oder inhaftiert sind, verfügen die erfolgreichen Psychopathen über die Fähigkeit, eine normale Fassade zu errichten. Diese

---

[359] Lykken, D. T. (1982), S. 22. Die *low fear/anxiety*-Hypothese zur Ursache der Psychopathie wird auf S. 91 dieser Arbeit erläutert.

[360] Vgl. Brinkley, C. A. et al. (2004), S: 80; vgl. Lykken, D. T. (1982), S. 22 und vgl. Lynam, D. R. / Derefinko, K. J. (2006), S. 150.

[361] Lykken, D. T. (1995), S. 119. Siehe dazu auch die Überlegungen zu *rational fool* von Sen, A. K. (1977), S. 317 ff..

[362] Vgl. Cleckley, H. M. (1988), S. 193-195. Die Psychopathiekonzeption von Cleckley ist auf S. 20 ff. dieser Arbeit erläutert.

[363] Vgl. Ehlers, S. (2004), S. 37.

[364] Vgl. Hare, R. D. (2005), S. 98 und vgl. Hare, R. D. (1999), S. 183.

stützt sich auf ihre Intelligenz, ihre Lebensumstände, ihr familiäres Umfeld und ihre Umgangsformen. HARE bezeichnet diese erfolgreichen Psychopathen als subkriminelle Psychopathen, da ihr Erfolg stets auf Kosten anderer basiert.[365]

> „*Some psychopaths, however, are at least superficially socialized, some have learned the rules and do generally obey them. Especially if they are talented or privileged, they may do well in school, hold a job, succeed in a profession.*"[366]

LYKKEN geht ebenfalls von der Existenz sozial gut angepasster Psychopathen mit überdurchschnittlichem beruflichem Erfolg aus.[367]

Es wird angenommen, dass erfolgreiche Psychopathen über eine höhere Intelligenz, einen höheren sozioökonomischen Status sowie einen höheren Bildungsstatus verfügen.[368] Diese Psychopathen neigen zur Wirtschaftskriminalität.[369]

Die Gruppe der *white collar psychopaths* stellt einen Subtyp der erfolgreichen Psychopathen dar.

Für erfolgreiche Psychopathen in Führungspositionen finden sich in der Literatur zahlreiche Begriffe: Sie werden als „*industrial psychopaths*"[370], „*white collar psychopaths*"[371], „*organisational psychopaths*"[372], „erfolgreiche Psychopathen"[373], „*corporate psychopaths*"[374], „*bosses from hell*"[375] oder „Schlangen in Nadelstreifen"[376] bezeichnet.

In dieser Arbeit werden Personen mit psychopathischer Persönlichkeitsstörung, die in Führungspositionen arbeiten, als „Psychopathen in Nadelstreifen" bezeichnet. So wie sich der

---

[365] Vgl. Hare, R. D. (2005), S. 99.
[366] Lykken, D. T. (1995), S. 22.
[367] Vgl. Lykken, D. T. (1995), S. 22.
[368] Vgl. Huss, M. T. (2009), S. 82 und S. 330.
[369] Vgl. Huss, M. T. (2009), S. 82 und S. 330.
[370] Babiak, P. (2000), S. 294.
[371] Hare, R. D. (1993), S. 102 ff..
[372] Boddy, C. R. (2006), S. 1461.
[373] Boddy, C. R. et al. (2010), S. 2 f.; Hall, J. R. / Benning, S. D. (2006), S. 459 f. und Huss, M. T. (2009), S. 81 f..
[374] Boddy, C. R. (2010), S. 26; Boddy, C. R. et al. (2010), S. 1 und Deutschman, A. (2005), S. 1 f..
[375] Vgl. Fast Company (2007).
[376] Hofert, S. (2006), S. 51.

Wolf im Schafspelz versteckt, kann sich der Psychopath gefördert und geschützt durch seinen oberflächlichen Charme, sein manipulatives Verhalten und sein pathologisches Lügen hinter dem seriös wirkenden Nadelstreifenanzug verstecken. Der Nadelstreifenanszug steht dabei als Metapher für das erfolgreiche Auftreten in der Geschäftswelt. Dass die Kleidung, auch in der Wirtschafts- und Finanzwelt, ein Symbol für Seriosität und Erfolg darstellt, spiegelt sich auch in dem englischen Begriff *white collar psychopaths* wider. Das äußere Erscheinungsbild und die Umgangsformen, der weiße Kragen und der Nadelstreifenanzug, verringern bei dieser Gruppe von Psychopathen die Gefahr, als Delinquent oder Wirtschaftskrimineller angesehen bzw. erkannt zu werden.[377] Die Gründe für die kalkulierten Verbrechen, die von erfolgreichen Psychopathen begangen werden, reichen von Gier, Lust, *sensation seeking*, und Riskoaversion bis zur der Lust, Macht über andere und das Eigentum anderer auszuüben.[378] Von außen ist der Psychopath als solcher auch von Experten kaum zu erkennen.[379]

Einige Studien und Ergebnisse zu *white collar psychopaths* werden im Folgenden erläutert und diskutiert, um die Epidemiologie des Phänomens zu bestimmen.[380] Neben den Studien von Babiak / Hare und Dammann wird auch auf eine weitere großzahlige Untersuchung von Board / Fritzon eingegangen.[381] Anschließend wird das PCL-R-Profil der erfolgreichen Psychopathen in Führungspositionen erörtert, das sich in der Ausprägung der Faktoren deutlich von dem Profil anderer psychopathischer Subgruppen unterscheidet[382].

Auch in der aktuellen Literatur finden sich zahlreiche Fallstudien, die Psychopathen in Führungspositionen beschreiben. Aktuelle sowie historische Beispiele finden sich in der

---

[377] Das Risiko, für eine Straftat belangt zu werden, und die zu erwartenden Strafen sind dadurch geringer (vgl. Hare, R. D. (1993), S. 121).

[378] Vgl. Hare, R. D. (1993), S. 102 ff.. Die Motive der Psychopathen in Nadelstreifen unterscheiden sich von denen gewöhnlicher Verbrecher (vgl. Hare, R. D. (1993), S. 121).

[379] Siehe Kapitel 3.2.1, S. 76 ff. dieser Arbeit. Vgl. Abbott, A. (2001), S. 298 und vgl. Seto, M. C. / Barbare, H. E. (1999), S. 1235.

[380] Siehe S. 66 ff. dieser Arbeit.

[381] Vgl. Babiak, P. / Hare, R. D. (2007); vgl. Board, B. J. / Fritzon, K. (2005); vgl. Dammann, G. (2009), S. 61-89 und vgl. Dammann, G. (2007).

[382] Siehe Abbildung 4, S. 70 dieser Arbeit.

Liste der *bosses from hell*[383]. Es gibt zahlreiche geschilderte Einzelfälle. Daneben existieren jedoch nur sehr wenige aussagekräftige und vor allem großzahlige Untersuchungen, die sich mit der Prävalenz der psychopathischen Persönlichkeitsstörung in Unternehmen beschäftigen. Es wird jedoch sehr oft angenommen, dass in jedem großen Unternehmen Psychopathen beschäftigt sind.[384] Die Meinung, dass sich Psychopathen nicht nur in Hochsicherheitsgefängnissen finden lassen, sondern auch in der Wirtschafts- und Finanzwelt, wird unter anderem von HARE (1993) vertreten:

> *„If I were unable to study psychopaths in prison, my next choice would very likely be a place like Vancouver Stock Exchange."*[385]

Neuere Untersuchungen können nicht nur zeigen, dass es tatsächlich Psychopathen in Führungspositionen gibt, sondern dass gerade dort der Anteil an Psychopathen deutlich höher ist als in der Gesamtbevölkerung.[386] Diese empirischen Studien sind besonders vor dem Hintergrund relevant, dass neben zahlreichen Fallbeispielen nur wenige großzahlige Erhebungen existieren. Bisher gibt es nur eine veröffentlichte Studie, die eine hinreichend große Stichprobe von Personen in Führungspositionen beinhaltet, um aussagekräftige Ergebnisse zur Prävalenz von Psychopathie dieser Hierarchieebene zu liefern. Diese Ausnahme stellt die empirische Erhebung von BABIAK / HARE (2007)[387] dar. Der Anteil an Psychopathen beträgt in ihrer Studie 3,5 Prozent.[388] DAMMANN (2007, 2009) gibt in einer Untersuchung mit Angestellten US-amerikanischer Unternehmen als Prävalenz eine Rate von acht Prozent an. Die Ergebnisse von DAMMANN müssen jedoch sehr kritisch betrachtet werden: Zum einen ist die angegebene Prävalenz von DAMMANN nicht hinreichend belegt, zum anderen wird die Validität dieser Aussage auch dadurch in Frage gestellt, dass sich der Autor indirekt auf die Arbeiten von BABIAK / HARE (2007) bezieht.[389]

---

[383] Vgl. Fast Company (2007).
[384] Vgl. Boddy, C. R. (2006), S. 1467.
[385] Hare, R. D. (1993), S. 119.
[386] Vgl. Babiak, P. / Hare, R. D. (2007); vgl. Dammann, G. (2009), S. 61-89 und vgl. Dammann, G. (2007).
[387] Vgl. Babiak, P. / Hare, R. D. (2007).
[388] Vgl. Babiak, P. / Hare, R. D. (2007), S. 162.
[389] Vgl. Dammann, G. (2009), S. 77 und vgl. Dammann, G. (2007), S. 97.

Während ein Großteil der Forscher davon ausgeht, dass es sich bei den Arbeitsplatz-Psychopathen zwar auf den ersten Blick um erfolgreiche, aber nicht um geeignete Mitarbeiter handelt,[390] sind einige Autoren der Meinung, dass Personen mit einer psychopathischen Persönlichkeitsstörung nicht erfolgreicher in Organisationen sein können als „gesunde", nicht-psychopathische Personen.[391] Diese vertreten auch die Auffassung, dass nicht alle Missstände in Organisationen durch Psychopathen erklärt werden:[392]

> „*... the workplace psychopath argument [is] inappropriate for managing poor behaviour in all types of workplaces.*"[393]

Aufbauend auf der Annahme, dass sozialer Erfolg durch prosoziales und kooperatives Verhalten leichter zu erreichen sei, schätzt KRÖBER die Auftretenswahrscheinlichkeit von psychopathischen Managern als sehr gering ein.[394]

Neben den Studien von BABIAK / HARE und DAMMANN wird im Folgenden auch auf weitere wichtige Studien zur Untersuchung der Persönlichkeitsstörung Psychopathie im Unternehmensumfeld eingegangen, um die Ausprägung und die Prävalenz der Psychopathen zu untersuchen.[395]

BOARD / FRITZON untersuchen in ihrer Fragebogen-Studie 39 leitende Manager und über 1.000 psychiatrische Patienten. Ihre Ergebnisse bestätigen die Annahme, dass Manager gehäuft Merkmale einer psychopathischen Persönlichkeitsstörung (*psychopathic PD*) aufweisen:

> „*In summary, the senior business manager group appears to possess, to a degree that is equivalent to and at times exceeds the ... patient groups, elements of psychopathic PD that have been referred to as the emotional components, and they closely resemble*

---

[390] Babiak, P. / Hare, R. D. (2007), S. 162; vgl. Board, B. J. / Fritzon, K. (2005), S. 17-32; vgl. Dammann, G. (2007), S. 97 und vgl. Dammann, G. (2009), S. 61-89.

[391] Vgl. Caponecchia, C. / Wyatt, A. (2007), S. 406 und vgl. Kröber, H.-L. (2009), S. 149.

[392] Vgl. Caponecchia, C. / Wyatt, A. (2007), S. 403-406. Die Autoren nehmen dabei an, dass die Psychopathen in der Finanzwelt oft als Sündenböcke für verschiedene Missstände verwendet werden.

[393] Caponecchia, C. / Wyatt, A. (2007), S. 406.

[394] Vgl. Kröber, H.-L. (2009), S. 149.

[395] Siehe Hare, R. D. / Babiak, P. (2007); siehe Dammann, G. (2009), S. 61-89 und siehe Dammann, G. (2007).

[395] Vgl. Babiak, P. / Hare, R. D. (2007), S. 162.

characteristics known to be beneficial to achieving in a senior management role. However, the group does not have, to a comparable degree, elements of psychopathic PD that have been referred to as the deviant lifestyle components, characteristics that perhaps reflect more of impulsive acting out."[396]

Damit drängt sich die Frage auf, ob diese Psychopathen in Nadelstreifen ihre Führungsposition vielleicht nicht erreicht haben, obwohl sie psychopathische Persönlichkeitsmerkmale aufweisen, sondern gerade weil dies der Fall ist.

Das konkrete Verhalten von Psychopathen in Unternehmen wird von BABIAK betrachtet, beschrieben und analysiert. BABIAK entwickelte ein Fünf-Phasenmodell für psychopathische Mitarbeiter, mit dem er den psychopathischen Manipulationsprozess beschreibt.[397] Der Autor nimmt dabei an, dass dieser Manipulationsprozess grundsätzlich bei allen psychopathischen Mitarbeitern in gleicher Weise durchlaufen wird.

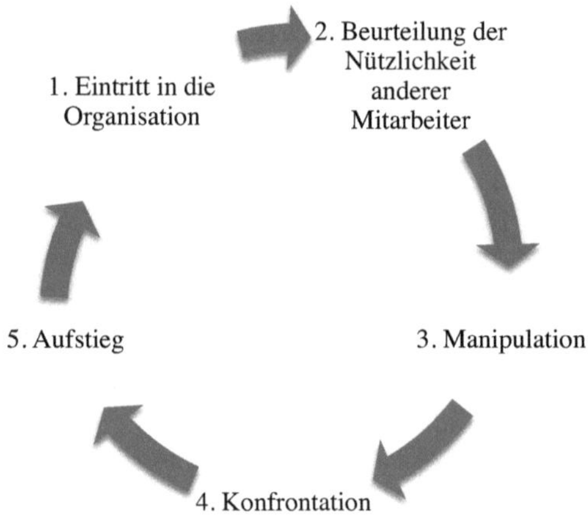

Abbildung 3: Das Fünf-Phasenmodell der psychopathischen Manipulation[398]

[396] Board, B. J. / Fritzon, K. (2005), S. 26. Anmerkung: *psychopathic PD (psychopathic personality disorder)* = engl. psychopathische Persönlichkeitsstörung.

[397] Vgl. Babiak, P. (2007), S. 418-420.

[398] Quelle: nach Babiak, P. (2007), S. 418-420.

Psychopathen sind hierbei nicht nur in der Lage, Informationsasymmetrien[399] zu ihrem eigenen Vorteil zu nutzen, sondern können zusätzlich die Informationsasymmetrien bewusst herbeiführen und verstärken.

Die Psychopathen selbst können auch in der Unternehmenshierarchie aufsteigen.[400] Das Verhalten von Psychopathen in Nadelstreifen schädigt das Unternehmen, das heißt, das Unternehmen selbst wird zum Opfer der psychopathischen Manipulation. Weitere mögliche negative Konsequenzen, die für die Organisation entstehen, sind eine mögliche Verschlechterung der Teamarbeit, wodurch die Arbeitsabläufe beeinträchtigt werden und die Arbeitsmoral bzw. -motivation im Allgemeinen verschlechtert werden. Zusätzlich dazu kann eine Tendenz zu kurzfristigem Denken und Risiko appetentem Verhalten entstehen. Es kann zur Missachtung der Interessen der Eigentümer kommen sowie zu betrügerischem und gesetzeswidrigem Verhalten. Daneben können psychische Belastungen von weiteren Mitarbeitern entstehen.[401]

Empirische Studien, die sich mit der angesprochenen Thematik befassen, kommen zu unterschiedlichen Ergebnissen. In einer Studie konnte ein negativer Zusammenhang zwischen Arbeitsleistung und psychopathischer Persönlichkeitsakzentuierung dokumentiert werden.[402] Ein angenommener Effekt zwischen Psychopathie und Arbeitsethik konnte in einer weiteren Studie nicht erfasst werden.[403] Eine Fallstudie zur Nachhaltigkeit und „Nachwirkung" von psychopathischem Verhalten von Managern kommt zu dem Ergebnis, dass, auch nachdem der betroffene Manager die Organisation verlassen hatte, die negativen Konsequenzen weiter fortbestanden haben.[404] In dem beschriebenen Fallbeispiel wurde das

[399] Auf die Informationsasymmetrien wird in Kapitel 4.2.4, S. 164 ff. dieser Arbeit im Rahmen der Prinzipal-Agent-Theorie eingegangen (siehe S. 167 f. dieser Arbeit).

[400] Vgl. Boddy, C. R. (2005), S. 34 f..

[401] Vgl. Babiak, P. (2000), S. 303; vgl. Boddy, C. R. (2006), S. 1468-1470 und vgl. Gustafson, S. B. (2000), S. 299.

[402] Vgl. Moscoso, S. / Salgado, J. F. (2004), S. 360. Die antisoziale Persönlichkeitsakzentuierung korreliert signifikant negativ mit der Arbeitsleistung von Personen im Unternehmen.

[403] Vgl. Sandoval, A.-M. R. et al. (2000), S. 267 und S. 274.

[404] Vgl. Goldman, A. (2006), S. 405.

antisoziale Verhalten auch nach dem Ausscheiden des psychopathischen Managers aus der Organisation in weiteren anderen Teilen der Organisation nachgeahmt.[405]

Die *white collar psychopaths* werden im Zwei-Faktoren-Modell der PCL den primären Psychopathen zugeordnet.[406] Diese erreichen hohe Punktwerte bei den Items des emotionalen Faktors (Faktor 1) und erzielen gleichzeitig niedrigere Werte bei den Merkmalen von Faktor 2.[407] Abbildung 4 stellt die Profile nach der PCL-R von psychopathischen Mitarbeitern im Vergleich zu den Profilen von antisozialen und „normalen" Versuchspersonen sowie gewaltkriminellen Psychopathen dar. Diese Ergebnisse bestätigen die Aussage von BABIAK / HARE, dass Psychopathen in Nadelstreifen selten körperliche Aggression zeigen.

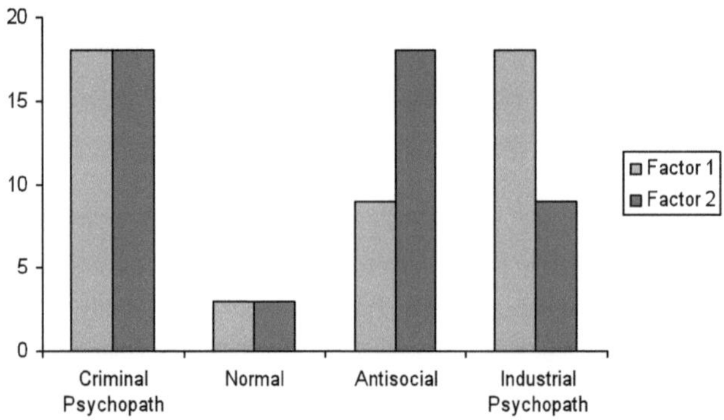

Abbildung 4: Das PCL-R Profil von psychopathischen Mitarbeitern in Bezug auf die Ausprägung von Faktor 1 und 2 im Vergleich [408]

Psychopathen neigen zur Delinquenz und Straffälligkeit.[409] Dies gilt auch für die *corporate psychopaths*. Diese sind vor allem in der Population der Wirtschaftskriminellen zu finden, die im Folgenden untersucht wird.

---

[405] Vgl. Goldman, A. (2006), S. 405. Babiak, P. (2000) beschreibt in einer Fallstudie, dass übliche Maßnahmen wie Feedback zur Leistung sowie die Klärung von Zielen und Erwartungen als Gegenmaßnahmen fehlschlagen (vgl. Babiak, P. (2000), S. 303).

[406] Vgl. Babiak, P. (2000), S. 194. Siehe dazu S. 50 ff. dieser Arbeit.

[407] Vgl. Deutschman, A. (2005), S. 2. Zu diesem Ergebnis kommen Board, B. J. / Fritzon, K. (2005) in ihrer Untersuchung.

[408] Quelle: Babiak, P. (2000), S. 294.

DAMMANN vertritt die Überzeugung, dass Wirtschaftskriminalität lediglich zu einem kleinen Teil psychopathischen Mitarbeitern zuzuschreiben sei. Er nimmt an, dass bei einem Großteil des wirtschaftskriminellen Verhaltens „normale“ Persönlichkeiten zu dem Delikt verleitet würden.[410] Einige Argumente, die sich aus den Studien von KPMG und PwC ergeben und im Folgenden diskutiert werden, sprechen jedoch gegen die Meinung.

In einer empirischen Untersuchung kommt KPMG zu dem Ergebnis, dass wirtschaftskriminelle Delikte hauptsächlich von Männern im mittleren Alter von 35-55 Jahren begangen werden.[411] Dabei erleichtern fehlende Kontrollen sowie der Zugang zu vertraulicher Information es dem Täter, sich selbst zu bereichern. Die Täter verfügen dabei über Positionen im Topmanagement und sind meist im Einkauf, in der Finanzabteilung oder im Vorstand tätig.[412] Eine Studie der PwC kommt zu dem Ergebnis, dass circa 30 Prozent aller wirtschaftskriminellen Delikte Mitarbeitern des Topmanagements zuzurechnen sind.[413]

Bei Wirtschaftskriminellen handelt es sich in der Regel um ausgeprägte Wiederholungstäter und Intensivtäter.[414] Die hohe Rate an Wiederholungstaten und der relativ lange Zeitraum, über den sich die Delikte erstrecken (circa zwei Drittel der Delikte wurden in dem Zeitraum von einem bis zu fünf Jahren begangen), spiegeln die *sensation seeking*-Tendenz und die ständige Suche nach Erhöhung des Erregungsniveaus der Psychopathen wider.[415]

---

409 Vgl. Walter, H. (2005), S. 559 und 560; vgl. auch Tabelle 9, S. 48 dieser Arbeit.

410 Vgl. Dammann, G. (2009), S. 78. „Normale“, nicht-psychopathische Personen werden durch Schulden oder die sich bietenden Gelegenheiten zu delinquentem Verhalten gegenüber dem Unternehmen verleitet. Lediglich ein Bruchteil der Wirtschaftskriminalität sei deshalb auf Psychopathen zurückzuführen (vgl. Dammann, G. (2009), S. 78 f.).

411 Vgl. Dammann, G. (2009), S. 78 und vgl. KPMG (2007), S. 6 f.. 80 Prozent der Delikte wurden von Männern verübt, die sich wiederum zu 70 Prozent im Alter von 36 bis 55 Jahren befanden.

412 Vgl. Dammann, G. (2009), S. 78 und vgl. KPMG (2007), S. 6 f..

413 Vgl. PwC (2009), S. 43.

414 In 91 Prozent der von KPMG untersuchten Fälle wurde mehr als eine Straftat begangen. Bei jedem dritten Täter handelt es sich um einen Intensivtäter, dem sogar mehr als 50 Delikte nachgewiesen werden konnten (vgl. KPMG (2007), S. 6). 24 Prozent der Delikte wurden in einem Zeitraum von bis zu einem Jahr begangen, 67 Prozent in einem Zeitraum von einem bis zu fünf Jahren (vgl. KPMG (2007), S. 6).

415 Vgl. Habermeyer, E. / Herpertz, S. C. (2006), S. 608; vgl. KPMG (2007), S. 6 f. und vgl. Sprothen, V. (2005), S. 78.

Insgesamt ist bei diesen Überlegungen von einer sehr hohen Dunkelziffer auszugehen. Aus Angst vor Reputationsverlusten und Imageschäden werden Strafverfolgungsbehörden und Medien nicht informiert.[416]

Als Motive für wirtschaftskriminelles Verhalten wird eine breite Palette genannt, wozu Geldgier, Schulden und das Gefühl einer nicht angemessenen Vergütung ebenso zählen wie ein finanziell exzessiver und überteuerter Lebensstil.[417] Die Studie nennt als Hauptmotiv die Geldgier,[418] die dem Streben der erfolgreichen Psychopathen in Führungspositionen nach Eigennutzenmaximierung entspricht.[419]

Insbesondere vor dem Hintergrund, dass Psychopathen nur einen geringen Anteil an der Gesamtpopulation aller Mitarbeiter ausmachen, kann der Anteil dieser Gruppe an der Wirtschaftskriminalität als unverhältnismäßig groß angesehen werden.[420]

3.1.2 Organisationale Auswirkungen

White collar psychopaths bergen für Unternehmen Gefahren. Sie sind durch ihre ausschließliche Ich-Bezogenheit, ihr *sensation seeking behaviour* und ihre Manipulationsfähigkeit in der Lage, Unternehmen und Organisationen zu schaden.[421] Beispiele für weitreichende Konsequenzen des betrügerischen und manipulativen Verhaltens sind der Zusammenbruch der Unternehmen *Enron* und *WorldCom*.

---

416 Vgl. Dammann, G. (2009), S. 78 und vgl. KPMG (2007), S. 7.

417 Vgl. Dammann, G. (2009), S. 78 und vgl. KPMG (2007), S. 2.

418 Als Ursache für wirtschaftskriminelle Straftaten wurde in 73 Prozent der Fälle Gier angegeben (vgl. KPMG (2007), S. 7).

419 Vgl. Babiak, P. / Hare, R. D. (2006), S. 82 und vgl. Sprothen, V. (2005), S. 78.

420 Vgl. Babiak, P. / Hare, R. D. (2006), S. 15 f..

421 Vgl. Boddy, C. R. et al. (2010), S. 2 f.; vgl. Dammann, G. (2009), S. 77 und vgl. Deutschman, A. (2005), S. 1 und 3.

> „Obwohl der Anteil der Psychopathen an der Gesamtbevölkerung bei nur etwa einem Prozent liegt, ist der von ihnen angerichtete soziale, wirtschaftliche, physische und psychische Schaden unverhältnismäßig groß.“[422]

Neben dem offen beobachtbaren Schaden, den Psychopathen in Nadelstreifen verursachen, ist auch der indirekte Schaden zu berücksichtigen, der nicht auf den ersten Blick erkennbar und nicht oder nur schwer zu quantifizieren ist.

Der durch psychopathisches Verhalten entstehende Schaden ist nicht wertmäßig berechenbar. So können die in der Organisation entstehenden negativen Konsequenzen wie sinkende Arbeitsmoral, verschlechterte Arbeitsabläufe, psychische Belastungen oder betrügerisches Verhalten[423] weder gemessen noch monetär bewertet werden.

> „Sie stehen nicht im Fokus der Wissenschaftler, aber auch nicht unseres sozialen Systems, weil sie eben nicht kriminell werden“, so der Tübinger Neurobiologe Niels Birbaumer. „Sie sind nicht gewalttätig und deshalb kennen wir sie nicht. Der Schaden, den sie aber in unserer Gesellschaft anrichten, ist immens. Bisher wurde er nie wirklich untersucht.“[424]

Leiden Mitarbeiter unter emotionalem Missbrauch, können die daraus resultierende Senkung der Arbeitsmoral und die Verletzung des Ichs wiederum zu hohen Einbrüchen in der Gesamtleistung der Organisation führen.[425]

BABIAK nennt beispielhaft mögliche Bereiche, in denen Kosten durch das psychopathische Verhalten von Managern entstehen.[426] Dabei können durch den Verlust von talentierten Mitarbeitern und durch die Nachrekrutierung von neuen Mitarbeitern und durch einen verringerten Kundenservice sowie durch niedrigere Qualität der Produktion und durch verringerte Produktivität Kosten entstehen. Es wird davon ausgegangen, dass cirka 70 Prozent der Mitarbeiter ein Unternehmen auf Grund ihres Vorgesetzten verlassen.[427] Mit dem Mitarbeiter geht der Organisation dann auch das gebundene Humankapital des Mitarbeiters

422 Babiak, P. / Hare, R. D. (2006), S. 15 f..
423 Auf die negativen Konsequenzen wird auf S. 69 dieser Arbeit Bezug genommen.
424 Birbaumer, N. in Walker, I. (2009).
425 Vgl. Babiak, P. / Hare, R. D. (2006), S. X.
426 Vgl. Babiak, P. (2000), S. 303.
427 Vgl. Schwertfeger, B. (2006), S. 51.

verloren. Insgesamt muss das Unternehmen die Kosten, die durch Mitarbeiterfluktuation entstehen, tragen.[428]

Diese sind – wenn überhaupt – nur schwer zu erfassen. Bei den aufgezählten potentiellen Kosten handelt es sich hauptsächlich um Opportunitätskosten.[429] Ein weiteres Problem besteht in ihrer Zurechnung. Weder die Zurechnung der Kosten zu dem (psychopathischen) Verhalten eines einzelnen Mitarbeiters ist möglich, noch ist es dem übergeordneten Manager möglich, psychopathisches Verhalten bzw. Schaden, der aus psychopathischem Verhalten resultiert, eindeutig zu detektieren und einem Mitarbeiter zuzuordnen. Darüberhinaus ist der übergeordnete Manager nicht in der Lage, geeignete korrigierende Maßnahmen einzuleiten.[430]

Ein bisher noch nicht untersuchter bzw. nicht untersuchbarer Aspekt der Schäden, die durch Psychopathen in Nadelstreifen entstehen, ist das Leid von Kollegen und Mitarbeitern.[431] Es bleibt offen, welche psychischen und physischen sowie gesellschaftlichen und wirtschaftlichen Schäden bei den Mitarbeitern und Kollegen eines Psychopathen durch diesen entstehen. Dieser Schaden entsteht zusätzlich zu den oben genannten Kosten, die durch Neurekrutierung entstehen.

Eine mögliche Einheit, die das Ziel verfolgt, den durch psychopathisches Verhalten entstandenen Schaden zu vermeiden und zu vermindern, ist die *organizational police*.[432] Zu dieser Gruppe von Mitgliedern der Organisation zählen auch Mitarbeiter des Controllings. Die Aufgabe der Begrenzung opportunistischen Verhaltens, die nach WEBER / SCHÄFFER (ursprünglich) dem Controlling zukommt,[433] kann ebenfalls den Zielen und Aufgaben der *organizational police* zugeordnet werden. Im Umgang mit einem psychopathischen Mana-

---

[428] Vgl. Graf, M. (2007), S. 113 und vgl. Özdemir, H. (2008), S. 44.

[429] Der entgangene Nutzen wird als Opportunitätskosten bezeichnet (vgl. Corsten, H. / Gössinger, R. (2008), S. 576 f.). In der Kosten- und Erlösrechnung wird unter Opportunitätskosten „der entgangene Deckungsbeitrag der nicht realisierten Alternative“ verstanden (vgl. Hoitsch, H.-J. / Lingnau, V. (2007), S. 426). Eine ausführliche Erläuterung des Begriffs findet sich bei Hoitsch, H.-J. / Lingnau, V. (2007), S. 239 ff. und S. 426.

[430] Vgl. Babiak, P. (2000), S. 303.

[431] Vgl. Boddy, C. R. (2010), S. 27.

[432] Vgl. Hare, R. D. / Babiak, P. (2007), S. 114 f..

[433] Vgl. Weber, J. / Schäffer, U. (2006), S. 40.

ger treten eher so genannte „Wollensprobleme" auf,[434] wenn bei diesem „mit Opportunismus zu rechnen ist ..., sei es, dass er tatsächlich seine Kompetenzen überschritten [hat], sei es, dass er unzutreffende Pläne vorgelegt und / oder falsch berichtet hat."[435] Das Controlling wird so zunehmend durch Begrenzungsaufgaben gefordert.[436]

Im Rahmen der entscheidungsunterstützenden Funktion des Controllings werden Informationen gesammelt, aufbereitet und präsentiert. Auf Basis dieser Informationen, die dem übergeordneten Management über die Leistungen eines psychopathischen Mitarbeiters zur Verfügung stehen, ist das übergeordnete Management kaum in der Lage, relevante Schlüsse zu ziehen, da Psychopathen ein hervorragendes Eindrucksmanagement beherrschen.[437]

3.2 Methodische Grundlagen der Diagnostik

Im folgenden Kapitel werden Verfahren zur Erfassung und Messung von Persönlichkeitsakzentuierungen erläutert und ihre Anwendung zur Messung der Persönlichkeitsstörung Psychopathie im Unternehmensumfeld diskutiert. Insbesondere vor dem Hintergrund, dass die *white collar psychopaths* erhebliche negative ökonomische wie gesellschaftliche Auswirkungen haben,[438] gilt es nun, geeignete Methoden der Detektion dieser gestörten Persönlichkeiten zu finden, um die Psychopathen in Nadelstreifen als solche im Unternehmen erkennen zu können.

Es finden sich unzählige standardisierte psychiatrische Untersuchungsverfahren, die entwickelt wurden, um Psychopathologien objektiv, reliabel und valide sowie quantitativ zu erfassen. Spezifisch bei der Untersuchung von Psychopathen treten Probleme bei der Mes-

---

434 Vgl. Weber, J. / Schäffer, U. (2006), S. 37 ff.. Der zuständige Controller erwartet grundsätzlich sowohl „Wollens-" als auch „Könnensprobleme". Bei psychopathischen Mitarbeitern überwiegen dabei die „Wollensprobleme".

435 Weber, J. / Schäffer, U. (2006), S. 37.

436 Vgl. Weber, J. / Schäffer, U. (2006), S. 38 f..

437 Vgl. Babiak, P. (2000), S. 297 und vgl. Hare, R. D. / Babiak, P. (2007), S. 114 f..

438 Vgl. Kapitel 3.1.2, S. 72 ff. dieser Arbeit.

sung und Erfassung der Persönlichkeitsstörung auf. Auf diese spezifischen Probleme wird in diesem Kapitel eingegangen (3.2.1).

Allgemein wird bei den Untersuchungsverfahren zwischen Fremd- und Selbstbeurteilungsinstrumenten unterschieden.[439] Zu den Fremdbeurteilungsinstrumenten zählen Checklisten und strukturierte Interviews,[440] wie die oben vorgestellte PCL.

Neben der Unterscheidung zwischen Selbst- und Fremdbeurteilungsinstrumenten (3.2.2) wird in dieser Arbeit auch zwischen direkten (expliziten) und indirekten (impliziten) Methoden unterschieden (3.2.3). Aufbauend auf diesen beiden Untergliederungen werden spezifische direkte (3.2.3.1) und indirekte Instrumente (3.2.3.2) zur Messung von Psychopathie vorgestellt und erläutert.

Die *white collar psychopaths* stellen eine besondere Subgruppe der Psychopathen dar, die sich in ihren Merkmalen und ihrem Vorkommen von der Gruppe der gemeinen Psychopathen unterscheidet.[441] Das Umfeld eines Wirtschaftsunternehmens unterscheidet sich ebenfalls von dem üblichen psychiatrischen oder universitären Setting, in dem die Methoden entwickelt und angewendet werden. Abschließend wird deshalb für die vorgestellten Verfahren zur Messung der Psychopathie zusätzlich diskutiert werden, ob sich diese auch für die spezielle Gruppe der Psychopathen in Nadelstreifen eignen und im Unternehmenskontext anwendbar sind (3.2.3.3).

3.2.1 Spezifische Probleme bei der Messung von Psychopathie

Bei der Diagnose der Persönlichkeitsstörung Psychopathie kommt es speziell durch die Eigenschaften der psychopathischen Probanden zu einem grundsätzlichen Problem. Sowohl Laien als auch Experten sind nicht in der Lage zu erkennen, ob es sich bei einer Per-

[439] Vgl. Rentrop, M. et al. (2009), S. 12.

[440] Vgl. Bronisch, T. (1999), S. 11-14 und vgl. Littmann, E. (2007), S. 28-31.

[441] Vgl. Kapitel 3.1, S. 61 ff. dieser Arbeit. Die Gruppe der *white collar psychopaths* zählt zu den erfolgreichen Psychopathen (siehe Kapitel 3.1.1, S. 62 ff. dieser Arbeit) und den Wirtschaftskriminellen (siehe S. 71 ff. dieser Arbeit). Es handelt sich dabei um primäre Psychopathen (siehe S. 50 ff. dieser Arbeit) und Faktor 1-Psychopathen (siehe Abbildung 4, S. 70 dieser Arbeit).

son um einen Psychopathen handelt. Selbst wenn die Diagnose Psychopathie von vorneherein bekannt ist, ist es kaum möglich, sich nicht durch den manipulativen Charakter des Psychopathen beeinflussen zu lassen. Mit dieser Thematik befassen sich einige Studien, auf die im Folgenden kurz eingegangen wird.

Verhaltenstherapien, die oft eingesetzt werden, um die Verhaltensmuster von Psychopathen zu ändern, sind in beeindruckendem Ausmaß nicht erfolgreich.[442] Dies ist eine weitere Bestätigung dafür, dass Psychopathie weder heil- noch behandelbar ist.

SETO / BARBAREE untersuchen das Auftreten von Rückfällen im Gewaltbereich unter 224 ehemaligen Gefangenen, die sich vor ihrer Entlassung einer Verhaltenstherapie unterzogen haben.[443] Diejenigen Probanden mit hohen Werten in der PCL-R scheinen sehr gut auf die Therapie angesprochen zu haben, während diejenigen mit geringen PCL-R-Scores weniger auf die Verhaltenstherapie reagierten. Die Rückfallquote war jedoch bei der ersten Gruppe mit einem höheren PCL-R-Score höher als bei der zweiten Gruppe mit den geringeren PCL-R-Scores.[444] SETO / BARBAREE gehen davon aus, dass dieses Ergebnis auf den manipulativen Charakter einiger Psychopathen zurückzuführen ist. Je psychopathischer die Person, desto besser kann sie den Psychologen vom Fortschritt der Therapie überzeugen.[445]

Bei der Beurteilung und Messung von Psychopathie muss besonders darauf geachtet werden, dass die Testergebnisse nicht durch die Manipulation des psychopathischen Probanden entstanden sind. Mögliche Einflüsse durch die Probanden sollten grundsätzlich immer in Betracht gezogen werden.

3.2.2 Selbst- vs. Fremdbeurteilungsinstrumente

Im Folgenden wird zuerst auf die Fremdbeurteilungsinstrumente eingegangen, dann auf die Instrumente der Selbstbeurteilung. Dabei werden Vor- und Nachteile diskutiert.

---

442 Vgl. Abbott, A. (2001), S. 298.
443 Vgl. Seto, M. C. / Barbare, H. E. (1999), S. 1235.
444 Vgl. Abbott, A. (2001), S. 298.
445 Vgl. Seto, M. C. / Barbare, H. E. (1999), S. 1235.

Fremdbeurteilungsinstrumente wie Checklisten und strukturierte Interviews[446] fassen meist die diagnostischen Kriterien zu Merkmalsgruppen zusammen. Ein wesentlicher Nachteil der Fremdbeurteilungsinstrumente liegt darin, dass in der Regel ein einziger Untersucher (Rater) die Informationen über den Probanden sammelt und gleichzeitig bewertet.[447] Dieser Kritikpunkt verstärkt sich besonders darin, dass häufig die Sammlung von Information durch nicht strukturierte Interviews erfolgt.[448] Um die Reliabilität zur erhöhen, arbeiten speziell die Forscher, die die PCL-R nutzen, mit mehreren Ratern. Die Informationsabfrage erfolgt bei der PCL-R durch ein strukturiertes Interview, in dem Themen und Fragen vorgegeben werden.[449] Eine weitere Möglichkeit, die Reliabilität und zugleich die Validität zu erhöhen, besteht darin, nur geschulten Ratern zu erlauben, das Untersuchungsverfahren durchzuführen.[450]

Selbstbeurteilungsinstrumente sind im Gegensatz zu Fremdbeurteilungsinstrumenten kostengünstiger und weniger zeitaufwändig. Meist werden zur Selbstbeurteilung Fragebögen verwendet, die selbst erklärend gestaltet sind und vom Probanden alleine ausgefüllt werden.

Ein häufiger geäußerter Kritikpunkt gegenüber den Fragebögen, die speziell zur Messung von Psychopathie eingesetzt werden, bezieht sich darauf, dass die Instrumente eher psychopathische Verhaltensmerkmale abfragen und messen anstelle der zugrunde liegenden Persönlichkeitseigenschaften.

Ein grundsätzliches Problem, das bei allen Selbstbeurteilungsinstrumenten auftreten kann, ist die Tendenz von Probanden, sozial erwünscht zu antworten. Hinzu kommt die Möglichkeit, dass Probanden absichtlich Falschangaben machen und bewusst unehrlich antwor-

---

[446] Weiterführende Literatur zum Thema Fremdbeurteilungsinstrumente: Bronisch, T. (1999), S. 11-14 und Littmann, E. (2007), S. 28-31, dort sind auch Beispiele dargestellt.

[447] Vgl. Littmann, E. (2007), S. 28.

[448] Vgl. Littmann, E. (2007), S. 28.

[449] Eine ausführliche Darstellung des Interviews und des Ablaufs des strukturierten Interviews siehe Manual der PCL-R. Auf die PCL wird in Kapitel 2.2.3.1, S. 32 ff. dieser Arbeit eingegangen.

[450] Vgl. Rentrop, M. et al. (2009), S. 12.

ten.[451] Die besondere Anfälligkeit von direkten Verfahren für Manipulation und sozial erwünschtes Antwortverhalten fällt besonders bei psychopathischen Versuchspersonen ins Gewicht. Pathologisches Lügen und unaufrichtiges Antworten zählen zu dem Störungsbild der Psychopathie.[452] Bei Selbstbeurteilungsinstrumenten besteht die Möglichkeit, Eindrucksmanagement zu betreiben.[453]

Andere Forscher stellen im Gegensatz dazu eine außergewöhnliche Ehrlichkeit der Selbstbeschreibung in Bezug auf die Psychopathie fest.[454]

> „Selbstbeurteilungsverfahren mit dem Fokus auf den Persönlichkeitsmerkmalen im Gegensatz zu solchen, die sich auf Verhaltensmerkmale beziehen, haben den Vorteil, auch in den subpathologischen Bereichen von Psychopathie sowie bei Populationen ohne strafrechtlich geahndetes antisoziales Verhalten angewendet werden zu können."[455]

Einige Autoren bestätigen den Fragebögen, die als Selbstbeurteilungsverfahren eingesetzt werden, eine gute Screening-Funktion.[456] Für die gesicherte Diagnose einer Persönlichkeitsstörung ist ein Screening allerdings nicht ausreichend, Fragebögen können eine Verdachtsdiagnose erstellen oder eine Persönlichkeitsakzentuierung dokumentieren.[457]

Etablierte Fragebögen führen oft zu einer Überschätzung der Prävalenz von Persönlichkeitsstörungen.[458] Ein weiteres Problem, das sich besonders für den deutschen Sprachraum

---

451 Für weitere mögliche negative Effekte von Selbstbeurteilungsinstrumenten (insbesondere bei Fragebögen) vgl. Littmann, E. (2007), S. 31 und vgl. Schneider, F. et al. (2010), S. 76. Diese Autoren beschrieben auch Antworttendenzen von Probanden. Probanden tendieren beispielsweise dazu, abwechselnd mit „Ja" und „Nein" zu antworten (vgl. Littmann, E. (2007), S. 31 und vgl. Schneider, F. et al. (2010), S. 76).

452 Vgl. Lynam, D. R. et al. (1999), S. 112.

453 Vgl. De Oliveira-Souza, R. et al. (2008), S. 428. Beim Eindrucksmanagement versuchen „Menschen das Bild, das andere von ihnen haben, mitzugestalten und zu kontrollieren" (Rathgeber, K. (2005), S. 156). Der Einfluss des Eindrucksmanagements auf die PCL-R wird von De Oliveira-Souza diskutiert (vgl. De Oliveira-Souza, R. et al. (2008), S. 428).

454 Vgl. Ray, J. J. / Ray, J. A. B. (1982), S. 140.

455 Alpers, G. W. / Eisenbarth, H. (2008), S. 13. Der sich daraus ergebende Vorteil wird bei der Erläuterung der Konstruktion des PPI-R dargestellt (vgl. Kapitel 3.2.3.1.3, S. 87 ff. dieser Arbeit).

456 Vgl. Bronisch, T. (1999), S. 12; vgl. Fiedler, P. (2007), S. 262; vgl. Littmann, E. (2007), S. 31 und vgl. Ottosson, H. et al. (1998), S. 246.

457 Fiedler fordert, dass „Persönlichkeitsstörungsdiagnosen nicht auf der Grundlage von Selbstratings mittels Fragebögen vergeben werden" sollten (Fiedler, P. (2007), S. 262).

458 Dies wiederum führt auch zu Problemen bei der Bestimmung von Komorbiditäten und zu Schwierigkeiten in der Differentialdiagnostik (vgl. Andresen, B. (2006) und vgl. Henkel, Y. (2006), S. 45).

darstellt, ist ein Mangel an diagnosespezifischen Fragebogeninventaren.[459] Inventare messen dabei nicht nur die Ausprägung einer Persönlichkeitsakzentuierung, sondern die Ausprägung mehrerer verschiedener Persönlichkeitsakzentuierungen. Aus diesen Problemen ergibt sich die Notwendigkeit einer neutraleren Konzeptbildung, die sich anstelle von Persönlichkeitsstörungen auch auf Persönlichkeitseigenarten[460] und Persönlichkeitsakzentuierungen[461] bezieht.[462] Dabei sollte zugleich die Operationalisierung dimensional gestaltet sein.[463]

LILIENFELD / FOWLER (2006) fassen die Vor- und Nachteile der Messung von Selbstauskunftsinstrumenten speziell in Bezug auf Psychopathie zusammen.[464] Nimmt der Proband eine Selbsteinschätzung vor, so stellt dies einen Vorteil bei der Beurteilung von Persönlichkeitseigenschaften dar. Als Vorteile können die hohe Reliabilität der Instrumente, die vorgegebene, immer gleiche Durchführung sowie die Möglichkeit, Antworttendenzen (*response styles*) systematisch zu analysieren, genannt werden. Als Nachteile sind – wie oben genannt – Manipulationsmöglichkeiten und soziale Erwünschtheit anzuführen. Ein spezieller Nachteil tritt bei den Probanden auf, die nicht in der Lage sind, Emotionen zu spüren. Zu dieser Gruppe zählen auch Psychopathen. Es kann als problematisch angesehen werden, wenn gerade diese Gruppe den Grad der Abwesenheit der Emotion im Rahmen einer Selbstauskunft einschätzen soll. Viele Fragebögen, die zur Messung der Psychopathie entwickelt werden, sind stark mit negativer Emotionalität angereichert, was die diskriminante Validität[465] reduziert und so einen weiteren Nachteil darstellt.[466] Insgesamt betrachtet zie-

---

459 Vgl. Henkel, Y. (2006), S. 45.

460 Vgl. Fiedler, P. (2007), S. 6.

461 In Anlehnung an den Akzentuierungs-Begriff nach Leonhard, K. (1976). Für eine ausführliche Erläuterung siehe Jabs, B. et al. (2002), S. 247-254.

462 Auf den Begriff der Persönlichkeitsakzentuierung und seine Unterscheidung von der Persönlichkeitsstörung wird in Kapitel 2.1.2, S. 14 ff. dieser Arbeit eingegangen.

463 Weiterführende Quellen: Berger, M. H. (2009), S. 653; Fiedler, P. (2007), S. 5; Horowitz, M. J. (2009), S. 244; Jabs, B. et al. (2002), S. 247-254 und Leonhard, K. (1976).

464 Siehe Lilienfeld, S. O. / Fowler, K. A. (2006), S. 107-111.

465 Die diskriminante Validität ist neben der konvergenten Validität ein empirischer Indikator der Konstruktvalidität. Die diskriminante Konstruktvalidität ist gegeben, wenn die Messdaten von Testverfahren, die verschiedene Konstrukte abbilden, nur gering miteinander korrelieren (vgl. Nussbeck, F. W. et al. (2007), S. 362 und S. 385). Nussbeck und Kollegen beschäftigen sich ausführlich mit der Thematik der Konstruktvalidität (siehe Nussbeck, F. W. et al. (2007), S. 361-388).

466 Vgl. Lilienfeld, S. O. / Fowler, K. A. (2006), S. 107-111.

hen viele Autoren ein positives Fazit in Bezug auf die Einsatzmöglichkeiten von Selbstbeurteilungsinstrumenten zur Messung von Psychopathie.[467]

3.2.3 Direkte und indirekte Verfahren

In der Psychologie wird grundsätzlich zwischen direkten (expliziten) und indirekten (impliziten) Verfahren unterschieden.[468] Direkte Verfahren messen explizites Verhalten, explizite Merkmale oder bewusste Einstellungen; indirekte Verfahren messen implizite Merkmale und unbewusste Einstellungen.[469]

Diese Unterscheidung geht auf die zwei Gedächtnissysteme des Menschen zurück: Das implizite und das explizite Gedächtnis. Das explizite System, das auch deklaratives Gedächtnis genannt wird, speichert bewusstes Wissen. Das implizite System oder prozedurales Gedächtnis ist zuständig für die Verarbeitung unbewusster automatischer Wahrnehmung.[470]

Analog zu dieser Differenzierung fragen direkte Verfahren direkt und offen nach Merkmalen und Verhalten.[471] Zu den direkten Verfahren zählen unter anderem Fragebögen. Der Proband kann hier auf die Fragen bewusst und kontrolliert reagieren. Dies kann zu manipulierten Antworten oder zu sozial erwünschten Antworten (*social-desirability*) führen. Auch könnte hier ein Proband Eindrucksmanagement (*self-presentation*) betreiben.[472] Ein Nachteil von direkten Verfahren sind also die Manipulationsmöglichkeiten.

Im Gegensatz dazu messen die indirekten (impliziten) Verfahren Verhalten, Merkmale, Einstellungen oder Gedächtnisleistungen unaufdringlich, non-reaktiv und unbewusst. Indi-

[467] Vgl. Lilienfeld, S. O. / Fowler, K. A. (2006), S. 125 und vgl. Lynam, D. R. et al. (1999), S. 128 f..

[468] Eine Definition von implizitem Verfahren gibt Banse, R. (2003), S. 34.

[469] Vgl. Dovidio, J. F. et al. (2002), S. 62. Die Unterscheidung von implizitem (prozeduralem) und explizitem (deklarativem) Gedächtnis wird bei Myers, D. G. (2008b), S. 401 dargestellt. Eine ausführliche Erläuterung gibt auch Myers, D. G. (2008a), Kapitel 9, S. 379-428.

[470] Vgl. Koschnick, W. J. (2010) und vgl. Pinel, J. P. J. (2001), S. 400.

[471] Vgl. Kühn, C. (2006), S. 11.

[472] Vgl. Fiedler, K. / Bluemke, M. (2005), S. 307.

rekte Maße eignen sich zur Erfassung von automatischen Reaktionen und von automatisch aktivierten mentalen Repräsentationen, die spontan und ohne bewusste Kontrolle ablaufen.[473] Der Proband ist sich der Messung nicht bewusst und kann deshalb keine bewussten Manipulationsversuche unternehmen. Indirekte Verfahren messen automatische Reaktionen. Da sich automatische Reaktionen der bewussten Kontrolle entziehen, sind indirekte Verfahren vor bewusster Manipulation geschützt.

Besonders die mögliche Einflussnahme und Manipulation sowie Verfälschung von Ergebnissen der Verfahren zur direkten Erfassung der Persönlichkeitsstörung Psychopathie durch den psychopathischen Probanden sollten Beachtung finden und in jeder Studie diskutiert werden.

Bekannte Instrumente zur Erfassung von Persönlichkeitsakzentuierungen sind das Inventar Klinischer Persönlichkeitsakzentuierungen (IKP) und das Persönlichkeits-Stil- und Störungs-Inventar (PSSI), die im Folgenden vorgestellt werden. Daneben wird ein Test erläutert, der speziell zur Erfassung von Psychopathie entwickelt wurde. Diese direkten Verfahren werden zuerst erläutert.[474] Auf die Möglichkeit, die Persönlichkeitsstörung Psychopathie mit indirekten Verfahren zu erfassen, wird anschließend eingegangen.[475] In diesem Zusammenhang werden auch der aktuelle Stand der Forschung erläutert und aktuelle methodische Möglichkeiten diskutiert.

3.2.3.1 Direkte Verfahren zur Messung von Psychopathie

Oft angewendete und weit verbreitete Verfahren zur direkten Erfassung von Persönlichkeitsakzentuierungen sind das Inventar Klinischer Persönlichkeitsakzentuierungen (IKP) und das Persönlichkeits-Stil- und Störungs-Inventar (PSSI)[476]. Ein Fragebogen, der speziell für die Erfassung der Psychopathie entwickelt wurde, ist das *Psychopathic Personality In-*

---

[473] Vgl. Kühn, C. (2006), S. 11.

[474] Siehe Kapitel 3.2.3.1, S. 82 ff. dieser Arbeit.

[475] Siehe Kapitel 3.2.3.2, S. 89 ff. dieser Arbeit.

[476] Siehe Kapitel 3.2.3.1.2, S. 85 ff. dieser Arbeit.

ventory-Revised (PPI-R).[477] Diese drei direkten Verfahren sollen im Folgenden erläutert werden.

3.2.3.1.1 Das Inventar Klinischer Persönlichkeitsakzentuierungen

Das Inventar Klinischer Persönlichkeitsakzentuierungen (IKP) ist ein multivariater Persönlichkeitsfragebogen, der entwickelt wurde, um Persönlichkeitsakzentuierungen dimensional zu erfassen.[478] Im IKP wird durchgängig der Begriff der Persönlichkeitsakzentuierung verwendet, der sich dabei aber eng an den Störungskriterien nach DSM-IV und ICD-10 orientiert.[479]

Das IKP erfasst mit seinen elf Störungsbildern vollständig die Persönlichkeitsstörungen nach DSM-IV und ICD-10.[480] Zu jeder der elf Skalen sind zehn Items zugeordnet.[481] Zu jedem Störungsbild existieren neben den zehn Items, die die jeweilige Persönlichkeitsakzentuierung erfassen, zusätzlich zwei Kontroll-Items, die nicht in die Bewertung der Persönlichkeitsakzentuierungen eingehen.[482]

Die für die Erfassung der Antisozialen Persönlichkeitsakzentuierung verwendeten Items sind in Tabelle 11 aufgelistet. Die Items sind dabei in symptomatischer Richtung gepolt. Jede Aussage kann vom Probanden mit folgenden vier Antwortmöglichkeiten bewertet werden: „völlig unzutreffend“, „eher unzutreffend“, „eher zutreffend“ und „völlig zutref-

[477] Siehe Kapitel 3.2.3.1.3, S. 87 ff. dieser Arbeit.

[478] Vgl. Andresen, B. (2006), S. 21.

[479] Vgl. Henkel, Y. (2006), S. 45, siehe auch Andresen, B. (2006). Die Stigmatisierung, die mit dem kategorialen Störungsbegriff einhergeht, soll so auch in Bezug auf die Persönlichkeitsstörung Psychopathie vermieden werden (vgl. Andresen, B. (2006), S. 21). Auch dieser Arbeit liegt das dimensionale Verständnis von Störung zu Grunde.

[480] Vgl. Andresen, B. (2006), S. 22 und S. 27 f. sowie Fiedler, P. (2007), S. 259.

[481] Vgl. Andresen, B. (2006), S. 27 und Fiedler, P. (2007), S. 259.

[482] Vgl. Andresen, B. (2006), S. 26 und S. 118. Somit ergibt sich insgesamt eine Summe von 132 Items (vgl. Fleischhaker, C. / Schulz, E. (2010), S. 36).

fend".[483] Dabei wird der Proband aufgefordert, die Aussage so zu bewerten, wie sie auf ihn in den letzten Jahren zutrifft.

Wer im Leben vorankommen will, muss „lügen wie gedruckt".
Ich kann richtig gefährlich werden, wenn es um meinen Vorteil geht.
Ich hätte keine großen moralischen Bedenken, im Wirtschafts- und Arbeitsleben jemanden übers Ohr zu hauen, denn Betrug ist der Motor der Wirtschaft.
Ich denke gar nicht daran, bei meinen Aktivitäten auf die Empfindsamkeiten anderer Leute Rücksicht zu nehmen.
Ich bin immer hinter dem Geld her und gehe dabei auch krumme Wege.
Es macht mir irgendwie Spaß Leute auszutricksen.
Meine höchsten Werte sind die Kampfmoral und das „Recht des Stärkeren".
Es gibt eine ganze Reihe von übertrieben sensiblen Leuten, die mich wegen meiner Rücksichtslosigkeit kritisieren.
Manche Leute halten mich für einen begabten Schwindler (eine begabte Schwindlerin).
Wenn ich einmal etwas nicht ganz Faires getan habe, sagte ich mir: „Das Leben ist eben ungerecht".
Ich lehne es ab, die Schwäche oder Ungeschicklichkeit eines anderen zu meinem eigenen Vorteil auszunutzen. *
Ich bin nicht bereit, einen finanziellen Gewinn durch ungesetzliche Handlungen zu erzielen. *

Tabelle 11: Items der IKP-Skala „Antisoziale Persönlichkeitsakzentuierung"[484]

[483] Die Auswertung des Fragebogens wird ausführlich im Manual des IKP beschrieben (siehe Andresen, B. (2006), S. 28 ff.).

[484] Quelle: Andresen, B. (2006), S. 46. Anmerkung: Die mit * gekennzeichneten Kontroll-Items gehen nicht in die Bewertung der Skala der antisozialen Persönlichkeitsakzentuierung ein.

Bei der Entwicklung des Tests wurde versucht, die Diagnosekriterien nach ICD-10 und DSM-IV zu integrieren, in der Regel wurde dabei den Kriterien des DSM Vorzug gewährt. Zur Messung der antisozialen und dissozialen Persönlichkeitsakzentuierung finden die differenzierenden Aspekte der ICD-10 jedoch maßgebliche Berücksichtigung.

Das IKP beinhaltet eine Normierungsstichprobe, die aus 1.500 Probanden im Alter von 16 bis 75 Jahren besteht. Dabei befinden sich 22,93 Prozent dieser Stichprobe in einem Alter zwischen 16 und 25 Jahren.[485] Der Anteil an Probanden mit Fachhochschul- oder Hochschulreife beträgt 59 Prozent.[486] Die Normierungsstichprobe enthält keine Differenzierungen in Bezug auf Alter und Geschlecht. Auch aus diesem Grund wird die Stichprobe als verbesserungs- und erweiterungsbedürftig angesehen.[487] Der Testautor gibt an, dass das IKP für alle erwachsenen Probanden (ab 16 Jahren) aller Bildungsstufen, die zu der Gruppe der Deutsch-Muttersprachler zählen, sinnvoll angewendet werden kann.[488]

3.2.3.1.2 Das Persönlichkeits-Stil- und Störungs-Inventar

Das Persönlichkeits-Stil- und Störungs-Inventar (PSSI) ist wie das eben vorgestellte IKP ein Fragebogen, der auf einem dimensionalen Ansatz basiert. Der dimensionale Ansatz basiert auf der Annahme, dass jeder klinischen Störungskategorie ein entsprechender Persönlichkeitsstil zugeordnet werden kann.[489]

> Es erfasst „die relative Ausprägung von Persönlichkeitsstilen ..., die als nicht-pathologische Entsprechungen der in psychiatrischen diagnostischen Manualen (..., DSM-IV, ICD-10) beschriebenen Persönlichkeitsstörungen konzipiert sind.“[490]

Das PSSI hat große konzeptuelle Gemeinsamkeiten mit dem *Big-Five*-Ansatz[491], was für die Erfassung von auch nicht pathologischen Variationen der Persönlichkeit durch den

485 Vgl. Andresen, B. (2006), S. 128.
486 Vgl. Andresen, B. (2006), S. 128.
487 Vgl. Littmann, E. (2007), S. 39.
488 Vgl. Andresen, B. (2006), S. 116.
489 Vgl. Andresen, B. (2006), S. 186. Das Konzept der Persönlichkeitsstile entspricht in weiten Teilen dem Begriff der Persönlichkeitsakzentuierung (siehe Kapitel 2.1.2, S. 14 dieser Arbeit).
490 Kuhl, J. / Kazén, M. (2009), S. 6; siehe auch Andresen, B. (2006), S. 186. Vgl. Kuhl, J. / Kazén, M. (2009), S. 6, S. 9 und S. 11 sowie vgl. Littmann, E. (2007), S. 36 und S. 38.

Fragebogen spricht.[492] Das PSSI basiert dabei auf der Annahme, dass analog zu jeder Kategorie einer klinischen Persönlichkeitsstörung ein Persönlichkeitsstil existiert. Dieser Persönlichkeitsstil ist interindividuell unterschiedlich und lässt sich in quantitativ abgestuften Dimensionen messen.[493] Das hier verwendete Konzept des Persönlichkeitsstils entspricht dem dimensionealen Störungsverständnis.[494]

Das PSSI beinhaltet 14 Skalen, die aus je zehn Items bestehen. Das PSSI enthält keine Kontrollskalen. Die Items der Skala „Selbstbehauptender Stil und antisoziale Persönlichkeitsstörung", die die Psychopathie abbilden, sind in Tabelle 12 dargestellt.

Items
Meine Bedürfnisse lebe ich aus, auch wenn andere zurückstecken müssen.
Wenn andere etwas haben möchten, was ich brauche, setze ich mich meist durch.
Wenn sich jemand mir gegenüber ablehnend verhält, kann ich ihn ohne weiteres fertig machen.
Ich mache, was mir Spaß macht, ohne Rücksicht auf andere.
Wenn Leute sich gegen mich wenden, kann ich sie fertigmachen.
Ich greife lieber an, als mich angreifen zu lassen.
Wenn andere mir Schwierigkeiten machen, kann ich sehr ungemütlich werden.
Schwache Menschen fassen mein Durchsetzungsvermögen als Rücksichtslosigkeit auf.
Ich lasse mir von anderen nichts gefallen.
Wer mir schaden will, muss mit meiner Vergeltung rechnen.

Tabelle 12: Items der PSSI-Skala „Selbstbehauptender Stil und antisoziale Persönlichkeitsstörung"[495]

Diese Items sind in symptomatischer Richtung gepolt. Die einzelnen Aussagen sollen vom Probanden auf einer vierstufigen Skala mit den Antwortmöglichkeiten trifft „gar nicht", „etwas", „überwiegend" oder „ausgesprochen" zu bewertet werden.[496]

---

[491] Das Fünf-Faktoren-Modell (*Big-Five*) der Persönlichkeit ist auf S. 13 dieser Arbeit dargestellt.
[492] Vgl. Littmann, E. (2007), S. 33.
[493] Vgl. Kuhl, J. / Kazén, M. (2009), S. 10.
[494] Die Definition und die Verwendung der Begriffe Persönlichkeitsakzentuierung, -störung und -stil sind in Kapitel 2.1.2, S. 14 ff. dieser Arbeit diskutiert.
[495] Quelle: Kuhl, J. / Kazén, M. (2009), S. 36.

Die Autoren der PSSI stellen Normierungsstichproben zu ihrem Inventar zur Verfügung. In dieser Stichprobe überwiegt der Anteil an Probanden mit Hochschul- und Fachhochschulreife.[497] Die Stichproben sind auch nach Alter und Geschlecht unterschiedlich.[498]

Vergleicht man die Skalen der PSSI mit denen des IKP, zeigen sich große konzeptuelle Gemeinsamkeiten.[499]

Einen Vergleich der Skalen des IKP und des PSSI, die Psychopathie messen, führte ANDRESEN (2006) durch. Konkret wurde die Skala „Selbstbestimmter Stil und antisoziale Persönlichkeitsstörung" des PSSI mit der Skala „antisoziale Persönlichkeitsstörung" des IKP korreliert. Es zeigte sich eine (unerwartet) niedrige Paarkorrelation von .50, die ANDRESEN mit der geringeren Weite der PSSI-Skala begründet.[500] Die PSSI-Skala beinhaltet, entgegen der Vorgaben des DSM-IV, keine Aspekte des Risikos, der „Konfrontation mit Recht und Gesetz" oder der „Rationalisierung von Schuld".[501]

3.2.3.1.3 Das Psychopathic Personality Inventory-Revised

Das Inventar zur psychopathischen Persönlichkeit (PPI-R) zählt, wie die beiden oben beschriebenen Inventare, zu den Selbstbeurteilungsinstrumenten. Es handelt sich um ein Instrument zur Messung der dimensionalen Ausprägung der Persönlichkeitsstörung Psychopathie.[502]

---

[496] Vgl. Kuhl, J. / Kazén, M. (2009), S. 6, S. 9 und S. 40.

[497] Vgl. Kuhl, J. / Kazén, M. (1997), S. 72 f..

[498] Vgl. Kuhl, J. / Kazén, M. (2009), S. 7 und S. 39.

[499] Die Korrelationen der Skalen des PSSI mit denen des IKP zur Messung der antisozialen Persönlichkeitsakzentuierung sind gering. Das PSSI vernachlässigt hierbei im Vergleich zum IKP „die Konfrontation mit Recht und Gesetz und die Rationalisierung von Schuld" (Andresen, B. (2006), S. 190; vgl. Andresen, B. (2006), S. 186 und S. 190).

[500] Vgl. Andresen, B. (2006), S. 187 und S. 190.

[501] Vgl. Andresen, B. (2006), S. 187 und S. 190.

[502] Vgl. Alpers, G. W. / Eisenbarth, H. (2008), S. 13.

Das Inventar basiert auf dem *Psychopathic Personality Inventory* (PPI), das einen persönlichkeitsorientierten Ansatz von Psychopathie verfolgt.[503] Aus diesem Grund werden Items, die sich auf antisoziales Verhalten beziehen, vermieden.[504]

Bei der Testkonstruktion wurde davon ausgegangen, dass die psychopathischen Persönlichkeitsmerkmale eine hinreichend große Varianz innerhalb einer Stichprobe von Studierenden aufweisen. Alle Normierungs- und Validierungsstudien wurden aus diesem Grund mit studentischen Stichproben durchgeführt.[505] Vor diesem Hintergrund stellt sich der Test als herausragend geeignetes Verfahren zur Messung von Psychopathie bei Studierenden dar.

Das PPI-R enthält 154 Items, die acht Skalen zugeordnet sind.[506] Darüber hinaus verfügt das Inventar über eine Kontrollskala, welche die Tendenz zur unaufrichtigen Beantwortung misst.[507]

Schuldexternalisierung
Rebellische Risikofreude
Stressimmunität
Sozialer Einfluss
Kaltherzigkeit
Machiavellistischer Egoismus
Sorglose Planlosigkeit
Furchtlosigkeit

Tabelle 13: Skalen des PPI-R[508]

[503] Vgl. Lilienfeld, S. O. / Andrews, B. P. (1996), S. 490-492.

[504] Auf die dadurch entstehenden Vorteile wird auf S. 77 ff. dieser Arbeit eingegangen.

[505] Dies gilt sowohl für das englischsprachige Original (PPI) als auch für die deutschsprachige Übersetzung (PPI-R) (vgl. Lilienfeld, S. O. / Andrews, B. P. (1996), S. 491 und vgl. Alpers, G. W. / Eisenbarth, H. (2008), S. 24).

[506] Vgl. Alpers, G. W. / Eisenbarth, H. (2008), S. 16 f.; siehe Tabelle 13 dieser Arbeit.

[507] Vgl. Alpers, G. W. / Eisenbarth, H. (2008), S. 16 f..

[508] Quelle: Alpers, G. W. / Eisenbarth, H. (2008), S. 16 f..

Eine Faktoranalyse der genannten acht Skalen konnte zwei übergeordnete Faktoren herausarbeiten. Dabei weisen die beiden Faktoren „*fearless dominance*“ und „*impulsive antisocial*“[509] inhaltliche Übereinstimmungen mit den zwei Faktoren des Zwei-Faktor-Modells der PCL-R auf. Die Faktoren des PPI-R sind aber miteinander korreliert.[510]

Nachdem in Kapitel 3.2.3.1 bekannte direkte Verfahren zur Messung der Persönlichkeitsstörung Psychopathie erläutert wurden, werden im folgenden Kapitel mögliche indirekte Verfahren vorgestellt und diskutiert.

3.2.3.2 Indirekte Verfahren

Einstellungen, die nicht direkt beobachtet werden können, können durch messbare Reaktionen abgeleitet werden.[511] Dies gilt auch für die Persönlichkeit. Direkte Maße, die offen nach Merkmalen und Verhalten fragen, sind nicht geeignet, automatische Reaktionen und automatisch aktivierte mentale Repräsentationen zu erfassen, die spontan und ohne bewusste Kontrolle ablaufen.[512] Bei einer indirekten Messung werden Kognitionen oder mentale Repräsentationen aus Reaktionen oder Verhalten abgeleitet.[513] Zu den zur Zeit populärsten indirekten Verfahren, die zur Erfassung der automatischen Aktivierung eingesetzt werden,[514] zählen das affektive Priming[515] und der implizite Assoziationstest[516].[517] Weitere bekannte psychologische indirekte Verfahren sind die lexikalische Entscheidungsaufgabe und das semantische Priming.

---

509 Hall, J. R. / Benning, S. D. (2006), S. 467.

510 Vgl. Benning, S. D. et al. (2003), S. 344. Im Gegensatz zu den miteinander korrelierenden Faktoren des PPI-R, sind die zwei Faktoren der PCL-R voneinander unabhängig. Zum Zwei-Faktor-Modell der PCL-R siehe Kapitel 2.2.3.1.1, S. 37 dieser Arbeit.

511 Vgl. Eagly, A. H. / Chaiken, S. (1993), S. 3; siehe auch Eagly, A. H. / Chaiken, S. (1998), S. 269-322.

512 Vgl. Kühn, C. (2006), S. 11.

513 Vgl. De Houwer, J. (2006).

514 Vgl. Fazio, R. H. (2003).

515 Weiterführende Literatur zum affektiven Priming siehe Fazio, R. H. et al. (1986); siehe Frings, C. / Wentura, D. (2003) und siehe Kühn, C. (2006), S. 19-32.

516 Weiterführende Literatur zum impliziten Assoziationstest siehe Greenwald, A. G. et al. (1998).

517 Vgl. Degner, J. et al. (2006a) und vgl. Degner, J. et al. (2006b).

Diese vier genannten Verfahren, die häufig in psychologischen Experimenten Einsatz finden, werden im Folgenden dargestellt: die lexikalische Entscheidungsaufgabe (3.2.3.2.1), der implizite Assoziationstest (3.2.3.2.2)[518], das affektive Priming (3.2.3.2.3)[519] und das semantische Priming (3.2.3.2.4)[520]. Dabei soll jeweils überprüft werden, inwieweit sich die Methode zur indirekten Erfassung von Psychopathie eignet. Abschließend erfolgt eine Bewertung, inwieweit indirekte Verfahren zur Erfassung von Psychopathie, im Besonderen bei *corporate psychopaths*, geeignet sind (3.2.3.3)[521].

3.2.3.2.1 Die lexikalische Entscheidungsaufgabe

Psychopathen besitzen eine intakte lexikalische Repräsentation, jedoch besitzen emotionale Wörter eine geringere Bedeutung.[522] Dies zeigt sich besonders bei lexikalischen Entscheidungen (*lexical decision task*, LDT). Hier ist es die Aufgabe von Versuchspersonen zu entscheiden, ob es sich bei den gezeigten Buchstaben um ein Wort handelt. Dabei werden die Reaktionszeiten und Fehlerraten auf die Ja/Nein-Antworten gemessen.

Üblicherweise reagieren Personen auf emotionale Wörter schneller als auf neutrale Wörter.[523] Im Kontrast dazu zeigen Personen mit Psychopathie diese Beschleunigung bei emotionalen Wörtern häufig nicht.[524] Im Folgenden werden einige Experimente, die die LDT bei Psychopathen untersuchen, sowie deren Ergebnisse erläutert.[525]

---

[518] Siehe S. 93 ff. dieser Arbeit.

[519] Siehe S. 99 ff. dieser Arbeit.

[520] Siehe S. 107 ff. dieser Arbeit.

[521] Siehe S. 109 ff. dieser Arbeit.

[522] Vgl. Blair, K. S. et al. (2006), S. 114.

[523] Vgl. Strauss, E. (1983), S. 99. „Gesunde“ Versuchspersonen einer Normstichprobe zeigen diese Reaktionszeitbeschleunigung.

[524] Vgl. Lorenz, A. R. / Newman, J. P. (2002), S. 91 und vgl. Williamson, S. E. et al. (1991), S. 260.

[525] Es wird auf folgende Thematiken und Studien eingegangen:
fehlende Reaktionszeitbeschleunigung im LDT bei Psychopathen (vgl. Lorenz, A. R. / Newman, J. P. (2002); vgl. Strauss, E. (1983) und vgl. Williamson, S. E. et al. (1991)),
low fear/anxiety-Ansatz (vgl. Fowles, D. C. (1988); vgl. Fowles, D. C. (1980); vgl. Lykken, D. T. (1957) und vgl. Patrick, C. J. (1994)),
Zusammenhang mit Faktor 1 und Faktor 2 der PCL-R (vgl. Reidy, D. E. et al. (2008)) und

Einige Studien können dokumentieren, dass Psychopathen keine Beschleunigung der Reaktionszeit bei emotionalen Wörtern in der LDT zeigen.[526] Untersuchungen zeigen, dass Versuchspersonen einer Kontrollgruppe sowohl positive als auch negative Wörter schneller identifizieren können als neutrale Wörter. Bei den psychopathischen Versuchsgruppen zeigt sich dieser emotionale Reaktionszeitvorsprung weder bei positiven noch bei negativen Wörtern.[527]

LORENZ / NEWMAN untersuchten den Einfluss der Worthäufigkeit auf lexikalische Entscheidungen. Die Kontrollgruppe zeigte im Vergleich zu den Psychopathen eine signifikant größere Beschleunigung der Reaktionszeit bei Wörtern, die häufig vorkommen im Vergleich zu Wörtern, die seltener vorkommen. Dieser Effekt ist darauf zurückzuführen, dass die Kontrollgruppe langsamer auf Wörter reagiert, die eine geringere Worthäufigkeit besitzen. Der Effekt lässt sich nicht durch die schnellere Reaktion auf häufig vorkommende Wörter begründen oder durch die Reaktionszeiten der Psychopathen.

Die Ergebnisse der zahlreichen Untersuchungen zur LDT bestätigen eine Besonderheit bei Psychopathen in der Verarbeitung von emotionalen Stimuli.

Erklärt werden können die reliabelen Ergebnisse mit dem Ansatz der geringen Angst und Furcht (*low fear/anxiety*).[528] Psychopathen besitzen demnach eine weniger ausgeprägte Fähigkeit, Bestrafung bzw. die Hinweisreize, die auf eine Bestrafung hinweisen, zu verarbeiten. Gleichzeitig ist die Fähigkeit, Belohnung und damit die Hinweisreize, die auf eine Belohnung hinweisen, zu verarbeiten, bei Psychopathen normal oder sogar deutlicher ausgeprägt als bei Probanden einer Kontrollgruppe.[529]

---

psycholinguistische Beeinträchtigung von Psychopathen (vgl. Blair, K. S. et al. (2006) und vgl. Hare, R. D. et al. (1988)).

526 Vgl. Lorenz, A. R. / Newman, J. P. (2002); vgl. Strauss, E. (1983) und vgl. Williamson, S. E. et al. (1991).

527 Vgl. Lorenz, A. R. / Newman, J. P. (2002) und vgl. Williamson, S. E. et al. (1991).

528 Vgl. Fowles, D. C. (1988); vgl. Fowles, D. C. (1980); vgl. Lykken, D. T. (1957) und vgl. Patrick, C. J. (1994).

529 Vgl. Fowles, D. C. (1980) und vgl. Levenston, G. K. et al. (1996). Bei der Kontrollgruppe handelt es sich um „gesunde“ Versuchspersonen, die keine Ausprägung von Psychopathie zeigen.

REIDY ET AL. untersuchen in einer Studie den Einfluss der beiden Faktoren der PCL[530] von Psychopathie auf die Ergebnisse der lexikalischen Entscheidungsaufgabe. In der LDT wurden die Reaktionszeiten auf die Wörter Wut, Trauer, Furcht und Freude gemessen.[531] Die Autoren leiten aus ihren Untersuchungsergebnissen ab, dass eine Verbindung zwischen Faktor 2 und dem erhöhten Erleben von Wut besteht, sowie ein Zusammenhang zwischen Faktor 1 und dem geringeren Erleben von Trauer zu finden ist.[532] Teilnehmer an dieser Untersuchung waren 60 männliche Studenten im Grundstudium, was eine Übertragung der Studienergebnisse auf Straftäter verhindert. Der Psychopathiestatus wurde mit der Levenson Self-Report Psychopathy Scale erhoben. Es wird jedoch in der Veröffentlichung nicht angegeben, wie viele Teilnehmer eine Score erreicht haben, der für eine Verdachtsdiagnose ausreichen würde (Die Autoren nennen lediglich die Größe der Reliabilität.[533]). Eine Übertragung der Forschungsergebnisse auf tatsächliche Psychopathen ist somit fraglich. Eine Übertragung der Studie auf studentische Versuchspersonen ist jedoch möglich. Auch kann diese Studie als Ausgangspunkt für weitere Studien dienen, die den Zusammenhang der Ergebnisse der LDT mit den Faktoren der PCL untersuchen.

KIEHL ET AL. untersuchten den Einfluss der Konkretheit bzw. Greifbarkeit auf lexikalische Entscheidungen in der LDT. Im Vergleich mit einer Kontrollgruppe ist die Fehlerrate bei Psychopathen signifikant höher bei abstrakten Wörtern. Den Psychopathen fällt es schwerer, abstrakte Wörter als Wörter zu erkennen. Bei konkreten Wörtern ist die Fehlerrate bei beiden Gruppen gleich.[534]

Insgesamt betrachtet weisen die Forschungsergebnisse auf eine psycholinguistische Beeinträchtigung bei Psychopathen hin. Die Arbeiten zur LDT zeigen, dass diese Beeinträchtigung über den Einfluss von Affekt und Emotion hinausgeht. Der Ursprung dieser Beein-

---

[530] Das Zwei-Faktoren-Modell der PCL postuliert zwei voneinander unabhängige Faktoren: den emotional-interpersonellen Faktor 1 und den antisozialen Faktor 2. Die Faktoren der PCL-R werden in Kapitel 2.2.3.1.1, S. 37 ff., erläutert.

[531] Vgl. Reidy, D. E. et al. (2008), S. 1174.

[532] Vgl. Reidy, D. E. et al. (2008), S. 1174.

[533] Vgl. Reidy, D. E. et al. (2008), S. 1177.

[534] Vgl. Kiehl, K. A. et al. (1999), S. 765-774.

trächtigung ist nach jetzigem Stand der Forschung noch schwer zu erkennen.[535] HARE kam nach zahlreichen Wort-Entscheidungs-Experimenten mit Psychopathen zu dem Schluss, dass Entscheidungen von Psychopathen bei solchen Aufgaben nicht auf der Verbindung des Wortes mit seiner emotionalen Bedeutung basieren, sondern eher auf gelernten Assoziationen.[536]

Ein sehr bekanntes indirektes Verfahren ist neben der LDT der implizite Assoziationstest, der im Folgenden dargestellt wird.

3.2.3.2.2 Der implizite Assoziationstest

Der implizite Assoziationstest (IAT) ist ein sehr populäres Verfahren, das zur impliziten Erfassung der Assoziationsstärken zwischen mentalen Repräsentationen entwickelt wurde.[537]

Die Standardprozedur des IAT besteht aus zwei alternierenden Kategorationsaufgaben[538], der Attributaufgabe und der Zielkonzeptaufgabe. Die Attributaufgabe, die die Versuchsperson im IAT bearbeiten muss, ist die Beurteilung der Valenz der Stimuli. Die Versuchsperson muss entscheiden, ob der gezeigte Reiz positiv oder negativ ist. Bei den präsentierten Reizen kann es sich dabei um Wörter oder Bilder handeln. In der zweiten Aufgabe soll die Versuchsperson andere dargebotene Reize klassifizieren. Zum Beispiel erhält die Versuchsperson die Aufgabe, bei jedem gezeigten Reiz anzugeben, ob der Reiz der Kategorie „Blume“ oder der Kategorie „Insekt“ zuzuordnen ist.[539] In dieser Zielkonzeptaufgabe macht die Versuchsperson eine Zuordnung der präsentierten Reize zu einem von zwei Zielkonzepten. Die Zielkonzepte, also die Antwortkategorien, sind dabei meist disjunkt

---

535 Vgl. Blair, K. S. et al. (2006), S. 115.

536 Vgl. zum Beispiel Hare, R. D. et al. (1988), S. 68-92.

537 Das Verfahren wurde von Greenwald und Kollegen entwickelt (vgl. Greenwald, A. G. et al. (1998), S. 1464-1480). Eine ausführliche Darstellung und eine Erklärung des IAT finden sich bei Rothermund, K. / Wentura, D. (2004), S. 139-165.

538 Die Standardprozedur wurde von Greenwald, A. G. et al. (1998), S. 1464 ff. vorgestellt.

539 Diese Aufgabe wird auch *flower-insect*-IAT genannt und häufig als Kontrolltest eingesetzt.

wie „Blume“ und „Insekt“.[540] Grundsätzlich besteht das Stimulusmaterial aus mehr oder weniger typischen Exemplaren der zwei Antwortkategorien (positiv-negativ, Blume-Insekt)[541]. Die Antwort der Versuchsperson wird durch drücken zweier Tasten gegeben.[542] Das heißt, zwei der vier Antwortkategorien werden jeweils einer Taste zugeordnet. Die Tastenzuordnung eines *flower-insect*-IAT ist in Abbildung 5 dargestellt. Hier wird auch die Unterscheidung von kongrunenten und inkongruenten Durchgängen verdeutlicht.

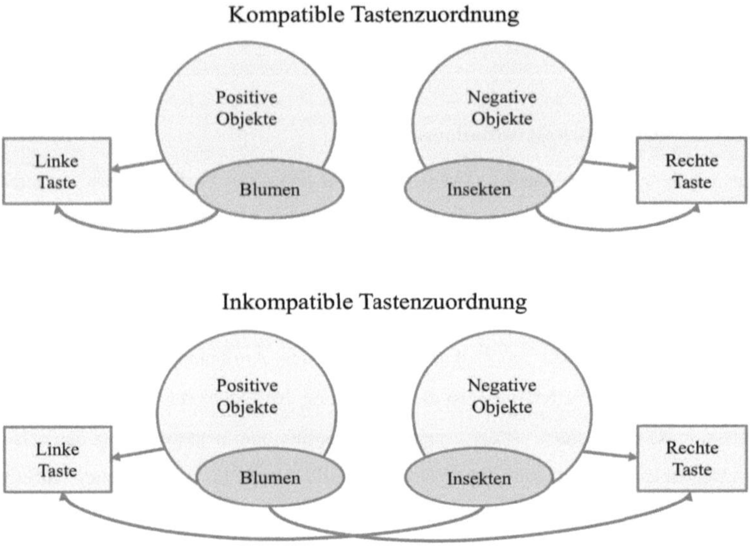

Abbildung 5: Tastenzuordnung im flower-insect-*IAT*[543]

[540] Vgl. Mierke, J. (2004), S. 15 f.

[541] Es können also vier verschiedene Antworten gegeben werden (positiv, negativ, Blume und Insekt).

[542] Eine klassische Instruktion für einen *flower-insect*-IAT könnte wie folgt lauten: „Ihnen werden auf dem Monitor verschiedene Reize gezeigt. Wird Ihnen ein Wort gezeigt, ist es Ihre Aufgabe zu entscheiden, ob das Wort positiv oder negativ ist. Ist das Wort positiv, drücken Sie die „A“-Taste, ist das Wort negativ, drücken Sie die „5“ auf dem Nummernblock. Wird Ihnen als Reiz ein Bild gezeigt, sollen Sie entscheiden, ob auf dem Bild eine „Blume“ oder ein“ Insekt“ dargestellt ist. Handelt es sich um eine Blume, drücken Sie bitte die „A“-Taste, bei einem Insekt drücken Sie die „5“ auf dem Nummernblock... .“

[543] Quelle: Mierke, J. (2004), Abbildung 1, S. 17.

Der IAT besteht aus mehreren Phasen. In den Übungsphasen werden die Attribut- und die Zielkonzeptaufgabe zunächst getrennt geübt. Dann werden beide Aufgaben alternierend vermischt. Der IAT basiert auf der Idee, dass es einer Person leichter fällt, mit der gleichen Antworttaste auf subjektive assoziierte Konzepte zu reagieren.[544]

Bei der Zuordnung der Antworttasten zu den Antwortkategorien wird zwischen kongruenten (kompatiblen) und nicht kongruenten (inkompatiblen) Durchgängen (*trials*) unterschieden. Bei einem kongruenten Durchgang wird das positiv bewertete Attribut und das positiv bewertete Zielkonzept der gleichen Antworttaste zugeordnet (zum Beispiel ein positives Wort und eine Blume). Der anderen Antworttaste wird entsprechend das negative Attribut und das negative Zielkonzept zugeordnet. Bei einem inkongruenten Durchgang ist einer Antworttaste das positive Attribut und das negativ bewertete Zielkonzept zugeordnet (das Wort „LIEBE" und das Bild von einem Insekt), der anderen Antworttaste das negative Attribut und das positiv bewertete Zielkonzept. Abbildung 6 stellt die grundlegende Idee des IAT dar.

		positiv LIEBE	negativ SCHMERZ
Blume		↓	↑
Insekt		↑	↓

Abbildung 6: Die grundlegende Idee des IAT[545]

Die Auswertung erfolgt durch den Vergleich der Reaktionszeiten (oder Fehlerraten) von inkongruenten und kongruenten Trials. Grundsätzlich reagieren Versuchspersonen schnel-

[544] Vgl. Mierke, J. (2004), S. 14.

[545] Die Pfeile stellen dabei dar, was für die Reaktionszeiten und Fehlerraten angenommen wird. In kongruenten Trials sollten die Reaktionszeit und die Fehlerrate geringer sein als in inkongruenten Trials. Auch die Berechnung des IAT-Effekts ist dargestellt.

ler und machen weniger Fehler in kongruenten Durchgängen als in inkongruenten Durchgängen. Der IAT-Effekt berechnet sich aus der Differenz der Reaktionszeiten (oder Fehlerraten) aller inkongruenter und aller kongruenter Trials. Er soll ein Maß für die Stärke der assoziativen Verbindung zwischen dem Zielkonzept und den Attributausprägungen darstellen.[546]

Einen viel beachteten IAT mit Psychopathen und Straftätern als Versuchspersonen führten GRAY UND KOLLEGEN durch. Sie ordnen dabei die Probanden in zwei Gruppen nach dem Straftätertyp (Mörder vs. Nicht-Mörder). Eine weitere Unterteilung der Probanden erfolgt nach den Scores in einem Psychopathietest (hoher vs. niedriger Psychopathiescore). Abbildung 7 zeigt die Ergebnisse ihres *violent*-IATs[547]. Die Versuchspersonen hatten die Aufgabe, Wörter in Großbuchstaben den Kategorien „angenehm“ (*pleasant*) und „unangenehm“ (*unpleasant*) zuzuordnen, kleingeschriebene Wörter sollten nach „gewalttätig“ (*violent*) und „friedlich“ (*peaceful*) unterschieden werden.[548]

Eine Varianzanalyse kommt zu folgendem Ergebnis:[549] In Bezug auf die Gruppen (Straftätertyp: Mörder vs. andere Straftäter) und den Psychopathiescore findet sich kein signifikanter Effekt. Die Interaktion zwischen diesen Variablen ist jedoch signifikant. Auch wenn die allgemeine Intelligenz (IQ) und die verbale Intelligenz[550] als Kovariaten eingesetzt werden, bleibt diese Interaktion signifikant.

Abbildung 7 zeigt den IAT-Effekt, also die Differenz der Reaktionszeiten zwischen inkongruenten und kongruenten Durchgängen. Der IAT-Effekt, der aus den Fehlerraten berechnet wird, findet sich in der oberen rechten Ecke. Während auf der y-Achse die Größe des IAT-Effektes abgetragen ist, wird auf der x-Achse zwischen einem hohen und einem nied-

---

[546] Vgl. Greenwald, A. G. et al. (1998), S. 1464.
[547] Vgl. Gray, N. S. et al. (2003), S. 497.
[548] Vgl. Gray, N. S. et al. (2003), S. 497.
[549] Zum Folgenden vgl. Gray, N. S. et al. (2003), S. 497.
[550] Die verbale Intelligenz wird als das Ergebnis des *National Adult Reading Test* interpretiert.

rigen Score in der PCL-R unterschieden. Die Scores der Mörder sind mit einem Kreis dargestellt, die der Nicht-Mörder mit einem Quadrat.[551]

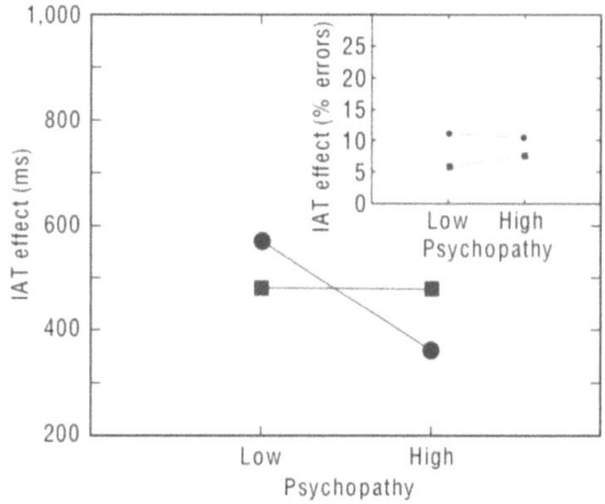

Abbildung 7: Ergebnisse des violent IAT[552]

Psychopathische Mörder zeigen einen viel geringeren IAT-Effekt als nicht psychopathische Mörder. Es findet sich kein signifikanter Unterschied in den Fehlerraten in Bezug auf die Gruppen (Mörder vs. andere Straftäter), den Psychopathiescore oder die Interaktion dieser Variablen.

Ein Kontroll-IAT[553], bei dem zwischen den Kategorien Blume und Insekt unterschieden werden musste, zeigt keinen Effekt für Psychopathiescore oder Straftäter-Typ.

Die Autoren nehmen an, dass der verminderte Effekt im *violent*-IAT bei den psychopathischen Mördern auf deren abnormale Vorstellung[554] von Gewalt zurückzuführen ist.

---

[551] Vgl. Gray, N. S. et al. (2003), S. 497.

[552] Quelle: Gray, N. S. et al. (2003), Figure 2, S. 497. Die Scores der Mörder sind als Kreis dargestellt dargestellt, die der Nicht-Mörder als Quadrat.

[553] Als Kontrolle, ob das Prozedere des IAT überhaupt funktioniert, wurde ein *flower-insect*-IAT durchgeführt.

[554] Vorstellung wird hier im Sinne von *belief* verstanden. Diese Vorstellungen weichen deutlich von normalen Repräsentanzen ab und besitzen eine pathologische Ausprägung, weshalb sie auch als abnormal bezeichnet werden.

GARY ET AL. schließen als Ursache für den geringeren IAT-Effekt nichtspezifische Effekte, wie die geringe Impulskontrolle oder Defizite im Entscheidungsverhalten, aus. Psychopathische Mörder besitzen im Vergleich zu nicht-psychopathischen Mördern und anderen Straftätern eine geringere negative Reaktion gegenüber Gewalt. Das Forscherteam kann somit als eine der ersten Untersuchungen abnormale und pathologische psychopathische Vorstellungen bei psychopathischen Mördern detektieren.

Die fehlerhaften impliziten Vorstellungen von Gewalt zeigen sich nur bei psychopathischen Mördern, also nur in einer sehr kleinen und spezifischen Gruppe von Gewaltstraftätern. Das Merkmal Mörder und das Merkmal Psychopath müssen hierzu gemeinsam vorliegen, d.h. interagieren.

Psychopathen, die keine Mörder sind und nicht zum Mord prädispositioniert sind, werden folglich keinen reduzierten Effekt im *violent*-IAT zeigen.

Aus den Ergebnissen der Studie von GRAY ET AL. und den in diesem Zusammenhang getätigten Überlegungen kann gefolgert werden, dass es zwei abgrenzbare Gruppen von Psychopathen gibt: eine Gruppe mit geringeren Effekten im *violent*-IAT, die fehlerhafte implizite Vorstellungen von Gewalt hat und aus diesem Grund eine größere Disposition zu extremer Gewalt hegt, und eine zweite Gruppe, der diese negative Vorstellung fehlt.

Ein Zusammenhang der Ergebnisse mit den beiden Faktoren der Psychopathie[555] wird von den Autoren nicht angesprochen.

Am Anfang dieses Kapitels steht die Idee einen geeigneten Test zu finden, der es erlaubt, Psychopathen als solche zu detektieren. Es stellt sich die Frage, ob der IAT-Effekt eine solche diskriminierende Variable darstellt. Der oben diskutierte *violent*-IAT zeigt einen spezifischen Effekt für psychopathische Mörder. Der Test könnte damit einen Ansatzpunkt für ein Instrument sein, das bei Versuchspersonen die psychopathischen Mörder detektiert. GRAY ET AL. sehen in ihrem *violent*-IAT die Möglichkeit, bei psychopathischen Patienten

---

[555] Der Faktor 1 der PCL steht für die Merkmale gefühllos/emotionslos, Faktor 2 für fehlende Impulskontrolle und antisoziales Verhalten (vgl. Kapitel 2.2.3.1.1, S. 37 ff. dieser Arbeit).

zu entscheiden, ob es sich um einen Psychopathen handelt, der zu extremer Gewalt bis hin zum Serienmord neigt oder nicht.

Für die Anwendung auf die spezifische Gruppe der Psychopathen in Nadelstreifen ist der IAT ungeeignet. Bei den Psychopathen in Nadelstreifen handelt es sich gerade nicht um diejenigen Psychopathen, die durch Kapitalverbrechen (wie Mord) strafbar werden. Gerade für die Detektion der Psychopathie bei den Psychopathen in Nadelstreifen ist der IAT keine geeignete indirekte Methode.

In den folgenden beiden Abschnitten werden zwei weitere indirekte Verfahren vorgestellt, die grundsätzlich zur Messung von Psychopathie eingesetzt werden könnten. Ihre Eignung zur Detektion von Psychopathen in Nadelstreifen wird dabei diskutiert.

3.2.3.2.3 Das affektive Priming

Eine Möglichkeit, bewertende Reaktionen zu untersuchen, bietet das affektive Priming (AP).[556] Bei diesem Verfahren hat die Versuchsperson die Aufgabe, positive und negative Stimuli nach ihrer Valenz zu klassifizieren. Diese Stimuli, auf die die Versuchsperson reagieren soll, werden auch Zielreiz (*target*) genannt. Es kann sich dabei grundsätzlich um Bilder oder Wörter handeln.[557] Kurz vor jedem *Target* wird ein so genanntes *Prime* eingeblendet, das aufgabenirrelevant ist.[558] Der zeitliche Ablauf, in dem Prime und Target präsentiert werden, ist in Abbildung 8 dargestellt.

Auch beim AP wird zwischen kongruenten und inkongruenten Durchgängen unterschieden: Stimmen *Prime* und *Target* in ihrer Valenz überein, handelt es sich um einen kongru-

[556] Die Methode wurde ursprünglich von Fazio, R. H. et al. (1986) vorgestellt.
[557] Vgl. Kühn, C. (2006), S. 19.
[558] Vgl. Klauer, K. C. (1998).

enten Durchgang; ist die Valenz von *Prime* und *Target* unterschiedlich, ist der Durchgang inkongruent.[559]

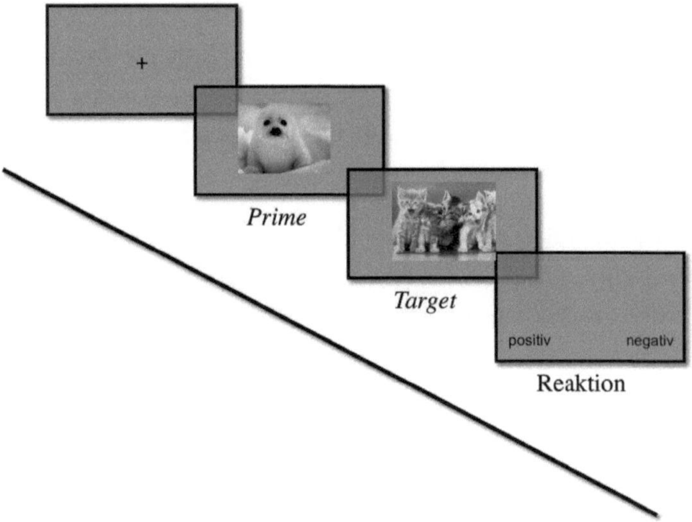

Abbildung 8: Zeitlicher Ablauf des AP

Bei kongruenten Durchgängen kann eine Erleichterung der Reaktion beobachtet werden. Diese Erleichterung zeigt sich in der geringeren Reaktionszeit, die für die Reaktion auf das *Target* benötigt wird, und in den geringeren Fehlerraten. Die Anzahl der falschen Reaktionen auf die *Targets* nimmt also ab. In inkongruenten Durchgängen nehmen die Reaktionszeit und Fehlerrate im Vergleich zu kongruenten Durchgängen zu.[560] Diese Grundannahme ist in Abbildung 9 dargestellt. Der Primingeffekt berechnet sich aus der Differenz der Reaktionszeiten (oder Fehlerraten) der inkongruenten und der kongruenten Durchgänge.

[559] Bei einem kongruenten *trial* sind *Prime* und *Target* positiv oder beide Stimuli negativ. In einem inkongruenten *trial* ist entweder das *Prime* positiv und das folgende *Target* negativ, oder das *Prime* ist negativ und wird von einem positiven *Target* gefolgt.

[560] Vgl. Klauer, K. C. (1998) und Klauer, K. C. / Musch, J. (2003).

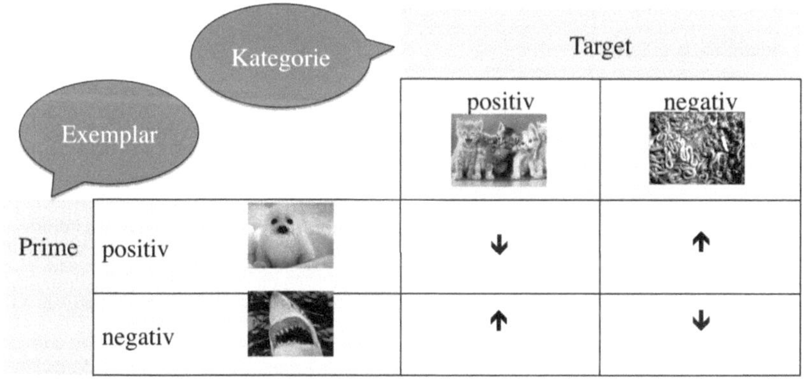

Abbildung 9: Grundlegende Annahmen des AP

Das AP wird fast ausschließlich in der Allgemeinen Psychologie und Sozialpsychologie eingesetzt. Es gibt zahlreiche Variationen des grundlegenden Ablaufs. So funktioniert das AP auch wenn die *Primes* subliminal, also unterhalb der Bewusstseinsschwelle, präsentiert werden.[561]

Der Unterschied zwischen dem AP und dem IAT liegt darin, dass das AP die Bewertung eines Exemplars in Bezug auf eine valente Kategorie (positive vs. negativ) misst. Der IAT misst demgegenüber keine Einstellung, sondern nur Assoziationen.[562]

Es finden sich in der Literatur einige Arbeiten, die das Verfahren des AP mit Psychopathen als Versuchspersonen durchführen. In diesen Studien kann gezeigt werden, dass der Primingeffekt bei Psychopathen geringer ist als bei den Kontrollgruppen.[563] Auch beschäftigen sich einige Arbeiten mit theoretischen Vorhersagen oder Erklärungen zum Priming bei Psychopathen. Aktuelle Modelle für Psychopathie sagen vorher, dass Psychopathen den

[561] Weiterführende Literatur zum maskierten affektiven Priming siehe Draine, S. C. / Greenwald, A. G. (1998); siehe Otten, S. / Wentura, D. (1999) und siehe Frings, C. / Wentura, D. (2003).

[562] Der IAT wird in Kapitel 3.2.3.2.2, S. 93 ff. dieser Arbeit vorgestellt.

[563] Vgl. Blair, K. S. et al. (2006), S. 114.

geringeren Primingeffekt nur bei bestimmten Wörter-Gruppen-Beziehungen zeigen werden.[564]

Zahlreiche Ansätze betonen die reduzierte Fähigkeit von Psychopathen, bestrafende Hinweisreize zu verarbeiten. Dies wiederum ist auf eine geringere Angst und Furcht zurückzuführen.[565] Lerntheoretisch betrachtet resultiert aus der geringeren Fähigkeit, Hinweise auf Bestrafung zu verarbeiten, eine abgeschwächte Repräsentation des aversiven konditionierten Stimulus (CS). Die Verbindung zwischen der Repräsentation eines negativen Wortes (zum Beispiel „MÖRDER“) und den semantischen Merkmalen, die den negativen Affekt aufschlüsseln, scheint bei Psychopathen schwächer zu sein als bei nicht-psychopathischen Personen.[566] Jedoch scheint die Verbindung zwischen einer positiven Repräsentation eines Wortes (zum Beispiel „LIEBE“) und den semantischen Merkmalen, die dessen positiven Affekt entschlüsseln, mindestens genauso groß wie bei Personen aus der Normalbevölkerung zu sein.[567] Diese Verbindung könnte bei Psychopathen sogar noch ausgeprägter als bei Probanden einer Kontrollgruppe sein. Dies hat die lerntheoretische Bedeutung, dass bei Psychopathen das Bestrafungslernen bei gleichzeitig intaktem Belohnungslernen gestört ist.

Einige Forscher schlussfolgern, dass Psychopathen keine Defizite im Belohnungslernen zeigen.[568] Gleichzeitig kommen andere Studien zu dem Ergebnis[569], dass Psychopathen eine normale oder sogar gesteigerte Reaktion auf appetitive Reize zeigen, dass jedoch die Reaktion auf aversive Reize bei ihnen zwar geringer ausfällt, aber dennoch nicht völlig abwesend ist.[570]

---

564 Vgl. Blair, K. S. et al. (2006), S. 115.

565 Vgl. Fowles, D. C. (1988), S. 2779; vgl. Fowles, D. C. (1980), S. 87; Lykken, D. T. (1957), S. 6 und vgl. Patrick, C. J. (1994), S. 319. Auf den *low fear/anxiety*-Ansatz wird auf S. 91 dieser Arbeit eingegangen.

566 Vgl. Blair, K. S. et al. (2006), S. 115.

567 Vgl. Blair, K. S. et al. (2006), S. 115.

568 Vgl. Fowles, D. C. (1988), S. 377.

569 Vgl. Patrick, C. J. et al. (1993), S. 82.

570 Vgl. Levenston, G. K. et al. (1996) und vgl. Patrick, C. J. et al. (1993), S. 82.

Sowohl die theoretischen Modelle als auch die aktuelle empirische Forschung[571] gehen davon aus, dass Psychopathen einen geringeren Primingeffekt bei negativen *Target*-Wörtern zeigen. Gleichzeitig ist anzunehmen, dass der Primingeffekt bei positiven Zielwörtern im Vergleich zu einer Kontrollgruppe gleich oder erhöht ist.[572]

Im Folgenden wird näher auf die Studie von BLAIR ET AL. eingegangen,[573] an der 52 männliche Gefangene teilnahmen. Die Versuchspersonen wurden in Abhängigkeit von dem in der PCL-R erreichten Wert in zwei Gruppen eingeteilt. Die Gruppe der Psychopathen enthält die Personen mit einem hohen Psychopathiescore, der Kontrollgruppe wurden diejenigen Probanden mit einem geringen Psychopathiescore zugeordnet.[574] Die Probanden hatten die Aufgabe, Zielwörter den Kategorien „positiv" und „negativ" zuzuordnen. Dieses *Target* erschien nach dem *Prime* auf dem Bildschirm. Der zeitliche Ablauf ist in Abbildung 10 dargestellt.

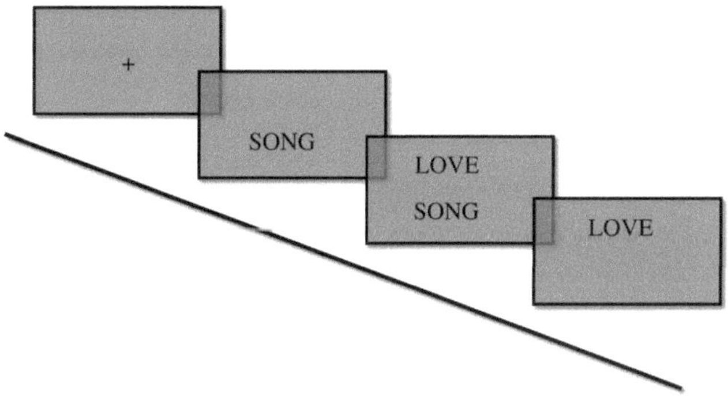

Abbildung 10: Ablauf des affektiven Primings bei BLAIR ET AL.[575]

---

[571] Siehe die Arbeit von Blair, K. S. et al. (2006), S. 114-123.

[572] Vgl. Blair, K. S. et al. (2006), S. 115.

[573] Vgl. Blair, K. S. et al. (2006), S. 114-123.

[574] Die Psychopathen-Gruppe enthält Probanden, die einen Wert > 30 in der PCL-R erreicht haben. In der Kontrollgruppe finden sich die Probanden mit einem Wert < 20. Alle Teilnehmer der Studie sind englische Strafgefangene (vgl. Blair, K. S. et al. (2006), S. 116).

[575] Nach dem Fixationskreuz erscheint das *Prime* „SONG" auf dem Bildschirm. Unmittelbar danach wird das *Target* „LOVE" eingeblendet. Bei dem illustrierten Durchgang handelt es sich um einen kongruenten *Trial*, der ein positives *Prime* und ein positives *Target* enthält.

Die Ergebnisse des AP sind für die Gruppe der Psychopathen und die Kontrollgruppe in Abbildung 11 dargestellt. Die Reaktionszeiten auf positive *Prime*-Wörter sind geringer als die Reaktionszeiten auf neutrale oder negative *Prime*-Wörter. Dieses vermutete Ergebnis stellt sich nicht nur für die *Primes*, sondern auch für die *Targets* dar: Die Reaktionszeiten auf positive *Target*-Wörter sind geringer als die Reaktionszeiten auf negative *Target*-Wörter. Die *Prime* x *Target* -Interaktion ist höchst signifikant.

Grundsätzlich zeigt sich sowohl bei positiven als auch bei negativen *Target*s eine schnellere Reaktion bei kongruenten als bei inkongruenten Trials. Dieses Ergebnis spricht dafür, dass das Prozedere des AP funktioniert.

Die *Prime* x *Target* x Gruppen -Interaktion war ebenfalls signifikant.

Die Vergleichsgruppe, die aus Personen mit einem geringen PCL-R-Score besteht, zeigt eine signifikante Beschleunigung bei positiven *Primes* im Vergleich zu neutralen *Primes* für positive *Targets*. Auch zeigt die Kontrollgruppe eine Beschleunigung bei negativen *Primes* im Vergleich zu neutralen Primes für negative *Targets*.

Participant RTs and error rates on the affective priming task

Group	Prime	Target	RTs	Error rate
Psychopathic group (*n* = 24)	Positive	Positive	747.50 (29.84)	4.08 (1.13)
	Neutral	Positive	761.50 (26.93)	5.21 (1.55)
	Negative	Positive	786.08 (31.57)	5.21 (1.21)
Comparison group (*n* = 20)	Positive	Positive	669.40 (24.77)	3.59 (0.74)
	Neutral	Positive	705.80 (30.00)	3.33 (0.83)
	Negative	Positive	742.15 (28.83)	5.21 (1.41)
Psychopathic group (*n* = 24)	Negative	Negative	777.75 (29.14)	5.56 (0.99)
	Neutral	Negative	789.63 (32.69)	3.82 (1.20)
	Positive	Negative	774.04 (28.60)	8.51 (2.09)
Comparison group (*n* = 20)	Negative	Negative	701.70 (27.31)	4.53 (1.12)
	Neutral	Negative	724.80 (30.97)	4.17 (1.32)
	Positive	Negative	734.30 (21.54)	6.25 (1.33)

Abbildung 11: Ergebnisse der AP-Aufgabe bei BLAIR ET AL.[576]

[576] Quelle: Blair, K. S. et al. (2006), Tabelle 3, S. 118.

Die Vergleichsgruppe zeigt signifikante Störungen durch negative *Primes* im Vergleich zu neutralen *Primes* bei positiven *Targets*. Diese Störung bzw. Inhibition zeigt sich jedoch nicht bei positiven *Primes* im Vergleich zu neutralen *Primes* bei negativen *Targets*.

Die Gruppe der Psychopathen zeigt keine signifikante Beschleunigung oder Interferenz weder für negative noch für positive *Targets*.

Während die Ergebnisse, die sich aus den Reaktionszeiten ableiten, relativ eindeutig sind, findet sich in den Fehlerraten kein Unterschied zwischen Psychopathen und Kontrollgruppe.[577] Die Versuchsgruppe unterscheidet sich in den Fehlerraten nicht von der Kontrollgruppe.

Insgesamt zeigt die vorgestellte Studie, dass sich bei affektiven Priming Psychopathen von Nicht-Psychopathen im Primingeffekt unterscheiden. Im Vergleich zur Kontrollgruppe zeigen Psychopathen einen geringeren Primingeffekt in der affektiven Primingaufgabe. Es kann angenommern werden, dass dieser signifikante Unterschied zwischen Psychopathen und Nicht-Psychopathen auf die unterschiedliche kognitive Verarbeitung von Stimuli während der Primingaufgabe zurückzuführen ist. Daraus ergibt sich ein erster Hinweis auf die Möglichkeit, Psychopathie bei Versuchspersonen durch das Reaktionsmuster in einer affektiven Primingaufgabe zu detektieren.

Bei einer weiteren Analyse der Daten der affektiven Primingaufgabe korreliert die Performanz (Reaktionszeitdifferenz) mit der Höhe der PCL-R-Scores.[578] Es zeigt sich eine signifikante Korrelation mit dem Gesamtscore der PCL-R. Darüberhinaus korreliert die Performanz sowohl mit dem emotional-interpersonellen Faktor 1 als auch mit dem antisozialen Faktor 2 der PCL-R.[579]

---

[577] Die Analyse der Fehlerraten ergibt einen signifikanten Haupteffekt des *Primes*. Hier findet sich jedoch keine Interaktionen zwischen *Prime* x Gruppe, *Target* x Gruppe oder *Prime* x *Target* x Gruppe (vgl. Blair, K. S. et al. (2006), S. 118 f.).

[578] Vgl. Blair, K. S. et al. (2006), S. 120.

[579] Die beiden Faktoren der PCL-R sind in Kapitel 2.2.3.1.1, S. 37 ff. dieser Arbeit erläutert.

Correlations between the performance on the affective and semantic priming tasks and the PCL-R and its constituent parts

Task	PCL-R Factor 1 score	PCL-R Factor 2 score	Total PCL-R score
Affective priming	−0.459*	−0.484*	−0.479*
Semantic priming	0.001	−0.118	−0.066

* $p < 0.005$.

Abbildung 12: Zusammenhang des AP und des SP bei BLAIR ET AL. mit den Faktoren der PCL-R [580]

Der Primingeffekt ist in dieser Stichprobe abhängig vom Psychopathiescore. Allerdings zeigt sich dieser unterschiedliche Primingeffekt nur in den Reaktionszeiten und nicht in den Fehlerraten.

Der Primingeffekt stellt einen ersten Ansatzpunkt für die Diskriminierung von Psychopathen und Nicht-Psychopathen dar. Dabei stellt der Primingeffekt nach aktuellem Stand der Forschung noch kein geeignetes Mittel dar, um das AP zur Detektion und Vorhersage von Psychopathie bei Probanden einzusetzen. Auch die Übertragbarkeit des Settings und der Ergebnisse der vorgestellten Studie auf Psychopathen in Nadelstreifen ist fraglich. Bei den Versuchspersonen der Studie handelt es sich ausschließlich um Strafgefangene. Die Population der Psychopathen in Nadelstreifen besteht gerade nicht aus inhaftierten Personen. Das affektive Priming ist als indirektes Verfahren zur Messung und Detektion von Psychopathie bei Führungskräften noch nicht geeignet.

Ein weiteres Primingverfahren, das semantische Priming, wird im Folgenden erläutert und die Eignung dieser Methode zur Erfassung und Detektion von Psychopathen in Nadelstreifen diskutiert.

[580] Quelle: Blair, K. S. et al. (2006), Table 6, S. 120. Im Gegensatz zum AP zeigt sich bei SP kein signifikanter Zusammenhang zwischen der Performanz der PCL-R (vgl. Blair, K. S. et al. (2006), S. 120).

3.2.3.2.4 Das semantische Priming

Das semantische Priming (SP) ist im Ablauf identisch mit dem affektiven Priming. Eine direkte Übertragung der Methode des AP auf das SP führt allerdings zu keinem reliabelen SP. Um ein SP herzustellen, muss die Instruktion notwendigerweise so geändert werden, dass die Versuchspersonen die Aufgabe haben zu unterscheiden, ob das *Target*-Wort einer bestimmten Kategorie angehört oder ob es das nicht tut.[581]

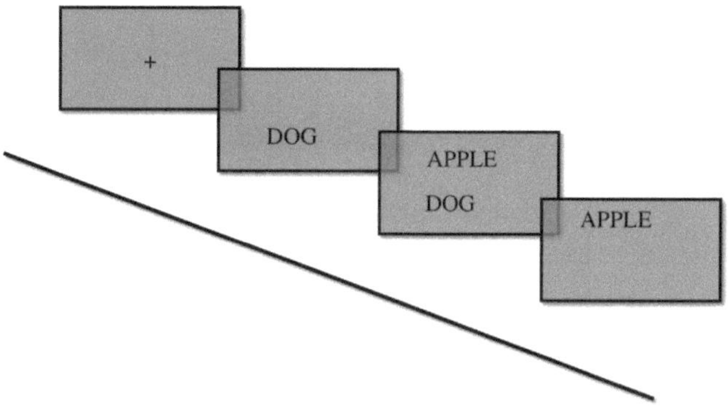

Abbildung 13: Ablauf des semantischen Primings bei B*LAIR ET AL.*[582]

Die oben vorgestellte Studie von BLAIR ET AL.[583] mit Strafgefangenen enthält neben einem AP auch ein SP. Beim SP haben die Probanden die Aufgabe zu entscheiden, ob es sich bei dem *Target* um eine Obstsorte handelt.[584] Bevor das *Target*, auf das die Probanden reagieren sollten, eingeblendet wird, wird ein *Prime* präsentiert.

---

[581] Vgl. Blair, K. S. et al. (2006), S. 117. Haben die Versuchspersonen, wie beim AP, die Aufgabe zu entscheiden, welchen von zwei Kategorien ein *Target* zuzuordnen ist, entsteht kein reliabeles SP.

[582] Das dargestellte Beispiel zeigt einen inkongruenten Durchgang der „Obst“-Gruppe. Auf das „tierische“ *Prime* „DOG“ folgt das Obst-*Target* „APPLE“. Die Versuchsperson hat die Aufgabe zu entscheiden, ob es sich bei „APPLE“ um Obst handelt.

[583] Siehe S. 103 dieser Arbeit.

[584] Die Instruktion lautet dabei: „Betrachten Sie das zweite Wort! Handelt es sich dabei um eine Obstsorte?“ Neben der einen Gruppe, die die „Obst“-Aufgabe bearbeitet, gibt es eine zweite Gruppe, die sich von der ersten nur durch die Kategorie der Zielreize unterscheidet. Sie hat folgende Aufgabe: „Handelt es sich dabei um ein Tier?“ (vgl. Blair, K. S. et al. (2006), S. 117).

Die Ergebnisse der Studie von BLAIR ET AL. zeigen beim SP keinen Unterschied zwischen der Psychopathen-Gruppe und der Kontrollgruppe. Die Reaktionszeiten auf Tier-*Targets* sind geringer als die Reaktionszeiten auf Obst-*Targets*. Es zeigt sich eine signifikante *Prime* x *Target*-Interaktion.

Sowohl die Versuchs- als auch die Kontrollgruppe zeigen signifikantes semantisches Priming für Tier-*Targets*. Gleichzeitig findet sich bei keiner der beiden Gruppen ein signifikanter Primingeffekt bei Obst-*Targets*.[585]

Diese Ergebnisse von BLAIR ET AL. stimmen mit den Ergebnissen von BRINKLEY ET AL. überein. BRINKLEY UND KOLLEGEN konnten in ihrer Studie dokumentieren, dass sich Psychopathen von einer Kontrollgruppe weder in einer semantischen Primingaufgabe noch in einer semantischen Stroopaufgabe[586] unterscheiden.[587] Alle Versuchspersonen zeigen, unabhängig von ihrem Psychopathiestatus, semantisches Priming. Versuchs- und Kontrollgruppe zeigen auch in der Stroopaufgabe vergleichbare Interferenzen bei inkongruenten *Trials*.[588]

Die Studie von BLAIR ET AL. zeigt, dass sich die beiden Versuchspersonengruppen (Psychopathen vs. Kontrollgruppe) in der semantischen Primingaufgabe nicht voneinander unterscheiden.[589]

Wie oben dargestellt, korreliert im AP die Reaktionszeitdifferenz mit dem PCL-R Faktor 1 und mit der Höhe des PCL-R-Scores allgemein. Im Gegensatz dazu findet sich kein signi-

---

[585] Bei der Analyse zeigt sich kein Haupteffekt oder Interaktion für die Gruppen. Das heißt, dass beide Versuchsgruppen gleiche Ergebnisse in der semantischen Primingaufgabe zeigen (vgl. Blair, K. S. et al. (2006), S. 119).

[586] Der *stroop task* geht zurück auf Stroop, J. R. (1935). Hierbei hat die Versuchperson die Aufgabe die Farben von präsentierten Wörtern zu benennen. Handelt es sich dabei um Farbwörter, die nicht ihrer Druckfarbe entsprechen (beispielsweise, wenn das Wort „blau“in roter Farbe gedruckt ist), steigen die Reaktionszeit und die Fehlerzahl. Neben diesen inkonrguenten Durchgängen gibt es auch kongruente *trials,* in denen das Farbwort mit der Druckfarbe übereinstimmt (das Wort „blau“ ist in blauer Farbe dargestellt). Der Stroop-Effekt spiegelt so mentale Verarbeitungskonflikte wider. Weiterführende Literatur zur Stroopaufgabe siehe Jensen, A. R. / Rohwer, W. D. (1966), S. 36-93 und siehe Kantowitz, B. H. et al. (2009), S. 206.

[587] Vgl. Brinkley, C. A. et al. (2005), S. 1047.

[588] Vgl. Brinkley, C. A. et al. (2005), S. 1047.

[589] Vgl. Blair, K. S. et al. (2006), S. 120.

fikanter Zusammenhang zwischen der Performanz in der semantischen Primingaufgabe und den Ergebnissen des PCL-R.[590] Diese Korrelationen sind in Abbildung 12 dargestellt.[591]

Die Ergebnisse ihrer Studie begründen BLAIR ET AL. sowohl methodisch als auch neurologisch. Das Hauptunterscheidungsmerkmal zwischen affektivem und semantischem Priming liegt in den Merkmalseinheiten, die für die jeweilige Aufgabe aktiviert werden. Das affektive Priming beruht auf Affekt basierten Merkmalseinheiten, die in ihrer Valenz spezifisch sind, während das semantische Priming auf Objekt basierten Merkmalseinheiten gründet.[592] Psychopathen sind nicht frei von emotionalen Reaktionen, aber ihre emotionalen Reaktionen sind für spezifische Kategorien von Stimuli deutlich reduziert.[593] BLAIR ET AL. nehmen an, dass je eher eine Aufgabe auf der Aktivierung von Affektrepräsentationen beruht, desto größer wird die Beeinträchtigung sein, die sich bei Psychopathen im Vergleich zu nicht-psychopathischen Personen zeigt.

Insgesamt zeigen die Studien, dass sich Psychopathen von anderen Versuchspersonen im semantischen Priming nicht unterscheiden.

3.2.3.3 Zusammenfassende Bewertung der Verfahren

Die in Kapitel 3.2.3.1 vorgestellten direkten Verfahren sind weit verbreitet und werden häufig in der Praxis zur Messung von Psychopathie und verwandten Störungen wie der antisozialen Persönlichkeitsstörung genutzt.[594] Ihre Anwendung auf die Gruppe der Psychopathen in Nadelstreifen und im Unternehmensumfeld scheint jedoch nicht angeraten. Die erläuterten Hauptkritikpunkte der direkten Verfahren, die Manipulationsmöglichkeit und die Tendenz zur sozialen Erwünschtheit sollten für jede Untersuchung kritisch be-

---

[590] Vgl. Blair, K. S. et al. (2006), S. 120.

[591] Siehe S. 106 dieser Arbeit.

[592] Vgl. Blair, K. S. et al. (2006), S. 120. Darauf aufbauend findet sich eine ausführliche neurologische Erklärung zum Lernen aus Belohnung bei Blair (vgl. Blair, R. J. R. (2004), S. 198-208 und vgl. Blair, R. J. R. (2001), S. 727-731).

[593] Vgl. Blair, R. J. R. et al. (1997), S. 192-198 und vgl. Levenston, G. K. et al. (2000), S. 373-386.

[594] Siehe S. 82 ff. dieser Arbeit.

trachtet und ihr mögliches Vorliegen bewertet werden. Da gerade Psychopathen unbemerkt manipulativ sein können, ist die Anwendung von direkten Verfahren bei dieser Population schwierig oder sogar unmöglich. Die Ergebnisse sind vor diesem Hintergrund kritisch zu prüfen und ihre Aussagekraft kann in Frage gestellt werden.

In Kapitel 3.2.3.2 werden verschiedene indirekte Verfahren vorgestellt, um die Persönlichkeitsstörung Psychopathie zu messen. Aus den Ergebnissen der oben genannten Untersuchungen ergeben sich erste Ansätze, die Psychopathie mit indirekten Methoden zu erfassen.[595] Insgesamt betrachtet, gibt es nach aktuellem Stand der Forschung aber noch kein reliabeles und valides Verfahren, das sich für den Einsatz bei der Gruppe der Psychopathen eignet. Keines der vorgestellten indirekten Verfahren ist in der Lage, Psychopathie zu detektieren. Eine Versuchsperson kann nicht durch ihr Reaktionsmuster im AP, im SP, im IAT oder in der LDT als Psychopath entlarvt werden. Erste Ansatzpunkte bietet jedoch das AP. Es zeigen sich erste Hinweise darauf, dass im AP eine spezielle Untergruppe der Psychopathen, nämlich die psychopathischen Mörder mit abnormalen Gewaltvorstellungen, detektiert werden kann.[596] Die diskriminante Validität der Verfahren im Hinblick auf die Psychopathie wurde für keine der Verfahren bisher untersucht.

Folglich sind die vorgestellten indirekten Verfahren auch nicht für die Subgruppe der Psychopathen in Nadelstreifen geeignet. Nach aktuellem Stand der Forschung sind keine der indirekten Methoden für die Erfassung, Messung und Detektion von Psychopathie bei potentiellen *white collar psychopaths* geeignet.

Unabhängig von den erläuterten Schwächen sind weder die vorgestellten direkten noch die indirekten Verfahren für eine Anwendung im Unternehmenskontext geeignet. Auch wenn die genannten Tests, Aufgaben und Fragebögen an nicht psychiatrischen und nicht inhaftierten Probanden angewendet werden können, ist ihre Anwendung in Unternehmen nur bedingt sinnvoll. Hinzu kommen rechtliche und organisatorische Probleme beim Einsatz eines umfangreichen Testverfahrens im Unternehmen zur Messung bestimmter Persönlichkeitsstörungen und -akzentuierungen bei Mitarbeitern.

---

[595] Siehe S. 89 ff. dieser Arbeit.

[596] Siehe Kapitel 3.2.3.2.3, S. 99 ff. dieser Arbeit.

Nach aktuellem Stand der Forschung sind die direkten und indirekten Verfahren zur Erfassung der Psychopathie aus den oben genannten Gründen insgesamt zu unspezifisch und für die spezielle Gruppe der Psychopathen nicht geeignet. Zusätzlich dazu ist keine der Methoden für den Einsatz innerhalb des Unternehmenskontextes verwendbar.

Psychopathen können also weder vor ihrem Eintritt in das Unternehmen „aussortiert“ werden, noch ist es möglich, die in einem Unternehmen schon beschäftigten Psychopathen zu detektieren. Auf Grund der wirtschaftlichen und gesellschaftlichen Auswirkungen der Psychopathen, also den von ihnen verursachten Schäden, scheint es angebracht, eine andere Gegenmaßnahme für diese Gruppe von Psychopathen zu finden.[597] Neben weiteren Maßnahmen wird in dieser Arbeit als prophylaktisches Vorgehen die Gestaltung von psychopathenfesten Anreizsystemen vorgeschlagen, die das Unternehmen für Psychopathen unattraktiv werden lassen.[598]

Die bereits vorgestellten Inhalte dieser Arbeit stammen hauptsächlich aus dem Gebiet der psychologischen Forschung (Kapitel 2) und angrenzender Gebiete (Kapitel 3). Der folgende Teil der Arbeit bezieht sich auf betriebswirtschaftliche Inhalte (Kapitel 4).

[597] Die gesellschaftlichen und wirtschaftlichen Schäden, die durch Psychopathen in Nadelstreifen entstehen können, sind in Kapitel 3.1.2, S. 72 ff. dieser Arbeit erläutert.

[598] Auf verschiedene Schutzmaßnahmen vor Psychopathen wird in Kapitel 5, S. 185 ff. dieser Arbeit, eingegangen.

4 Wirtschaftliche Grundlagen, Pathogenese und Ätiologie

Mitarbeiter müssen motiviert werden, damit die Unternehmensziele erreicht werden, was durch Anreizsysteme geschieht. Die Anreizsysteme bauen dabei auf dem Menschenbild der Wirtschaftswissenschaften, dem *homo oeconomicus*, auf. In einem Anreizsystem sind Organisationsmitglieder dann erfolgreich und können ihren eigenen Nutzen maximieren, wenn sie anreizkompatibeles Verhalten zeigen, das den *homo oeconomicus* zum Vorbild hat. Im Folgenden wird auf den *homo oeconomicus* (4.1)[599] und die Anreizsysteme (4.2) näher eingegangen, um eine Ursache und eine Begründung für das Phänomen der psychopathischen Führungskräfte zu entwickeln (4.3).

4.1 Der homo oeconomicus

> „Das Menschenbild der Wirtschaftswissenschaften wird mit dem Ausdruck *homo oeconomicus* bezeichnet.“[600]

Auf dieses Menschenbild soll im Folgenden eingegangen werden. Der Begriff *homo oeconomicus* wird definiert und die Merkmale des *homo oeconomicus* werden vorgestellt (4.1.1). Anschließend werden die Kritik, die dem Menschenbild gegenüber geäußert wird, und seine Grenzen diskutiert (4.1.2). Ein zentrales Element in der Untersuchung der Ätiologie der *white collar psychopaths* stellt die Diagnose des *homo oeconomicus* nach PCL-R dar, mit der überprüft wird, ob es sich beim *homo oeconomicus* um einen *homo psychopathicus* handelt (4.1.3).

Den meisten Anreizsystemen liegt das Menschenbild des *homo oeconomicus* zugrunde. Die theoretischen Grundlagen von Anreizsystemen werden in Kapitel 4.2 erläutert.[601] Auf

[599] Dabei ist die Diagnose des *homo oeconomicus* nach PCL-R, die sich in Kapitel 4.1.3, S. 125 ff. findet, ein wesentliches Element in der Entwicklung der Ätiologie für das real existierende Phänomen der *corporate psychopaths*.

[600] Manstetten, R. (2000a), S. 34.

die aktuellen wirtschaftlichen wie gesellschaftlichen Folgen und Konsequenzen des Menschenbildes wird in Kapitel 4.3 eingegangen.[602] Im Rahmen der Entwicklung einer Pathogenese des Phänomens der psychopathischen Führungskräfte wird der Zusammenhang von *homo oeconomicus* und Anreizsystemen ausführlich erläutert (4.3.1).[603] Wenn ein Anreizsystem auf einem Menschenbild aufbaut, impliziert dies, dass diejenigen Menschen in dem Anreizsystem erfolgreich sind, die sich entsprechend dem Menschenbild verhalten. Die Auswirkungen und Folgen für die Wirtschaftswissenschaften und die wirtschaftliche Praxis, wenn der *homo oeconomicus* als „Handlungsanweisung" in einem Anreizsystem dient, werden erläutert. Es wird auch diskutiert, ob der *homo oeconomicus* ein Leitbild darstellt (4.3.2),[604] was mögliche gesellschaftliche Auswirkungen erklären könnte.

4.1.1 Definition und Merkmale des Menschenbildes der Ökonomie

Der *homo oeconomicus* ist das Menschenbild der modernen, neoklassischen Ökonomie.[605] Menschenbilder sind theoretische Hilfskonstrukte, durch die versucht wird, die Komplexität der Realität des menschlichen Handelns zur reduzieren.[606] Die Komplexität eines Problems wird dabei durch seine Vernetztheit und Dynamik bestimmt.[607]

In der Literatur finden sich keine allgemein gültigen Beschreibungen und Definitionen des Begriffs Menschenbild.[608] Es finden sich verschiedene Betrachtungsweisen und Auffas-

[601] Siehe S. 152 ff. dieser Arbeit.
[602] Siehe Kapitel 4.3, S. 169 ff. dieser Arbeit.
[603] Siehe S. 170 ff. dieser Arbeit.
[604] Siehe S. 175 ff. dieser Arbeit.
[605] Vgl. Kapeller, J. (2008), S. 8.
[606] Vgl. Martin, H. (1994), S. 167.
[607] Die Vernetztheit kann als Ausmaß der Veränderung von Elementen des Systems durch andere Elemente verstanden werden; die Dynamik entsteht durch die Entwicklung von Variablen in Abhängigkeit von der Zeit (vgl. Lingnau, V. (2006), S. 17).
[608] Vgl. Tokarski, K. O. (2008), S. 165.

sungen über den *homo oeconomicus*.[609] Im Zuge dieser Diskussion streiten einige Autoren sogar ab, dass es sich bei dem *homo oeconomicus* um ein Menschenbild handelt.[610]

Die idealtypischen Annahmen über das Verhalten des wirtschaftenden Menschen[611], den *homo oeconomicus*, finden sich im Menschenbild[612] der Wirtschaftswissenschaften wieder. Der *homo oeconomicus* wird als ein Akteur dargestellt, der egoistisch und zweckrational handelt und dabei nur durch monetäre Anreize motivierbar ist und gleichzeitig versucht, unersättlich die Eigennutzenmaximierung anzustreben.[613]

> „Diese Annahme hat ihren Ursprung in der Philosophie des Hedonismus, die unterstellt, dass der Mensch nur solche Handlungen auswählt, die mit einer Maximierung des Eigeninteresses einhergehen."[614]

Dem *homo oeconomicus* werden „als egoistischer rationaler Nutzenmaximierer"[615] in den meisten Modellen die Merkmale Rationalität[616], Eigennutzenmaximierung[617] und Opportunismus sowie gleich bleibende Bedürfnisstruktur[618] zugeschrieben. Auf diese wird im Folgenden eingegangen.

Der *homo oeconomicus* ist der absolut zweckrational handelnde Akteur (Individuum, Gruppe, Organisation, Staat, Staatengemeinschaft).[619] Dabei sind zwei Hauptmerkmale „zweckrationalen" Handelns zu nennen, die damit auch Merkmale des *homo oeconomicus* darstellen. Zum einen nutzt zweckrationales Handeln die vollkommene Information über

609 Vertieft gehen folgende Autoren auf dieses Thema ein: Kerber, W. S. J. (1991), S. 58-91 und Rolle, R. (2005), S. 18-19.

610 Vgl. Suchanek, A. / Kerscher, K.-J. (2007), S. 253.

611 Vgl. Corsten, H. / Gössinger, R. (2008), S. 297.

612 Einen Überblick über die Entwicklung von Menschenbildern geben Kirchler, E. (2005), S. 62-165 und Martin, H. (1994), S.167-170.

613 Vgl. Kirchler, E. (2005), S. 28; vgl. Manstetten, R. (2006), S. 41 f.; vgl. Martin, H. (1994), S. 168 und vgl. Rolle, R. (2005), S. 14.

614 Corsten, H. / Gössinger, R. (2008), S. 297.

615 Manstetten, R. (2006), S. 41 f..

616 Siehe S. 115 dieser Arbeit.

617 Siehe S. 116 dieser Arbeit.

618 Siehe S. 117 dieser Arbeit.

619 Er agiert vollkommen (zweck-)rational (vgl. Kapeller, J. (2008), S. 12).

die Bedingungen, Möglichkeiten und Folgen des Handelns.[620] Zweckrationales Handeln bezieht dabei sowohl den Besitz als auch die Nutzung der Information mit ein. Zum anderen ist die Zielsetzung, ein günstiges Verhältnis zwischen Input und Output zu erreichen.[621] Somit maximiert der *homo oeconomicus* seinen Nettonutzen.[622]

Die weiteste Verbreitung der Auffassung vom *homo oeconomicus* sieht diesen als individuellen Kalkulierer von Kosten und Nutzen, der seinen Eigennutz optimiert.[623] Die Eigennutzenmaximierung muss dabei nicht eine bewusste Intention darstellen, sondern kann auch unbewusst die Handlungen leiten. Becker, G. S. (1976)[624] spricht in diesem Zusammenhang von unbewusster Rationalität. *Homines oeconomici* sind in diesem Sinne „kalkulierende, ihren einmal gegebenen Vorlieben strikt und ausnahmslos folgende Lebewesen“[625]. Wird sich der *homo oeconomicus* über diese Verhaltenslenkung bewusst, erwartet er auch von anderen Mit-Akteuren die (bewusste oder auch unbewusste) Eigennutzenmaximierung. Dies kann dazu führen, dass Akteure durch diesen Rückschluss mit anderen Akteuren vorsichtiger umgehen und damit rechnen, dass auch die Mit-Akteure ihren Eigennutz verfolgen. Der *homo oeconomicus* geht also davon aus, dass sich alle anderen bewusst oder unbewusst nach dem gleichen Motiv, nämlich nach der Eigennutzenmaximierung, verhalten. Auch wenn einzelne Akteure nicht als *homines oeconomici* agieren, gehen einige Autoren davon aus, dass die Akteure mindestens als *homines oeconomici* auf das Verhalten anderer Akteure reagieren.[626] HOMANN nennt diese Reaktion das „Zentrum der Ökonomik“[627].

---

620 Der hier dargestellte *homo oeconomicus* stimmt mit den Annahmen der Prinzipal-Agent-Theorie überein. Die Informationsasymmetrien fördern dabei das opportunistische Verhalten. Im Gegensatz zu den Prämissen des *homo oeconomicus* geht die Prinzipal-Agent-Theorie nicht von der vollständig verfügbaren Information aus (vgl. Hirsch, B. et al. (2008), S. 6).

621 Handlungsbestimmend ist für den *homo oeconomicus* grundsätzlich die eigene Nutzenmaximierung.

622 Dabei wird von einem subjektiven und ordinalen Nutzenkonzept ausgegangen. Das heißt, dass sich der *homo oeconomicus* bei mehreren Alternativen jederzeit bewusst ist, welche Alternative einen höheren subjektiven Nutzen für ihn darstellt (vgl. Kapeller, J. (2008), S. 13).

623 Vgl. Kapeller, J. (2008), S. 12.

624 Vgl. Becker, G. S. (1976).

625 Manstetten, R. (2000b), S. 119 f..

626 Vgl. Homann, K. (1994), S. 397.

627 Homann, K. (1994), S. 397.

Der Opportunismus führt dazu, dass der *homo oeconomicus* auch lügt und betrügt.[628] Kriterium für die angestrebte optimale (ökonomische) Entscheidung ist „die möglichst weitgehende Befriedigung“[629] der eigenen Bedürfnisse. Der *homo oeconomicus* charakterisiert oft das Menschenbild „eines kühl kalkulierenden Egoisten, der emotionslos seinen eigenen Vorteil maximiert und den Wünschen und Bedürfnissen seiner Mitmenschen weitgehend gleichgültig gegenübersteht“[630]. Es scheint, dass die ökonomische Realität die Emotionalität ausschließt.[631]

Es wird dabei angenommen, dass der *homo oeconomicus* stets über seine Bedürfnisstruktur[632] und über alle verfügbaren und möglichen Handlungsalternativen informiert ist.[633] Die Motive des *homo oeconomicus* werden über die Zeit hinweg als stabil und unabhängig von anderen Akteuren angenommen.[634] Die Präferenzordnung wird über die Zeit hinweg als konstant angesehen und für alle *homines oeconomici* als gleich strukturiert angenommen.[635] Die Entstehung und das Bestehen einer gleichbleibenden Bedürfnisstruktur erklärt MANSTETTEN wie folgt:

> „Der homo oeconomicus ist der Mensch, der sich mit der in ihm selbst vorgefundenen Physis ins Einverständnis gesetzt hat und ihren Ansprüchen durch die Präferenzordnung gerecht wird. Diese Ordnung macht er zur festen, invarianten Basis seines Wahlverhaltens. Die Ökonomik setzt damit diesen Prozess der Bildung einer Präferenzordnung als abgeschlossen voraus, wenn sie mit ihrer Analyse beginnt. Das Bestehen einer Präferenzordnung und der Bereitschaft, ihr stets zu folgen, ist also das von der Ökonomie postulierte, exogene rationale Moment des homo oeconomicus Robbins´ scher Prägung.“[636]

---

[628] Vgl. Göbel, E. (2002), S. 118.
[629] Manstetten, R. (2006), S. 41 f..
[630] Suchanek, A. / Kerscher, K.-J. (2007), S. 252.
[631] Vgl. Priddat, B. P. (1998), S. 1.
[632] Unter dem psychologischen Begriff „Bedürfnisstruktur“ wird in der Ökonomie die Präferenzordnung verstanden (siehe Manstetten, R. (2006), S. 41).
[633] Vgl. Manstetten, R. (2006), S. 41 f..
[634] Vgl. Kirchler, E. (2005), S. 28 f..
[635] Vgl. Kapeller, J. (2008), S. 13.
[636] Manstetten, R. (2000b), S. 83 f..

MANSTETTEN arbeitet in seiner ausführlichen Beschäftigung mit dem *homo oeconomicus* zwei unterschiedliche Intentionen im Entwurf des *homo oeconomicus* heraus:[637] Zum einen die Intention von ADAM SMITH, durch dessen Anthropologie sich diese zieht. Zum anderen die Intention der Theorien von JEVONS (1871/1924)[638], PARETO (1964)[639], ROBBINS (1932)[640], FRIEDMAN (1953)[641], BUCHANAN (1977)[642], BECKER (1976)[643].[644]

MANSTETTEN kann zeigen, dass sich in „allen ... Konzeptionen des *homo oeconomicus* bestimmte Grundmotive wiederfinden“[645]. Auf diesen Grundmotiven basiert die Beschreibung des *homo oeconomicus* in dieser Arbeit.

Es wird in der Literatur diskutiert, ob es sich bei dem Menschbild des *homo oeconomicus* um ein Vorbild für das Verhalten in Wirtschaft und Gesellschaft handelt. Auch nehmen einige Autoren an, dass der *homo oeconomicus* ein verzerrtes Bild vom Menschen in Form einer Karikatur darstellt.[646]

KAPELLER nimmt an, dass das ökonomische Modell des *homo oeconomicus* als Rollenerwartung dient. Entsprechend dem Verhaltensmodell verhalten sich die Akteure kalkulie-

---

637 Vgl. Manstetten, R. (2000b), S. 20.
638 Jevons, W. S. (1924).
639 Pareto, V. (1964).
640 Robbins, L. (1932).
641 Friedman, M. (1953), S. 1-43.
642 Buchanan, J. M. (1977).
643 Becker, G. S. (1976).
644 In der Literatur wird diskutiert, ob die neoklassische Betrachtung des *homo oeconomicus* eine Abweichung zu der Konzeption von Smith darstellt (vgl. Manstetten, R. (2000b), S. 20). Smiths Definition von der Natur des Menschen (siehe Smith, A. (2005) und siehe Smith, A. (1789)) stimmt nicht mit dem Verständnis von menschlichem Verhalten überein, das sich in den späteren ökonomischen Theorien findet. Dort wird das menschliche Verhalten „in einer der naturwissenschaftlichen Methodik verwandten Vorgehensweise erklärt“ (Manstetten, R. (2000b), S. 21). Eine ausführliche gesellschaftsethische und wissenschaftstheoretische Analyse der Arbeit von Smith sowie ein Vergleich mit den späteren Theorien findet sich in dem Werk von Manstetten (siehe Manstetten, R. (2000b)).
645 Manstetten, R. (2000b), S. 22.
646 Mit dieser Thematik beschäftigt sich Manstetten ausführlich (siehe Manstetten, R. (2000b), Kapitel 7.1, S. 115-119).

rend und Eigennutzen maximierend.[647] Der *homo oeconomicus* stellt dabei ein idealtypisches Handlungsvorbild und -muster sowie einen erfolgreichen Charakter innerhalb seines Systems dar. Es wird deshalb angenommen, dass es sich beim *homo oeconomicus* um einen Sozialcharakter handelt.[648] Aus diesem Grund kann das Modell als solches verhaltenswirksame Auswirkungen und Effekte besitzen.[649]

Ein karikaturistisches Beispiel für die ökonomische Betrachtung der tatsächlichen Lebenswelt gibt RAMB.[650] Er beschreibt die Entscheidungsfindung eines jungen Mannes bei der Planung und Umsetzung einer Verabredung mit einer jungen Frau. Die Vorbereitungskosten, wie zum Beispiel Einkaufen oder Essen kochen, sollten den Erlös „trautes Beisammensein" dabei nicht überschreiten. Die zeitweise Verminderung des Wohlbefindens, die mit dem Vorbereitungsaufwand einhergeht, sollte durch die anschließende Erhöhung des Wohlbefindens ausgeglichen werden. In seinen Überlegungen definiert RAMB als Einflussvariablen auf das Wohlbefinden die Faktoren „Kusslänge" und „Kussintensität".[651]

> „Ein junger Mann möchte mit einer von ihm verehrten jungen Dame ein privates Rendezvous durchführen. Damit sollen fünf Aktivitäten zusammenhängen, über deren Beiträge zur Verminderung oder Erhöhung seines Wohlbefindens er zum Zeitpunkt der Entscheidung für die Einladung zum Rendezvous bestimmte Erwartungen bildet. Zunächst erfolgen drei von ihm als unangenehm angesehene Handlungen (1. zum Supermarkt gehen und einkaufen, 2. Wohnung aufräumen und 3. ein Essen zubereiten) und anschließend zwei angenehme Handlungen (4. mit der Freundin das Essen einnehmen und 5. trautes Beisammensein). Der Beitrag der einzelnen Aktivitäten zur Wohlbefindensänderung kann unterschiedlich hoch sein. (...) Entscheidend ist, daß am Ende der Aktivitätenfolge ein höheres Wohlbefindensniveau erreicht wird als am Anfang. Da die unangenehmen Aktivitäten in diesem Beispiel zuerst zu erledigen sind, zeigt sich in der

---

[647] Vgl. Kapeller, J. (2008), S. 34 f.. Seine Überlegungen stützen sich unter anderem auf empirische Studien mit Studierenden der Wirtschaftswissenschaften. Diese zeigen in spieltheoretischen Experimenten ein egoistischeres Verhalten, als dies Studierende anderer Fachrichtungen tun (vgl. Kapeller, J. (2008), S. 34-37).

[648] Vgl. Kapitel 4.3.2, S. 175 ff. dieser Arbeit.

[649] Dass es sich beim *homo oeconomicus* um einen Sozialcharakter und ein gesellschaftliches Leitbild handelt, wird in Kapitel 4.3.2, S. 175 ff. dieser Arbeit begründet. Hierin wird eine Erklärung für die Entstehung des real existierenden Phänomens der psychopathischen Führungskräfte gesehen.

[650] Vgl. Ramb, B.-T. (1993), S. 3.

[651] Vgl. Ramb, B.-T. (1993), S. 1-31. Eine weitere karikaturistische Beschreibung des *homo oeconomicus* gibt Boulding, K. E. (1969), S. 10.

> Kumulation der Änderungsbeträge zunächst ein Absinken und dann ein Ansteigen des Wohlbefindens, so daß am Ende des Planungszeitraums ein höheres Wohlbefindensniveau als am Anfang erreicht wird. Auf Grund dieser ›Kalkulation‹ wird die Einladung ausgesprochen und – die Annahme durch die junge Dame vorausgesetzt – der Abend vorbereitet und durchgeführt“[652]

Diese karikaturistische Darstellung weist darauf hin, dass es sich beim *homo oeconomicus* nicht um einen „normalen“ Menschen handelt bzw. dass sich ein „normaler“ Mensch gerade nicht nach dem Vorbild des *homo oeconomicus* verhält.[653] Auf weitere Kritikpunkte an dem vorgestellten Menschenbild der Wirtschaftswissenschaften wird im Folgenden eingegangen.

4.1.2 Abkehr vom *homo oeconomicus* als Menschenbild und Kritik

Es gibt nur noch wenige Schulen, die dem *homo oeconomicus* volle Realistik zugestehen, einige davon sogar ohne Einschränkungen oder Kritik. Aber besonders in jüngeren ökonomischen Theorien und Modellen findet sich eine Abkehr vom *homo oeconomicus* als Menschenbild.[654] Ein beachtlicher Teil der Nobelpreise im Gebiet der Wirtschaftswissenschaften, die in den zurückliegenden Jahren vergeben wurden, beruht auf den Überlegungen, das Menschenbild des *homo oeconomicus* ernsthaft zu überdenken. Einige Autoren sehen die Theorie des *homo oeconomicus* als empirisch gehaltlos und falsch an.[655] Neben dieser Kritik aus dem Bereich der Wirtschaftswissenschaften kommt auch Kritik aus den Sozialwissenschaften.[656] Die Kritik am *homo oeconomicus* bezieht sich im Wesentlichen auf diejenigen Verhaltensannahmen, die aus empirischer Sicht menschliches Verhalten nicht adäquat abbilden.[657]

---

[652] Ramb, B.-T. (1993), S. 3.

[653] Ob es sich beim *homo oeconomicus* um eine gestörte Persönlichkeit handelt, wird in Kapitel 4.1.3, S. 125 ff. dieser Arbeit diskutiert.

[654] Vgl. Kapeller, J. (2008), S. 8.

[655] Siehe Boland, L. A. (1979), S. 503-522 und siehe Simon, H. A. (1955), S. 99-118.

[656] Siehe Morgan, M. S. (1997), S. 91.

[657] Vgl. Kapeller, J. (2008), S. 8.

Die Kritik gegenüber dem ökonomischen Menschenbild ist auch Gegenstand zahlreicher Diskussionen der Wissenschaftstheorie und der Philosophie. Die Auseinandersetzungen beziehen sich dabei auf den Inhalt, die Herleitung und besonders auf den Geltungsbereich der Theorie des *homo oeconomicus.*[658] Die Kritik bezieht sich zusammengefasst auf folgende vier Fragen:

- Ist der *homo oeconomicus* rational?
- Ist der *homo oeconomicus* egoistisch?
- Besitzt der *homo oeconomicus* eine empirische Grundlage?
- Wie weit reicht der Geltungsbereich des *homo oeconomicus*?

Die Rationalität des *homo oeconomicus* ist der Fokus zahlreicher kritischer Betrachtungen. Auf inhaltlicher Ebene ist umstritten, in welchem Umfang und Ausmaß der *homo oeconomicus* rational ist und rational handelt.

Der zweite Streitpunkt bezieht sich auf den Egoismus. Es wird die Frage gestellt, ob der *homo oeconomicus* egoistisch ist und egoistisch handelt. Darüber hinaus wird diskutiert, ob der *homo oeconomicus* Altruismus zeigt. Dabei wird dem *homo oeconomicus* in einigen Ansätzen unterstellt, dass es sich bei dem von ihm gezeigten Altruismus eigentlich um Egoismus handelt.

Auch die Herleitung des Menschenbildes stellt einen Diskussionspunkt dar. Handelt es sich bei dem *homo oeconomicus* um ein Konstrukt, das nur innerhalb einer Modellwelt betrachtet werden kann, oder besitzt der *homo oeconomicus* empirische Wurzeln? Wäre der *homo oeconomicus* auf Basis von empirischen Beobachtungen entwickelt worden, würde er somit eine Vereinfachung der tatsächlichen Erfahrung darstellen. Es wird dabei aber auch diskutiert, ob es sich beim *homo oeconomicus* um ein reines modelltheoretisches Konzept handelt.

Der Geltungsbereich des Modells ist ein weiteres häufig diskutiertes Thema. Hier wird die Frage gestellt, ob das Konzept des *homo oeconomicus* nur auf die Wirtschaftswissenschaft

---

[658] Vgl. Manstetten, R. (2000b), S. 34 f..

beschränkt bleibt oder ob auch andere menschliche Handlungsfelder damit beschrieben und erklärt werden können. Einige Autoren[659] sehen den *homo oeconomicus* als einen rein durch Anreize gesteuerten Akteur. Aus diesem Grund sieht HOMANN den *homo oeconomicus* als besonders geeignet für die Beschreibung von Dilemmastrukturen an.[660]

Einige Hauptkritikpunkte, die sich den vier oben genannten Bereichen und Fragen zuordnen lassen, werden im Folgenden erläutert.

Ein Hauptkritikpunkt am Modell des *homo oeconomicus* richtet sich auf die Annahme der vollkommenen Information. Das tatsächliche Individuum besitzt eine begrenzte kognitive Kapazität und kann deshalb im Gegensatz zum *homo oeconomicus* Probleme nicht optimal lösen. Die vollkommene Information wird beim tatsächlichen Handeln meist weder erreicht noch angestrebt. Zusätzlich dazu nutzen Menschen auch kognitive Daumenregeln bzw. Heuristiken, um nicht alle Informationen berücksichtigen zu müssen. Bekannte Vertreter dieser Kritik sind HERBERT A. SIMON[661] und in seinem Gefolge weitere Forscher wie DANIEL KAHNEMANN und AMOS TVERSKY sowie VERNON SMITH[662]. Diese gehen von einem Vorherrschen der *bounded rationality* insbesondere im Informationsbereich aus. Unter *bounded rationality* wird eine eingeschränkte Handlungsrationalität verstanden. Die zentrale Behauptung ist hier, dass auch bei wichtigen Entscheidungen meist nicht alle verfügbaren Informationen ausgeschöpft werden.[663]

Ein weiterer Kritikpunkt an der Annahme des *homo oeconomicus* als Menschenbild wird von Verhaltensökonomen wie REINHARD SELTEN[664], ERNST FEHR[665], TOM R. TYLER[666], BRUNO S. FREY[667] vertreten. Die empirische Forschung hat gezeigt, dass die Optimierung

---

659 Zum Beispiel Homann, K. (1994), S. 397.

660 Manstetten, R. (2000a), S. 94. Vgl. auch Homann, K. (1994), S. 397.

661 Nobelpreisträger 1978, siehe „The Prize in Economics 1978 - Press Release", www.Nobelprize.org.

662 Nobelpreisträger 2002, siehe „The Prize in Economics 2002 - Press Release", www.Nobelprize.org.

663 Weiterführende Literatur zu *bounded rationality* siehe Gigerenzer, G. / Todd, P. M. (1999); siehe Goldstein, D. G. / Gigerenzer, G. (2002), S. 75-90 und siehe Simon, H. A. (1959), S. 253-283.

664 Nobelpreisträger 1994, siehe „The Prize in Economics 1994 - Press Release", www.Nobelprize.org.

665 Siehe Fehr, E. (2003), S. 11-18; siehe Fehr, E. / Gächter, S. (2000), S. 159-181 und siehe Fehr, E. / Schmidt, K. M. (1999), S. 817-868.

666 Siehe Tyler, T. R. (2011) und siehe Tyler, T. R. (2006).

667 Siehe Frey, B. (2002), S. 73-106 und siehe Osterloh, M. / Frey, B. S. (2000), S. 538-550.

von Input (eigener Aufwand) und Output (Eigennutz) nicht die Regel ist, sondern eine seltene Ausnahme. Menschen lassen sich bei ihrem Verhalten mehrheitlich und hauptsächlich von anderen Motiven leiten. Bei der Erfassung von Verhalten müssen auch psychologische Effekte berücksichtigt werden. Es gibt zahlreiche Belege für die Annahme, dass nicht die Nutzenmaximierung, sondern andere Motive das reale Verhalten bestimmen. Ein Beispiel dafür liefert das so genannte Ultimatumspiel.[668] Bei diesem Spiel erhält eine Versuchsperson die Aufgabe, einen Geldbetrag nach eigenem Ermessen mit einem anderen zu teilen. Das Geld wird dabei aber erst ausgezahlt, wenn die andere Person das Angebot annimmt. Die vorherrschende Teilung ist dabei immer 50:50. In diesem und weiteren Experimenten sind soziale Motive wie Fairness, Kooperation, Gerechtigkeit oder Solidarität von ausschlagender Bedeutung. Somit kann gezeigt werden, dass tatsächliches Handeln sich nicht (hauptsächlich) nach der Nutzenmaximierung richtet. Diese wirtschaftswissenschaftlichen Erkenntnisse werden auch durch die Ergebnisse der Forschung zum Wertewandel gestützt. Der zunehmende Individualismus zeigt sich in der Bevölkerung in Form des kooperativen Individualismus. Diese vorherrschende Ausprägung des Individualismus ist nicht egoistisch, sie richtet sich nicht auf den Eigennutz des einzelnen Individuums aus. So zeigt sich in der Bevölkerung eine Tendenz in der zunehmenden Bereitschaft, Ehrenämter zu übernehmen.[669] Dies spiegelt altruistische Motive wider.

Ein weiteres Argument für die Annahme, dass Menschen nicht nach dem Minimax-Prinzip kalkulierende Eigennutzen-Maximierer sind, ist die intrinsische Motivation.[670] Verhaltensökonomen nehmen an, dass Personen nicht hauptsächlich bestimmte Tätigkeiten ausführen, um einen erwarteten Ertrag zu erhalten, sondern wegen der Befriedigung, die die Ausübung der Tätigkeit vermittelt. Die Befriedigung des Selbstentfaltungsbedürfnisses ist das Hauptmerkmal der intrinsischen Motivation; die Person möchte eigene Fähigkeiten einbringen und entwickeln.

Der tatsächliche Mensch handelt nicht ausschließlich im Eigeninteresse, sondern kann auch Interessen von anderen Mitmenschen in seine Absichten miteinbeziehen. Dies zeigt

[668] Siehe Fischbacher, U. et al. (2009), S. 527-545 und siehe Siegmund, K. et al. (2002), S. 55.
[669] Vgl. Erlinghagen, M. et al. (1997).
[670] Vgl. Frey, B. (2001) und vgl. Frey, B. (1997).

sich durch Phänomene wir Reziprozität, Altruismus, Fairness oder kooperativen Individualismus.

Ein in diesem Zusammenhang von RUCKRIEGEL ergänzter Kritikpunkt bezieht sich auf die Annahme, dass der *homo oeconomicus* eindeutige Präferenzen besitzt, die zeitkonsistent sind.[671] Der tatsächliche Mensch besitzt eine begrenzte Willenskraft; seine Präferenzen ändern sich mit der Zeit und sein Verhalten ist nicht konsistent. Nach Meinung von SEN handelt es sich beim *homo oeconomicus* um einen sozialen Dummkopf:

> "*The purely economic man is indeed close to being a social moron. Economic theory has been much preoccupied with this rational fool decked in the glory of his one all-purpose preference ordering.*"[672]

Der wesentliche Kritikpunkt besteht dabei darin, dass die dem *homo oeconomicus* zu Grunde liegenden Verhaltensannahmen aus empirischer Sicht nicht in der Lage sind menschliches Verhalten adäquat zu beschreiben.[673] Befürworter des *homo oeconomicus* weisen darauf hin, dass das Modell sehr eng gefasste Verhaltensannahmen vorgibt und es sich aus diesem Grund um einen Extremfall eines gesamten Konzeptes handelt. KIRCHGÄSSNER geht von einer eingeschränkten Rationalität aus, da niemand „wie ein wandelnder Computer durch die Welt schreitet, der immer die beste aller vorhandenen Möglichkeiten blitzschnell ermittelt"[674].[675] Die eingeschränkte Rationalität bezieht sich dabei nicht nur auf die tatsächlich zur Verfügung stehende Information, sondern auch auf die begrenzten kognitiven Verarbeitungskapazitäten des realen Menschen.[676] Es wird deshalb angenommen, dass der *homo oeconomicus* mit den Verhaltensmodellen der Psychologie und dem Konzept der eingeschränkten Rationalität vereinbar ist.[677]

---

[671] Vgl. Ruckriegel, K. (2007), S. 200.
[672] Sen, A. K. (1977), S. 335 f..
[673] Vgl. Kapeller, J. (2008), S. 8.
[674] Kirchgässner, G. (2006), S. 84.
[675] Vgl. Kirchgässner, G. (2008), S. 30 und vgl. Schweitzer, M. / Küpper, H.-U. (2008), S. 597.
[676] Vgl. Hirsch, B. / Schäffer, U. / Weber, J. (2008), S. 8 und vgl. Schweitzer, M. / Küpper, H.-U. (2008), S. 597).
[677] Vgl. Kirchgässner, G. (1991), S. 27-31.

4.1.3 Der *homo oeconomicus* als *homo psychopathicus*

> „Der Homo oeconomicus ist nicht nur ein Bild des wirtschaftenden Menschen, sondern stellt den Menschen schlechthin dar.“[678]

Es finden sich in der Literatur Aussagen darüber, dass es sich beim *homo oeconomicus* nicht nur um ein theoretisches Modell handelt, sondern dass es im realen Leben Personen gibt, die dem *homo oeconomicus* entsprechend auftreten und handeln.

Der *homo oeconomicus* ist der rationale, opportunistische und egoistische Akteur, der „vollständig rational seinen eigenen Nutzen maximiert“[679].[680] In dieser Beschreibung finden sich Ähnlichkeiten zu einer psychopathischen Persönlichkeit, denn gerade Psychopathen sind in der Lage, sich (annähernd perfekt) rational zu verhalten, da sie rücksichtslos handeln können, ohne die emotionalen Konsequenzen ihrer Handlung berücksichtigen zu können.[681] Psychopathen können weder Empathie für andere Personen empfinden,[682] noch können sie langerfristige Beziehungen mit anderen Personen aufrechterhalten.[683] Darüberhinaus sind sie sozial verantwortunglos.[684] Diese Eigenschaften spiegeln sich auch im Modell des *homo oeconomicus* wider.

Nach diesen Vermutungen, dass es sich beim *homo oeconomicus* um einen Psychopathen handeln könnte, soll diese Überlegung wissenschaftlich und psychodiagnostisch untersucht werden. Das weitere Vorgehen ist dabei diagnostisch und orientiert sich an der PCL-R.[685]

---

678 Manstetten, R. (2006), S. 45.

679 Lingnau, V. (in Vorbereitung), S. 2.

680 Vgl. Corsten, H. / Gössinger, R. (2008), S. 297; vgl. Kapeller, J. (2008), S. 12; vgl. Kirchgässner, G. (1991), S. 16; vgl. Kirchler, E. (2005), S. 28; vgl. Manstetten, R. (2006), S. 41 f.; vgl. Martin, H. (1994), S. 168 und vgl. Rolle, R. (2005), S. 14.

681 Vgl. Boddy, C. R. (2005), S. 35 und vgl. Boddy, C. R. et al. (2010), S. 2 f..

682 Vgl. Hare, R. D. (1993).

683 Vgl. Walter, H. (2005), S. 557.

684 Vgl. Walter, H. (2005), S. 557.

685 Siehe Tabelle 4, S. 35 dieser Arbeit und siehe Tabelle 8, S. 46 dieser Arbeit.

4.1.3.1 Anamnese und Durchführung der PCL-R

Zwei Rater beurteilten voneinander unabhängig den „Patienten" *homo oeconomicus*, der im Folgenden als Patient H.O. bezeichnet wird.[686] Bei den Ratern handelt es sich um eine Psychologin, die über eine Ausbildung für die PCL-R und eine Erlaubnis zu deren Durchführung verfügt, und um einen Professor der Betriebswirtschaftslehre. Die Ergebnisse der beiden Rater sind in Tabelle 14 dargestellt.

Items der PCL-R		Bewertung	
		Rater 1	Rater 2
1.	**Glatter, oberflächlicher Charme**[687]	2	2
2.	**Übermäßiges Selbstwertgefühl**[688]	2	2
3.	*Reizhunger/Neigung zur Langeweile*[689]	1	1
4.	**Pathologisches Lügen**[690]	2	2
5.	**Lenkend/manipulativ**[691]	2	2
6.	**Mangel an Reue und Schuldgefühlen**[692]	2	2
7.	**Oberflächlicher Affekt**[693]	2	2
8.	**Gefühllos/fehlende Empathie**[694]	2	2
9.	*Parasitärer Lebensstil*[695]	2	2
10.	*Geringe Verhaltenskontrolle*[696]	k.A.	k.A.
11.	Promiskuitives Sexualverhalten[697]	k.A.	k.A.

[686] Es ist in der Medizin üblich, bei Fallstudien und Publikationen nur die Initialen des Patienten anzugeben.
[687] Siehe S. 128 dieser Arbeit.
[688] Siehe S. 129 dieser Arbeit.
[689] Siehe S. 131 dieser Arbeit.
[690] Siehe S. 131 dieser Arbeit.
[691] Siehe S. 132 dieser Arbeit.
[692] Siehe S. 133 dieser Arbeit.
[693] Siehe S. 128 dieser Arbeit.
[694] Siehe S. 135 dieser Arbeit.
[695] Siehe S. 137 dieser Arbeit.
[696] Siehe S. 138 dieser Arbeit.
[697] Siehe S. 139 dieser Arbeit.

Items der PCL-R		Bewertung	
		Rater 1	Rater 2
12.	*Frühkindliche Verhaltensprobleme*[698]	1	1
13.	*Fehlen realistischer, langfristiger Pläne*[699]	0	0
14.	*Impulsivität*[700]	0	0
15.	*Sorglos-unverantwortliches Handeln*[701]	1	1
16.	**Verweigerung der Verantwortung für eigenes Handeln**[702]	1	1
17.	Viele kurze, eheliche Beziehungen[703]	1	1
18.	*Jugendkriminalität*[704]	1	1
19.	*Verletzungen von Bewährungsauflagen*[705]	1	1
20.	Kriminelle Flexibilität[706]	k.A.	k.A.

Tabelle 14: Bewertung des Patienten H.O. nach PCL-R

Bei den Aussagen über den *homo oeconomicus*, die sich in der Literatur finden, handelt es sich um ökonomische Aussagen. Diese werden im Folgenden aus psychologischer Sicht interpretiert. Die Merkmale des ökonomischen Menschenbilds werden in den Kontext der Persönlichkeitspsychologie und Psychodiagnostik übertragen. Die folgende Begründung der Bewertung basiert auf den Auswertungskriterien der PCL-R nach dem Handbuch und stützt sich auf einen Trainingsworkshop zur PCL.[707]

[698] Siehe S. 140 dieser Arbeit.
[699] Siehe S. 141 dieser Arbeit.
[700] Siehe S. 141 dieser Arbeit.
[701] Siehe S. 142 dieser Arbeit.
[702] Siehe S. 144 dieser Arbeit.
[703] Siehe S. 145 dieser Arbeit.
[704] Siehe S. 146 dieser Arbeit.
[705] Siehe S. 147 dieser Arbeit.
[706] Siehe S. 148 dieser Arbeit.
[707] Siehe Kosson, D. et al. (2010). Eine ausführliche Erläuterung der Kriterien findet sich in der deutschen Übersetzung des Handbuches der PCL und des Interviews von Sevecke, K. / Krischer, M. K. (im Druck). Diese Übersetzung ist zur Zeit noch nicht erhältlich, wurde jedoch der Autorin in einem Workshop zur Verfügung gestellt. Bei der Beschreibung der Items wird sich deshalb im Folgenden auf die Materialien des Workshops bezogen (siehe Kosson, D. et al. (2010)).

Eine ausführliche Beschreibung und Definition des *homo oeconomicus* findet sich in Kapitel 4.1 dieser Arbeit.[708] Einige Merkmale des Modells können durch Aussagen, die sich in der Literatur über den *homo oeconomicus* finden, belegt werden.[709] In diesen Fällen ist das Verhalten des Patienten[710] indirekt beobachtbar. Bei einigen Items können jedoch nur Hypothesen über das Vorliegen bestimmter psychischer Merkmale und Verhaltensweisen aufgestellt werden. An manchen Stellen erfolgt deshalb die Bewertung des Vorliegens eines Items auf Grund von begründeten Annahmen.

Item 1: Selbstdarstellung (Glatter, oberflächlicher Charme)

Item 1 der PCL-R muss hier indirekt bewertet werden, da dieses Merkmal laut Testmanual ausschließlich im Rahmen des Interviews abgefragt und erfasst wird. Ein direktes Interview ist mit einer fiktiven und modelltheoretischen Person jedoch nicht möglich. Aus diesem Grund werden der Diagnose hier Aussagen von Autoren zu Grunde gelegt, die sich auf die Selbstdarstellung von H.O. beziehen.

H.O. „lügt und betrügt"[711] und ist in der Lage, sich „unaufrichtig und oberflächlich"[712] darzustellen. Dabei ist er in der Lage, Eindrucksmanagement zu betreiben, denn das Kriterium für sein Handeln ist „ ... die möglichst weitgehende Befriedigung seiner Bedürfnisse."[713] Wenn es seinen Zielen dient, könnte er die Gesprächsatmosphäre angenehm kontrollieren und somit „ein unterhaltsamer Gesprächspartner sein"[714]. Auch wird angenommen, dass er

---

[708] Die Merkmale des ökonomischen Menschenbildes sind in Kapitel 4.1.1, S. 114 ff. dieser Arbeit erläutert.

[709] Hinweise auf Literaturquellen sowie Belege finden sich in den Fußnoten.

[710] Im Folgenden wird vom *homo oeconomicus* immer in der männlichen Form gesprochen. Die Autorin schließt dabei nicht aus, dass es auch weibliche homines oeconomici geben kann.

[711] Göbel, E. (2002), S. 118.

[712] Kosson, D. et al. (2010). „Darstellung unaufrichtig und oberflächlich" ist ein Kriterium für Item 1, das das Manual der PCL-R vorgibt.

[713] Manstetten, R. (2006), S. 41 f..

[714] Kosson, D. et al. (2010) (2010).

in der Lage wäre, sich in einem guten Licht darzustellen.[715] H.O. ist also „ein trickreich-sprachgewandter Blender mit oberflächlichem Charme“[716].

Item 2: erheblich übersteigertes / übermäßiges Selbstwertgefühl

Der Patient versucht zwanghaft seine Handlungen auf die Eigennutzenmaximierung[717] hin auszurichten,[718] da diese für ihn das einzige Ziel darstellt.[719] Es zeigt sich das wiederholte Verhalten „nur solche Handlungen ...[auszuwählen], die mit einer Maximierung des Eigeninteresses einhergehen.“[720] H.O. sieht und berücksichtigt aus diesem Grund ausschließlich seinen eigenen Selbstwert,[721] was zu einem übermäßigen Selbstwertgefühl führt.

> *„The purely economic man is indeed close to being a social moron. Economic theory has been much preoccupied with this rational fool decked in the glory of his one all-purpose preference ordering.“*[722]

Die starke Fixierung auf sein eigenes Ziel führt zu einer übermäßigen Ausprägung des Selbstwertgefühls.[723] Er ist ein „kalkulierender und unersättlicher Egozentriker“[724].

Der Patient ist dabei auch vollkommen von seiner eigenen Norm überzeugt, da er alle Handlungen danach ausrichtet. Eine solche Person neigt zu externen Fehlerattributionen. In Bezug auf die eigene Person kann H.O. keine Probleme sehen, diese werden auf externe

---

[715] Der *homo oeconomicus* richtet sein Handeln ausschließlich nach dem eigenen Gewinn im Sinne des Eigennutzens aus. Es scheint, als handele H.O. zwanghaft nach dieser Maxime. Da sich sowohl das Sein (seine Selbstwahrnehmung und Selbstwirksamkeit) als auch das Handeln des Patienten an einem obersten Ziel ausrichten, kann hier vom Vorliegen einer Neurose ausgegangen werden.

[716] Kosson, D. et al. (2010). H.O. erfüllt damit ein Merkmal für Item 1, das im Manual der PCL-R angegeben ist.

[717] Vgl. Kirchler, E. (2005), S. 28; vgl. Manstetten, R. (2006), S. 41 f.; vgl. Martin, H. (1994), S. 168 und vgl. Rolle, R. (2005), S. 14.

[718] Vgl. Kapeller, J. (2008), S. 12 und vgl. Kirchgässner, G. (1991), S. 12.

[719] Die Eigennutzenmaximierung ist seine oberste Handlungsmaxime (vgl. Smith, A. (2005), S. 371 und vgl. Smith, A. (1789), S. 16 f.).

[720] Corsten, H. / Gössinger, R. (2008), S. 297.

[721] Vgl. Smith, A. (1789), S. 16 f.; siehe Smith, A. (2005), S. 371.

[722] Sen, A. K. (1977), S. 335 f..

[723] H.O. besitzt ein „aufgeblähtes Selbstwertgefühl“ (Kosson, D. et al. (2010)).

[724] Manstetten, R. (2006), 42.

Faktoren zurückgeführt.[725] Der Patient verhält sich immer rational. Dabei stellt die Rationalität sowohl die Handlungsorientierung als auch die Begründung für die Handlungen dar.[726]

> Stets „agiert er vollkommen rational, d.h., alle seine Entscheidungen beruhen auf vernunftgemäßen, berechnenden Überlegungen, auf der Grundlage vollständiger Information."[727]

Der Patient ist starrsinnig und beharrt auf seinen einmal festgelegten Wünschen und Präferenzen,[728] so „daß Fremdbestimmung, nachdem die Präferenzen einmal festliegen, nicht mehr stattfindet."[729] Es ist belegt, dass er festgelegte, zeitstabile Präferenzen besitzt,[730] also eindeutige Präferenzen hat, die über die Zeit unverändert bleiben, womit er zeitkonsistent handelt"[731]. Seine Präferenzordnung entspricht dabei dem Rationalitätsaxiom.

> „Der homo oeconomicus ist der Mensch, der sich mit der in ihm selbst vorgefundenen Physis ins Einverständnis gesetzt hat und ihren Ansprüchen durch die Präferenzordnung gerecht wird. Diese Ordnung macht er zur festen, invarianten Basis seines Wahlverhaltens. Die Ökonomik setzt damit diesen Prozeß der Bildung einer Präferenzordnung als abgeschlossen voraus, wenn sie mit ihrer Analyse beginnt. Das Bestehen einer Präferenzordnung und der Bereitschaft, ihr stets zu folgen, ist also das von der Ökonomie postulierte, exogene rationale Moment des homo oeconomicus Robbins'scher Prägung."[732]

Aus psychoanalytischer Sicht wird vermutet, dass H.O. nicht in der Lage ist, Ambivalenzen seines Selbst auszuhalten, und dass er deshalb seine Präferenzen nicht ändern kann.[733] Eine Änderung der Präferenzen über die Zeit wäre demnach nicht möglich,[734] da die neue

---

[725] Vgl. Kosson, D. et al. (2010). Ein Merkmal für Item 2 der PCL-R ist „Führen Probleme auf externe Faktoren zurück" (Kosson et al. (2010)).

[726] Dies entspricht dem 6. Kriterium der dissozialen Persönlichkeitsstörung nach ICD-10 (F 60.2), „Rationalisierung für das eigene Verhalten anzubieten, durch welches die Person in einen Konflikt mit der Gesellschaft geraten ist" (Dilling, H. et al. (2005), S. 229).

[727] Kapeller, J. (2008), S. 12.

[728] Ob der Patient „eingebildet, arrogant" und „tyrannisch" (Kosson, D. et al. (2010)) wirkt, kann nicht beurteilt werden. Auch kann nicht festgestellt werden, ob H.O. versuchen würde, das Interview zu kontrollieren.

[729] Manstetten, R. (2000b), S. 123.

[730] Vgl. Ruckriegel, K. (2007), S. 200.

[731] Ruckriegel, K. (2007), S. 200.

[732] Manstetten, R. (2000b), S. 83 f..

[733] Zur Individuation des *homo oeconomicus*, insbesondere nach Stierlin, siehe S. 179 dieser Arbeit.

[734] Vgl. Ruckriegel, K. (2007), S. 200.

Präferenz in Widerspruch zur alten stehen könnte. H.O. wäre somit nicht in der Lage, widersprüchliche Aspekte seines Selbst oder seiner Handlungen zu ertragen. Deshalb handelt er rein rational und kalkulierend.[735] Emotionen kann der Patient nicht aushalten, weshalb er emotionslos handelt.[736]

Item 3: Reizhunger / Neigung zur Langeweile

H.O. versucht ständig, seinen Nutzen zu maximieren[737], woraus ein Stimulationsbedürfnis resultiert. Dem Patienten wird „„Nicht-Sättigung“[738] zugeschrieben, das bedeutet: Er will immer mehr haben, als er tatsächlich hat.

> „Was ihn selbst angeht, so hat er nie genug...“[739].

Der Patient verfügt über einen ausgeprägten Reizhunger nach Eigennutzenmaximierung. Dies zeigt sich auch darin, dass der Patient dazu neigt Risiken einzugehen, wenn es seiner Nutzenmaximierung dient. Ein exzessives Bedürfnis nach Aufregung und Spannung findet sich jedoch bei H.O. nicht.[740] Der Patient verspürt keinen „Drang nach Veränderung und Aufregung auf mehreren Gebieten“[741].

Item 4: Pathologisches Lügen

Die fehlenden Fähigkeiten und Attribute des Patienten wie Emotionslosigkeit[742] und ausgeprägte Ich-Bezogenheit[743] fördern krankhaftes und ständiges Lügen. Besonders der Op-

---

[735] Vgl. Corsten, H. / Gössinger, R. (2008), S. 297 und vgl. Kapeller, J. (2008), S. 12.

[736] Vgl. Boulding, K. E. (1969), S. 10 und vgl. Suchanek, A. / Kerscher, K.-J. (2007), S. 252. Zur Emotionslosigkeit siehe auch die Erläutertungen zu Item 7, S. 128 dieser Arbeit, und Item 8, S. 135 dieser Arbeit.

[737] Vgl. Kapeller, J. (2008), S. 12 und vgl. Kirchgässner, G. (1991), S. 16.

[738] Manstetten, R. (2006), 42.

[739] Manstetten, R. (2006), 42.

[740] Patienten, die bei diesem Item einen hohen Wert erreichen, sind ständig „auf Achse“ und wollen immer dort sein, „wo etwas los ist“ (Kosson, D. et al. (2010)). Auch werden häufig Drogen genutzt, um neue Situationen zu erleben. Aussagen über diese Verhaltensweise H.O.s finden sich in der Literatur nicht.

[741] Kosson, D. et al. (2010). Es handelt sich dabei um ein Merkmal aus dem Manual der PCL-R.

[742] Auf die fehlenden Emotionen des Patienten wird in den Ausführungen zu Item 7 (siehe S. 128 dieser Arbeit) und Item 8 (siehe S. 135 dieser Arbeit) eingegangen.

[743] Vgl. Erläuterungen zu Item 1, S. 128 dieser Arbeit.

portunismus des Patienten führt dazu, dass dieser „lügt und betrügt.“[744] Das Lügen und die Täuschungen sind dabei „ein durchgängiger Teil der Interaktion [des Patienten] mit anderen“[745].[746] Da das Verhalten des Patienten immer dem gleichen Ziel folgt und er seine Präferenzen nie ändert,[747] zeigt er auch antisoziale Verhaltensmuster durchgängig und mit immer gleicher Intensität. H.O. ist „asozial und materialistisch ... einzig an Geld und materiellen Gütern interessiert“.[748]

Dabei ist das Lügen nicht nur auf einen Aspekt des Lebens beschränkt, sondern findet durchgehend statt. Der Hauptgrund dafür liegt im Opportunismus, den der Patient durchgängig zeigt.[749]

Item 5: Lenkend / manipulativ

Die oben beschriebenen negativen Symptome befähigen H.O., manipulativ mit anderen Menschen umzugehen[750] und die dargestellten Emotionen geschickt einzusetzen. Der Patient kann manipulativ sein, was mit seiner Darstellung in zahlreichen Quellen übereinstimmt.[751] Er nutzt Betrug und Täuschung zu seinem persönlichen Gewinn.[752] Es wird angenommen, dass H.O. auch nicht davor zurückscheut, Familie und Freunde auszunutzen, um das zu bekommen, was er möchte.[753]

---

[744] Göbel, E. (2002), S. 118.

[745] Kosson, D. et al. (2010). Der Patient zeigt dabei ein Verhalten, das sich im Manual der PCL-R als ein Kriterium für Item 4 wiederfindet.

[746] Vgl. Kirchgässner, G. (1991), S. 48.

[747] Die Unfähigkeit, von den einmal festgelgten Präferenzen abzuweichen, wird in den Erläutertungen zu Item 2 untersucht (siehe S. 129 dieser Arbeit). Zur Individuation des Patienten nach Stierlin siehe auch S. 179 dieser Arbeit.

[748] Kirchgässner, G. (1991), S. 16.

[749] Vgl. Suchanek, A. / Kerscher, K.-J. (2007), S. 252.

[750] Vgl. Kirchgässner, G. (1991), S. 48.

[751] Vgl. Kirchgässner, G. (1991), S. 48.

[752] Vgl. Göbel, E. (2002), S. 118. Der *homo oeconomicus* lügt und betrügt. Dies stimmt mit dem Merkmal „Benutzung von Betrug und Täuschung für persönlichen Gewinn“ (Kosson, D. et al. (2010)) für Item 5 überein.

[753] Eine ausführliche Beschreibung der Kriterien des Item 5 der PCL-R findet sich bei Kosson, D. et al. (2010).

> „*The trouble with him was ... that he was antisocial and materialistic, interested only in money and material goods and ready to sacrifice even his old mother to get them ...*“[754].

Die Manipulation anderer Menschen[755] mit dem Ziel der Eigennutzenmaximierung[756] stellt für ihn kein Problem dar, da er nicht zur Empathie fähig ist.[757] Aus diesem Grund ist H.O. auch nicht in der Lage, Reue zu zeigen.[758]

Item 6: Mangel an Reue und Schuldgefühlen

H.O. ist rational und emotionslos.[759]

> „Zusammenfassend ergibt sich, daß der *homo oeconomicus* ... folgendermaßen als egoistischer rationaler Nutzenmaximierer gefaßt wird: Die Rationalität ist in der *Nutzenfunktion* dargestellt, die Maximierung findet sich in der Annahme der *Monotonie* der Nutzenfunktion *(Nicht-Sättigung)* und der Egoismus wird in der *Unabhängigkeit der Präferenzordnungen* modelliert.“[760]

Der Patient ist weder in der Lage, seine gezeigten Affekte fühlen zu können,[761] noch ist es ihm möglich, Schuldgefühle oder Gewissensbisse zu entwickeln.

> „ ... was die anderen Menschen angeht, so liegen Anteilnahme und Mitleid, Neid und Missgunst, aber auch das Mitmachen von Trends, bloß weil ‚man es so macht', ganz außerhalb seines Horizontes.“[762]

Da er keine emotionalen Reaktionen zeigen kann, ist H.O. auch außerstande, affektive Reaktionen auf negative Konsequenzen seiner Handlungen zu zeigen. Der Patient fokussiert lediglich die Auswirkungen, die sich für ihn selbst durch seine Handlungen ergeben.[763] Die

---

754 Homans, G. C. (1961), S. 79.

755 Vgl. Kirchgässner, G. (1991), S. 48.

756 Vgl. Kirchler, E. (2005), S. 28; vgl. Manstetten, R. (2006), S. 41 f.; vgl. Martin, H. (1994), S. 168 und vgl. Rolle, R. (2005), S. 14.

757 Vgl. Boulding, K. E. (1969), S. 10 und vgl. Suchanek, A. / Kerscher, K.-J. (2007), S. 252.

758 Siehe dazu Item 6, S. 133 dieser Arbeit.

759 Vgl. Mueller, D. C. (1989), S. 2; siehe Boulding, K. E. (1969), S. 10 und siehe Suchanek, A. / Kerscher, K.-J. (2007), S. 252.

760 Manstetten, R. (2000b), S. 169 f..

761 Diese Aussage wird unter anderem in den Ausführungen zu Item 8 erläutert (siehe S. 135 dieser Arbeit).

762 Manstetten, R. (2006), 42.

763 Vgl. Kirchgässner, G. (1991), S.12. Damit erfüllt H.O. ein Kriterium für Item 6, das im Manual der PCL-R zu finden ist: „Sind mehr fokussiert auf die Konsequenzen, die sich für sie selbst ergeben, nicht auf Konsequenzen für andere“ (Kosson, D. et al. (2010)).

Konsequenzen für andere Akteure werden nicht berücksichtigt, denn sie liegen „außerhalb seines Horizontes.“[764] Für diese Ich-Bezogenheit finden sich zahlreiche Aussagen über ihn in der Literatur.[765] Das Fehlen von Reue, Gewissensbissen und Schuldgefühlen wird besonders dadurch deutlich, dass H.O. wiederholt Handlungen tätigt, die andere benachteiligen und schädigen.[766] Es finden sich Quellen, die von solchen Handlungen berichten.[767]

Item 7: Oberflächlicher Affekt

H.O. ist ein „egoistischer rationaler Nutzenmaximierer“[768] Dieses Ziel wird vom Patienten offen geäußert und dient als oberste Maxime seines Handelns. Er geht dabei auch davon aus, dass alle anderen Menschen ebenfalls nach dieser Maxime handeln.[769] Der Patient handelt nur nach

> „ ... seinen eigenen Interessen. Mißgunst, Neid und Altruismus sind damit ausgeschlossen.“[770]

H.O. besitzt keine gefühlten Emotionen wie Neid und Missgunst gegenüber anderen Personen. Die eigenen Gefühle und die Emotionen anderen Personen gegenüber sind demnach oberflächlich. Dies steht im Einklang mit dem glatten, oberflächlichen Charme des Patienten.[771] Dabei ist jedoch die Expression von Emotion nicht beeinträchtigt.[772] Dient es seinem Ziel, zeigt der Patient – wenn auch nur oberflächlich – Emotionen und Affekte. H.O. verfolgt sein oberstes Ziel, die Eigennutzenmaximierung, konsequent und durchgehend.[773]

---

[764] Manstetten, R. (2006), 42.

[765] Vgl. Mueller, D. C. (1989), S. 2; siehe Boulding, K. E. (1969), S. 10 und siehe Suchanek, A. / Kerscher, K.-J. (2007), S. 252. Siehe auch die Erklärungen zu Item 1, S. 128 dieser Arbeit.

[766] Damit erfüllt der Patient ein weiteres Kriterium für Item 6 der PCL-R (vgl. Kosson, D. et al. (2010)).

[767] Vgl. Homann, K. (1994), S. 397 und siehe Göbel, E. (2002), S. 118.

[768] Manstetten, R. (2006), S. 41.

[769] Vgl. Homann, K. (1994), S. 397.

[770] Kirchgässner, G. (1991), S. 16.

[771] Vgl. die Erläuterungen zu Item 1, S. 128 dieser Arbeit.

[772] Vgl. hierzu die Ausführungen zu Item 8, S. 135 dieser Arbeit.

[773] Vgl. Corsten, H. / Gössinger, R. (2008), S. 297; vgl. Kapeller, J. (2008), S. 12; vgl. Kirchgässner, G. (1991), S. 16; vgl. Kirchler, E. (2005), S. 28; Manstetten, R. (2006), S. 41 f.; vgl. Martin, H. (1994), S. 168 und vgl. Rolle, R. (2005), S. 14.

Es gibt Aussagen in der Literatur, die bestätigen, dass H.O. unfähig ist, Gefühle im normalen Bereich zu erleben.[774] Auch deshalb kann davon ausgegangen werden, dass seine Gefühle nur oberflächlich sind. Sie können zwar im Sinne einer Expression dargestellt werden, sind aber nur oberflächlich. Dies bedeutet, dass der Patient auf die Frage „Wie hast Du Dich gefühlt?“ keine Antwort geben könnte.[775] Die Selbstreflektion von Gefühlen und Emotionen ist bei Patienten mit beeinträchtigtem Emotionserleben nicht möglich. Aus diesem Grund ist es auch H.O. nicht möglich, seine Gefühle zu schildern. Für ihn zählen nicht die eigenen Emotionen, sondern ausschließlich die Eigennutzenmaximierung.[776] Aus diesem Grund wird H.O. von anderen Personen oft als kalt und emotionslos beschrieben.[777]

Sein Wohlbefinden „wird nicht von dem Wohlbefinden oder Elend anderer Menschen beeinflusst.“[778]

Beim Patienten H.O. sind nicht nur die eigene Wahrnehmung und die Reflektion von Emotionen beeinträchtigt, sondern auch die emotionale Fremdwahrnehmung ist gestört. Er ist in der Lage, detaillierte Angaben zum Wohlbefinden anderer Personen zu machen. Darüber hinaus kann er grundsätzlich nicht die Emotionen anderer berücksichtigen.

Item 8: Gefühllos / fehlende Empathie

In den Aussagen über H.O. liegt oft das Bild

> „eines kühl kalkulierenden Egoisten [vor], der emotionslos seinen eigenen Vorteil maximiert und den Wünschen und Bedürfnissen seiner Mitmenschen weitgehend gleichgültig gegenübersteht.“[779]

---

[774] Siehe Boulding, K. E. (1969), S. 10; siehe Manstetten, R. (2006), S. 41 f. und siehe Suchanek, A. / Kerscher, K.-J. (2007), S. 252. Damit zeigt der Patient folgendes Merkmal, das für Item 7 im Manual der PCL-R aufgelistet ist: „Anschein der Unfähigkeit, Gefühle im normalen Bereich und in der normalen Tiefe zu erleben“ (Kosson, D. et al. (2010)).

[775] Das Manual der PCL-R sieht vor, dass unter anderem auch Item 7 während des strukturierten Interviews beurteilt wird. Da der Patient nicht im Rahmen eines persönlichen Gespräches befragt werden kann, basiert das diagnostische Vorgehen hier auf den Aussagen über H.O., die sich in der Literatur finden.

[776] Vgl. Mueller, D. C. (1989), S. 2.

[777] Siehe zum Beispiel Ramb, B.-T. (1993), S. 3.

[778] Manstetten, R. (2006), 42.

[779] Suchanek, A. / Kerscher, K.-J. (2007), S. 252.

Der Patient versteht sich als rein rational handelnder Akteur und ist als solcher nicht in der Lage, Emotionen zu empfinden. Belege für diese Handlungsorientierung und die Störung auf der emotionalen Ebene finden sich in der Literatur.[780] Als „egoistischer rationaler Nutzenmaximierer“[781] ist H.O. nicht zur Empathie fähig und zeigt „Herzloses Unbeteiligtsein gegenüber den Gefühlen anderer.“[782] Der Patient ist zwar emotionslos, verfügt jedoch durchaus über die Fähigkeit, Emotionen darzustellen, auch wenn er diese nicht empfindet. H.O. ist intelligent und in der Lage sämtliche Informationen aus der Umwelt aufzunehmen und aufzuwerten. Er ist immer über

> „ ... sein ihm zur Verfügung stehendes Einkommen und alle verfügbaren Handlungsmöglichkeiten genauestens informiert ist. Seine Rationalität lässt ihn stets die für ihn optimale ökonomische Entscheidung fällen“[783].

Er verfügt über große kognitive Kapazitäten. Daraus kann gefolgert werden, dass H.O. in der Lage ist Emotionen darzustellen, auch ohne diese Emotionen fühlen zu können. Er bleibt deshalb aber den Gefühlen anderer gegenüber kalt.[784] Es zeigt sich „ein herzloses Unbeteiligtsein gegenüber den Gefühlen anderer“[785]. H.O. kann sich nicht in die Lage anderer versetzen und sieht andere Personen als Objekte, die er auch wie Objekte benutzt.[786] Er ist egoistisch und denkt ausschließlich an sich selbst und seinen eigenen Nutzen,[787] anderen Mitmenschen gegenüber verhält er sich neutral.[788]

---

[780] Vgl. Boulding, K. E. (1969), S. 10; vgl. Mueller, D. C. (1989), S. 2 und vgl. Suchanek, A. / Kerscher, K.-J. (2007), S. 252.

[781] Manstetten, R. (2006), S. 41 f..

[782] Dilling, H. et al. (2005), S. 229. Dies entspricht dem 1. Kriterium der dissozialen Persönlichkeitsstörung nach ICD-10 (F 60.2).

[783] Manstetten, R. (2006), S. 41 f..

[784] Es kann davon ausgegangen werden, dass, wenn der Patient eine gestörte Expression der Emotionen zeigen würde, sich dies in zahlreichen Aussagen über ihn in der Literatur widerspiegeln würde. Eine gestörte Expression von Emotionen beeinträchtigt den Umgang mit anderen Menschen stark und kann diesen sogar unmöglich machen. Dies wird beim Patienten H.O. nicht angenommen.

[785] Dies entspricht dem 1. Kriterium der dissozialen Persönlichkeitsstörung nach ICD-10 (F 60.2) (vgl. Dilling, H. et al. (2005), S. 229).

[786] Er handelt rational.

[787] Vgl. Kirchgässner, G. (1991), S. 48; vgl. Kirchler, E. (2005), S. 28; vgl. Manstetten, R. (2006), S. 41 f.; vgl. Martin, H. (1994), S. 168 und vgl. Rolle, R. (2005), S. 14. H.O. sieht sich selbst als die „Nummer 1“ (Kosson, D. et al. (2010)) und erfüllt damit ein Merkmal für Item 8 der PCL-R.

[788] Vgl. Kirchgässner, G. (1991), S. 47.

> „Soweit er zu seinem ›Nächsten‹ nicht in einer besonderen Beziehung steht, bedeutet es ihm zunächst nichts, ob es diesem gut oder schlecht geht. Er blickt weder mit Neid noch mit Schadenfreude auf ihn, er erfreut sich aber auch nicht an seinem Wohlergehen. Er verhält sich wie der Priester und der Levit im Gleichnis vom barmherzigen Samariter aus dem Lukas-Evangelium (10, 25 – 37), die den Mann, der unter die Räuber gefallen war, sahen und vorbeigingen."[789]

Wie bei allen Patienten, die die Kriterien von Item 8 erfüllen, ist der Egoismus des Patienten so ausgeprägt, dass er nicht einmal Loyalität für die eigene Gruppe (wie Kollegen in der Arbeitsgruppe, Freunde, Familie) zeigt.[790] Beschreibt der Patient das Leid anderer, so würde er dies in einer lockeren, nüchternen und distanzierten (rationalen) Art und Weise tun.[791]

Item 9: Parasitärer Lebensstil

Da H.O. auschließlich der Eigennutzenmaximierung verpflichtet ist,[792] findet sich bei dem Patienten auch die Neigung, andere manipulativ auszunutzen.[793] Als reiner Opportunist führt er einen parasitären Lebensstil.[794] Als individuellen Kalkulierer von Kosten und Nutzen, der seinen Eigennutz optimiert,[795] handelt der Patient aus Egoismus und Eigenliebe,[796] altruistische Motive sind ihm fremd. Er besitzt

> „ ... die Konzentration auf das eigene Ego mit seinen Wünschen und Interessen, die Hervorhebung des Nutzens als des letztlich einzig relevanten Handlungsmotivs und die Unterstreichung des Gesichtspunktes der Effizienz, der rationale Kalkulation voraussetzt."[797]

---

789 Kirchgässner, G. (1991), S. 47.

790 Vgl. Kirchgässner, G. (1991), S. 48.

791 Siehe auch Kosson, D. et al. (2010). Es wird angenommen, dass H.O. auch das, was anderen zustößt, rationalisieren würde und aus diesem Grund auch dies rein rational ohne Emotionen schildern würde. Dies entspricht einem Kriterium für Item 8: „Beiläufig, lockere oder nüchterne Beschreibung des Leidens Anderer" (Kosson, D. et al. (2010)).

792 Vgl. Kapeller, J. (2008), S. 12; vgl. Kirchler, E. (2005), S. 28; vgl. Manstetten, R. (2006), S. 41 f.; vgl. Martin, H. (1994), S. 168 und vgl. Rolle, R. (2005), S. 14.

793 Vgl. Kirchgässner, G. (1991), S. 48.

794 Vgl. Göbel, E. (2002), S. 118.

795 Vgl. Kapeller, J. (2008), S. 12.

796 „Nicht vom Wohlwollen des Metzgers, Bauern oder Bäckers erwarten wir das, was wir zum Essen brauchen, sondern davon, dass sie ihre eigenen Interessen wahrnehmen. Wir wenden uns nicht an ihre Menschen-, sondern an ihre Eigenliebe" (Smith, A. (1789), S. 16 f.; vgl. auch Smith, A. (2005), S. 371).

797 Manstetten, R. (2000b), S. 126.

Es handelt sich dabei um ein ausgeprägtes Verhaltensmuster, das durch zahlreiche Quellen in der Literatur belegt ist.[798] Der Patient kann keinen Grund sehen, weshalb er freiwillig soziale Arbeiten und Pflichten (in Schule, Haushalt,...) übernehmen sollte, die ihm selbst nicht nutzen.[799] H.O. wird auch nicht davor zurückschrecken, andere unter Druck zu setzen. Seine parasitäre Einstellung äußert sich darin, dass er andere Personen dazu bringt, Dinge und Aufgaben für ihn zu erledigen. Seine Ziele kann er unter anderem dadurch erreichen, dass er den Anschein von Hilflosigkeit erweckt, andere bedroht oder die Schwächen anderer Personen ausnutzt.[800] Es ist für H.O. rational begründet, dass er insbesondere schwächere und verwundbare Personen ausnutzt.[801]

Item 10: Geringe Verhaltenskontrolle

Es liegen keine Informationen darüber vor, ob H.O. über eine unzureichende Verhaltenskontrolle verfügt. Es kann nicht festgestellt werden, ob der Patient leicht verärgert, aufbrausend oder hitzköpfig reagiert.[802] Ein zentraler Punkt im Handeln des Patienten

> „... ist das Rationalprinzip, d. h., handlungsbestimmend ist das Streben nach Nutzenmaximierung.“[803]

Diese vollständige Rationalität spricht gegen mögliches impulsives Verhalten und für eine hohe Verhaltenskontrolle. Es ist jedoch nicht bekannt, ob eine „Tendenz zu Überreaktionen auf Frustration, Disziplin[ierung] oder Kritik“[804] besteht. Da sich keine expliziten Aussagen dazu in der Literatur finden und es nicht möglich ist, mit den fiktiven Patienten ein

798 Vgl. Kapeller, J. (2008), S. 12; vgl. Kirchgässner, G. (1991), S. 48; vgl. Kirchler, E. (2005), S. 28; vgl. Manstetten, R. (2006), S. 41 f.; vgl. Martin, H. (1994), S. 168; vgl. Rolle, R. (2005), S. 14; vgl. Smith, A. (2005), S. 371 und vgl. Smith, A. (1789), S. 16 f..

799 Vgl. Smith, A. (1789), S. 16 f.. Somit wird ein Kriterium für Item 9 der PCL-R deutlich: „Parasitische Einstellung zeigt sich darin, dass Andere zur Wahrnehmung seiner / ihrer Haushaltstätigkeiten, Schulaufgaben, Arbeiten oder sozialen Verpflichtungen überredet werden" (Kosson, D. et al. (2010)).

800 Hier zeigt sich ein Verhalten, das sich in der Beschreibung von Item 9 im Manual der PCL-R wiederfindet (vgl. Kosson, D. et al. (2010)).

801 Weitere Beispiele für Äußerungen von Psychopathen bei Item 9 geben Kosson, D. et al. (2010).

802 Dies sind laut Manual der PCL-R Merkmal für Item 10. Ein weiteres Kriterium ist „Leicht verärgert, aufbrausend, hitzköpfig“.

803 Corsten, H. / Gössinger, R. (2008), S. 297.

804 Kosson, D. et al. (2010). Es handelt sich dabei um ein Kriterium für Item 10.

Interview zu führen, können im Fall von Item 10 keine Bewertung über die Ausprägung des Merkmals getätigt werden.

Item 11: Promiskuitives Sexualverhalten

H.O. verfolgt als Ziele die Eigennutzenmaximierung[805] und die Befriedigung der eigenen Lust.[806] Besonders die monetäre Befriedigung ist wichtig für ihn und steht für ihn im Vordergrund.[807] Auf Grund seines „rationalen, an der Steigerung des eigenen Nutzens orientierten Eigeninteresses“[808] ist davon auszugehen, dass es für den Patienten nur ein Motiv für sexuelles Verhalten gibt: die Erhöhung seines diskontierten Netto-Zahlungsstroms.[809]

Wenn er diese Lust auf monetären Gewinn auf seine sexuellen Bedürfnisse übertragen könnte, würde dies zu ständig wechselnden Sexualpartnern führen.[810] Über das Sexualleben des Patienten liegen jedoch keine Informationen vor, weshalb nur Hypothesen über sein Sexualverhalten aufgestellt werden können. Verstärkt werden könnte die promiskuitive Tendenz durch die Emotionslosigkeit und die Unfähigkeit zu empathischem Verhalten.[811] Man kann davon ausgehen, dass die sexuellen Beziehungen von H.O. dabei eher unpersönlich sind.

Da sich jedoch keine (direkten und indirekten) Aussagen über das Sexualverhalten von H.O. in der Literatur finden, kann das Item 11 nicht beurteilt werden.

---

805 Vgl. Corsten, H. / Gössinger, R. (2008), S. 297; vgl. Kapeller, J. (2008), S. 12 und vgl. Kirchgässner, G. (1991), S. 16.

806 Vgl. Mueller, D. C. (1989), S. 2; siehe Manstetten, R. (2006), S. 41 f..

807 Vgl. Suchanek, A. / Kerscher, K.-J. (2007), S. 252.

808 Manstetten, R. (2000b), S. 122.

809 Vgl. z. B. Manstetten, R. (2006), S. 41 f.; vgl. Kirchler, E. (2005), S. 28 f. und vgl. Kapeller, J. (2008), S. 13.

810 Merkmale für Item 11 der PCL-R sind „Sexuelle Beziehungen sind unpersönlich“ und „Häufig wechselnde lockere Beziehungen“ (Kosson, D. et al. (2010)).

811 Vgl. Boulding, K. E. (1969), S. 10 und vgl. Suchanek, A. / Kerscher, K.-J. (2007), S. 252.

Item 12: Frühkindliche Verhaltensprobleme

Es wird angenommen, dass der Patient H.O. in seiner Individuation nicht über die zweite Stufe hinausgekommen sein kann:[812] Sein Ego ist abgegrenzt und er kann eigene Ziele definieren und durchsetzen.

> „Denn eine egoistische rationale Nutzenmaximierung setzt voraus, daß überhaupt ein Ego gegen die anderen abgegrenzt wurde, daß eigene Wahrnehmung, Wünsche und Ziele von denen der anderen unterschieden, daß Durchsetzungsstrategien erkannt und tatsächlich verfolgt werden und daß Fremdbestimmung, nachdem die Präferenzen einmal festliegen, nicht mehr stattfindet.“[813]

Eine nicht abgeschlossene Selbst-Werdung kann bereits sehr früh in der Kindheit aufgetreten sein. Es handelt sich dabei um eine Entwicklungsstörung und nicht um ein Trauma oder eine Läsion, die im Erwachsenenalter erworben wurde. Betrachtet man die Individuation des Patienten wird ein Entwicklungsdefizit deutlich.[814] Das Kriterium für eine Entwicklungspsychopathie ist demnach erfüllt.[815]

Es finden sich in der Literatur keine Quellen, die ausführen, dass H.O. seine Verhaltensmuster jemals geändert hat. Da er über zeitstabile Präferenzen verfügt, ist eine Änderung des Handlungsmusters über die Zeit hinweg ausgeschlossen. Der Patient entwickelt unabhängig von seiner Umwelt und unabhängig von allen Umwelteinflüssen eine Persönlichkeitsstörung. Frühkindliche Verhaltensprobleme und frühe Verhaltensprobleme können deshalb angenommen werden. Es handelt sich dabei um „andauernde, ernste Verhaltensstörungen“[816] in der Kindheit.

---

[812] Vgl. Manstetten, R. (2000b), S. 123 f..

[813] Manstetten, R. (2000b), S. 123.

[814] Vgl. die Erläuterungen zur Bewertung von Item 2, S. 129 ff. dieser Arbeit. Zur Individuation des *homo oeconomicus* vgl. Manstetten, R. (2000b), S. 123 f. und siehe S. 179 dieser Arbeit.

[815] Bei der Entwicklungspsychopathie hat der Erziehungsstil der Eltern keinen Einfluss auf antisoziales und aggressives Verhalten.

[816] Kosson, D. et al. (2010). Dieses Kriterium für Item 12 der PCL-R ist damit erfüllt.

Item 13: Fehlen realistischer, langfristiger Pläne

Ob der Patient die Kriterien für Item 13 erfüllt, muss diskutiert werden. Einerseits ist der Patient ein rationaler Eigennutzenmaximierer[817], der in Zahlungsströmen denkt,[818] andererseits handelt es sich bei ihm nicht um eine Person, die in den Tag hinein lebt.[819]

> „Der Homo oeconomicus, der wirtschaftende Mensch, gilt in den heute üblichen Modellen als egoistischer rationaler Nutzenmaximierer, der über seine Bedürfnisstruktur (in der Sprache der Ökonomie: seine Präferenzordnung), sein ihm zur Verfügung stehendes Einkommen und alle verfügbaren Handlungsmöglichkeiten genauestens informiert ist. Seine Rationalität lässt ihn stets die für ihn optimale ökonomische Entscheidung fällen…“[820]

H.O. verfügt über zeitstabile Präferenzen und wechselt deshalb nicht häufig seine Pläne.[821] Es wird deshalb angenommen, dass er keine „unrealistischen Bestrebungen“[822] verfolgt, die er ohne einen Plan erreichen möchte.

Item 14: Impulsivität

Da ein Interview mit einem fiktiven Patienten nicht möglich ist, besteht bei H.O. auch nicht die Möglichkeit, impulsives Verhalten beobachten zu können. Aus den bekannten Persönlichkeitsmerkmalen des Patienten und seinen ausgeprägten Verhaltensmustern kann jedoch auf die Ausprägung seiner Impulsivität geschlossen werden.

Ob der Patient impulsiv handelt, muss dabei differenziert beurteilt werden. Er ist zwar einerseits opportunistisch[823], andererseits wägt er Pro und Contra seiner Handlungen (in Bezug auf die Eigennutzenmaximierung) ab[824].

---

[817] Vgl. Corsten, H. / Gössinger, R. (2008), S. 297 und vgl. Kapeller, J. (2008), S. 12.

[818] Vgl. Suchanek, A. / Kerscher, K.-J. (2007), S. 252.

[819] Vgl. Kirchgässner, G. (1991), S. 12. Der Patient zeigt damit nicht das Merkmal der PCL-R „Lebt in den Tag hinein“ (Kosson, D. et al (2010)).

[820] Manstetten, R. (2006), S. 41 f..

[821] Vgl. Ruckriegel, K. (2007), S. 200. Ein Kriterium für Item 13 der PCL-R ist „Wechselt häufig Pläne“ (Kosson, D. et al. (2010)).

[822] Kosson, D. et al. (2010). H.O. zeigt ein Merkmal für Item 13, das im Handbuch der PCL-R vorgegeben wird (vgl. Kosson, D. et al. (2010)).

[823] Vgl. Suchanek, A. / Kerscher, K.-J. (2007), S. 252; siehe Göbel, E. (2002), S. 118. Ein Kriterium für Item 14 der PCL-R, das der Patient erfüllt, ist „opportunistisch“ (Kosson, D. et al. (2010)).

> „Wenn wir dem *homo oeconomicus* eine Präferenzordnung zuschreiben, die neben den Eigenschaften der Vollständigkeit, Reflexivität und Transitivität die Eigenschaft der Unabhängigkeit erfüllt, dann haben wir ihm alle Charakteristika zugeschrieben, die ihn als einen »egoistischen rationalen Nutzenmaximierer«“[825] kennzeichnen.

H.O. handelt stets vollständig rational, was impulsives Verhalten ausschließt. Aus diesem Grund wird dieses Item mit 0 bewertet.[826]

Item 15: Sorglos-unverantwortliches Handeln

H.O. ist grundsätzlich rücksichtslos. Dieses Verhalten ist in der Literatur beschrieben.[827] Er ist egoistisch und verfolgt ausschließlich das Ziel, seinen eigenen Nutzen zu maximieren.[828] Soziale Regeln oder Normen lässt er dabei außer Acht, wenn sie nicht seinem Nutzen entsprechen.

> „Der Homo oeconomicus wird versuchen, seinen Nutzen zu maximieren und kann dabei durchaus amoralisch handeln, Regeln ignorieren, Vereinbarungen brechen, oder sich Mitteln der Hinterlist, der Manipulation und des Betruges bedienen, solange er sich dadurch einen persönlichen Nutzen verspricht.“[829]

Es finden sich Aussagen, die bestätigen, dass H.O. unerwünschtes und antisoziales Verhalten zeigt. Er „lügt und betrügt“[830] und zeigt „deutliche und andauernde Verantwortungslosigkeit und Missachtung sozialer Normen, Regeln und Verpflichtungen“[831].

Sein Verhalten ist opportunistisch und rücksichtslos.[832] Es gibt für H.O. keinen Grund, auf andere Rücksicht zu nehmen, denn er optimiert „mit jeder Entscheidung seine individuel-

---

824 Vgl. Kapeller, J. (2008), S. 12. „Wägt nicht Pro und Contra ab und kümmert sich nicht um Konsequenzen...“ (Kosson, D. et al. (2010)) ist ein weiteres Merkmal für Item 14 der PCL-R.

825 Mueller, D. (1989), S. 2.

826 Das 4. Kriterium der dissozialen Persönlichkeitsstörung nach ICD-10 „Sehr geringe Frustrationstoleranz und niedrige Schwelle für aggressives, auch gewalttätiges Verhalten“ (Dilling, H. et al. (2005), S. 229) ist beim Patienten nicht erfüllt.

827 Vgl. Kirchgässner, G. (1991), S. 48.

828 Vgl. Kirchler, E. (2005), S. 28; vgl. Manstetten, R. (2006), S. 41 f.; vgl. Martin, H. (1994), S. 168; vgl. Mueller, D. C. (1989), S. 2 und vgl. Rolle, R. (2005), S. 14.

829 Hackert, B. (1999), S. 20.

830 Göbel, E. (2002), S. 118.

831 Dilling, H. et al. (2005), S. 229. Dies entspricht dem 2. Kriterium der dissozialen Persönlichkeitsstörung nach ICD-10 (F 60.2).

832 Vgl. Göbel, E. (2002), S. 118.

len Kosten-Nutzen-Kalküle."[833] Zusätzlich dazu ist H.O. überhaupt nicht in der Lage, die Motive anderer zu berücksichtigen und Rücksicht zu nehmen. Patienten, die sich auf ein Ziel fixieren, richten meist auch ihre kognitiven Kapazitäten ausschließlich auf dieses Ziel aus.[834] Dies ist auch bei H.O. der Fall: Seine Gedanken fokussieren ausschließlich das Ziel der Eigennutzenmaximierung, das ihn „immer wieder stereotyp beschäftigt"[835].

Der Patient weitet die Rücksichtslosigkeit auch auf seine eigene Person aus.

> „Die Todesstrafe bedeutet für ihn das Versiegen seines Netto-Zahlungsstroms – nicht mehr und nicht weniger."[836]

Dieses Verhaltensschema, die Schädigung und Qual der eigenen Person in Kauf zu nehmen, kann auch bei Patienten mit neurotischen Fixierungen beobachtet werden.[837]

> „Der wirtschaftende Mensch ist ... der abhängige Mensch – sei es auch nur, als Homo oeconomicus, Abhängiger seiner eigenen Bedürfnisstruktur ..."[838]

H.O. kommt seinen Verpflichtungen nur nach, wenn es seiner Nutzenmaximierung dient.[839] Die Unverantwortlichkeit zeigt sich bei dem Patienten in verschiedenen Lebensbereichen, im Umgang mit Freunden, Familie, Institutionen oder Arbeitskollegen.[840] Er hat grundsätzlich kein Problem damit, andere Personen einem Risiko auszusetzen,[841] denn er ist „vor allem ein anreizgesteuertes Wesen"[842]. Dient es insgesamt der Nutzenmaximierung, nimmt er Verletzungen, Schäden und Sanktionen gegen seine eigene Person oder gegen andere Personen in Kauf.[843]

---

[833] Kapeller, J. (2008), S. 12.
[834] Vgl. Dilling, H. et al. (2005), S. 164 ff..
[835] Dilling, H. et al. (2005), S. 164.
[836] Lingnau, V. (in Vorbereitung), S. 2.
[837] Vgl. Dilling, H. et al. (2005), S. 164 ff..
[838] Manstetten, R. (2006), S. 57.
[839] Somit zeigt der Patient H.O. Merkmale, die im Manual der PCL-R das Item 15 beschreiben (vgl. Kosson, D. et al. (2010)).
[840] Vgl. Ramb, B.-T. (1993), S. 3.
[841] Vgl. Homann, K. (1994), S. 397.
[842] Manstetten, R. (2000b), S. 94. „Aus diesem Grund sieht ihn Homann als besonders geeignet zur Beschreibung von Dilemmastrukturen an" (Manstetten, R. (2000b), S. 94; vgl. Homann, K. (1994), S. 397).
[843] Lingnau, V. (in Vorbereitung), S. 2 f..

Item 16: Verweigerung der Verantwortung für eigenes Handeln

H.O. ist rücksichtslos:

> „Häufig verhalten sich Individuen aber auch egoistisch, obwohl sie sich theoretisch anders verhalten könnten und – von einem moralischen Standpunkt aus – möglicherweise auch sollten. Dies gilt insbesondere dann, wenn sie ihr Eigeninteresse mit List verfolgen, wenn sie ›opportunistisch‹ sind. So pflegen Individuen ihr gegebenes Wort gelegentlich zu brechen, wenn es ihnen zum Vorteil gereichen kann. Oder sie geben Informationen bewusst unvollständig oder verzerrt weiter, um sich bestehende Informationsasymmetrien zu Nutzen zu machen.“[844]

Der Patient ist nicht der Lage, Verantwortung für das eigene Tun und Handeln zu übernehmen, da er sein Verhalten rationalisierend[845] mit dem grundsätzlichen Ziel der Nutzenmaximierung[846] begründet.[847] H.O. vermeidet und verweigert die Übernahme von persönlicher Verantwortung für eigene Handlungen und begründet sein Handeln immer mit der Zweckrationalität.

> „Wenn … jeder Einzelne soviel wie nur möglich danach trachtet, sein Kapital zur Unterstützung der einheimischen Erwerbstätigkeit einzusetzen und dadurch diese so lenkt, dass ihr Ertrag den höchsten Wertzuwachs erwarten lässt, dann bemüht sich auch jeder Einzelne ganz zwangsläufig, dass das Volkseinkommen im Jahr so groß wie nur möglich werden wird.“[848]

Dies kann sowohl für „kriminelle als auch nicht kriminelle Handlungen“[849] der Fall sein. Die mangelnde Bereitschaft und Fähigkeit, Verantwortung für das eigene Handeln zu übernehmen, wird wiederum durch seine ständigen Rationalisierungen aufgezeigt.[850]

---

[844] Kirchgässner, G. (1991), S. 48.

[845] „Rationalisierungen“ (Kosson, D. et al. (2010)) stellt ein Merkmal für Item 16 dar, das im Handbuch der PCL-R aufgezählt wird.

[846] Vgl. Kirchler, E. (2005), S. 28; vgl. Manstetten, R. (2006), S. 41 f.; vgl. Martin, H. (1994), S. 168 und vgl. Rolle, R. (2005), S. 14.

[847] Vgl. Mueller, D. C. (1989), S. 2.

[848] Smith, A. (2005), S. 371. „Tatsächlich fördert er in der Regel nicht bewusst das Allgemeinwohl noch weiß er, wie hoch der eigene Beitrag ist… Er strebt lediglich nach eigenen Gewinnen; und er wird in diesen wie auch in anderen Fällen *von einer unsichtbaren Hand geleitet*, um einen Zweck zu fördern, den zu erfüllen er in keiner Weise beabsichtigt hat. Auch für die Gesellschaft ist es nicht immer das schlechteste, dass dieser Zweck nicht Teil seiner Absicht war.“ (Smith, A. (2005), S. 371).

[849] Kosson, D. et al. (2010). Es handelt sich dabei um ein Kriterium für Item 16 der PCL-R.

Item 17: Viele kurze, eheliche Beziehungen

Das rein opportunistische Verhalten und die Empathieunfähigkeit sowie Emotionslosigkeit können dazu führen,[851] dass der Patient nicht in der Lage ist, längerfristige Beziehungen zu anderen Menschen einzugehen (eheliche und eheähnliche Beziehungen). Er kann lediglich andere Menschen dazu benutzen bzw. ausnutzen,[852] um seinen Eigennutzen durchzusetzen.[853] Es liegen keine Informationen zu eheähnlichen Beziehungen des Patienten vor.[854] Auch zwischenmenschliche Beziehungen des Patienten sind vorwiegend zweckrational und laufen damit emotionslos ab.[855] Diese sind damit oberflächlich.

> *„No one in his senses would want his daughter to marry an economic man, who counted every cost and asked for every reward, was never afflicted by mad generosity or uncalculating love, and .. never acted out of a sense of inner identity and indeed had no inner identity even if he was occasionally affected by carefully calculated considerations of benevolence or malevolence ...*“[856].

Nur wenn die Beziehung der Nutzenmaximierung dient, ist H.O. überhaupt bereit sie einzugehen.[857] Es ist jedoch nicht bekannt, ob bei dem Patienten tatsächlich „häufige, unstabile, oberflächliche und turbulente außerfamiliäre Beziehungen“[858] bestehen.

Es wird angenommen, dass H.O. auch bereit wäre Beziehungen anzufangen, obwohl „keine Bereitwilligkeit zur Aufrechterhaltung“[859] vorhanden ist. Zwischenmenschliche Beziehungen würden durch mangelndes Interesse und fehlenden Einsatz scheitern. Der Patient

---

850 Er erfüllt das 6. Kriterium der dissozialen Persönlichkeitsstörung nach ICD-10 „Neigung, andere zu beschuldigen oder vordergründige Rationalisierungen für das eigene Verhalten anzubieten, ...“ (Dilling, H. et al. (2005), S. 229).

851 Vgl. Boulding, K. E. (1969), S. 10; vgl. Göbel, E. (2002), S. 118 und vgl. Suchanek, A. / Kerscher, K.-J. (2007), S. 252.

852 Vgl. Kirchgässner, G. (1991), S. 48.

853 Vgl. Homann, K. (1994), S. 397 und vgl. Smith, A. (2005), S. 16 f..

854 Es finden sich auch in der Literatur kaum Aussagen zu dem Beziehungsverhalten des *homo oeconomicus*.

855 Vgl. Kirchgässner, G. (1991), S. 12.

856 Boulding, K. E. (1969), S. 10.

857 Siehe Ramb, B.-T. (1993), S. 3.

858 Kosson, D. et al. (2010). Es handelt sich dabei um eine Merkmal für Item 17 der PCL-R.

859 Kosson, D. et al. (2010). Der Patient erfüllt ein weiteres Merkmal für Item 17 der PCL-R.

zeigt insgesamt betrachtet das „Unvermögen zur Beibehaltung längerfristiger Beziehungen, aber keine Schwierigkeiten, Beziehungen einzugehen“[860].

Item 18: Jugendkriminalität

Bei psychopathischen Patienten ist das Lernen durch Bestrafung beeinträchtig, was dazu führt, dass diese nicht im Stande sind, durch Sanktionen zu lernen.[861] Die Fähigkeit durch Belohnung zu lernen ist dabei unbeeinträchtigt. H.O. wägt in jeder Situation Kosten und Nutzen ab.[862] Mögliche Sanktionen werden als Kosten in seine rationale Berechnung mit aufgenommen.[863] Es kann daraus geschlossen werden, dass ein Lernen durch Strafe bei H.O. nicht ausreichend stattfindet. Das Belohnungslernen ist dagegen nicht beeinträchtigt: Der Patient zeigt sogar eine sehr ausgeprägte Fähigkeit, durch Belohnung zu lernen, indem er besonders monetäre Belohnung als Nutzenmaximierung empfindet.[864]

Es ist auch mit einer sehr früh auftretenden Kriminalität zu rechnen, da weder prophylaktische Maßnahmen noch Therapien Auswirkung auf das Verhalten und das grundlegende Ziel des Patienten, seinen Nutzen zu maximieren[865], haben. H.O. verfügte „schon immer“ über zeitstabile Präferenzen und über das Streben nach der Eigennutzenmaximierung. Es finden sich keine Aussagen, die eine Änderung des Verhaltensmusters beschreiben.

---

[860] Dies entspricht dem 3. Kriterium der dissozialen Persönlichkeitsstörung nach ICD-10 (Dilling, H. et al. (2005), S. 229).

[861] Dies entspricht dem 5. Kriterium der dissozialen Persönlichkeitsstörung nach ICD-10 „Unfähigkeit zum Erleben von Schuldbewusstsein oder zum Lernen besonders aus Bestrafung“ (Dilling, H. et al. (2005), S. 229).

[862] Vgl. Kirchgässner, G. (1991), S. 16.

[863] H.O. wird oft auch als „REMM“, als „*Resourceful, Evaluating, Maximising Man*“, bezeichnet (Kirchgässner, G. (1991), S. 12; siehe auch Kirchgässner, G. (1991), S. 48). Auf der Basis der ihm zur Verfügung stehenden Ressourcen evaluiert er in jeder Situation Kosten und Nutzen mit dem Ziel, den Eigennutzen zu maximieren. Der eigene Tod stellt für ihn (lediglich) das Versiegen des Nettozahlungsstroms dar. Bei seinen Kosten-Nutzen-Überlegungen berechnet er den eigenen Tod als Kosten mit ein.

[864] Vgl. Suchanek, A. / Kerscher, K.-J. (2007), S. 252. Diese Störung des passiven Vermeidungslernens bei gleichzeitig intaktem Belohnungslernen ist hier nicht nur für die Bewertung von Item 18 relevant, sondern muss auch bei der Auswertung der Items 19 (siehe S. 147 dieser Arbeit) und 20 (siehe S. 148 dieser Arbeit) berücksichtigt werden.

[865] Vgl. Kapeller, J. (2008), S. 12 und vgl. Kirchgässner, G. (1991), S. 16.

Ob bei H.O. ein erheblich schwerkriminelles Verhaltensmuster besteht,[866] kann nicht beurteilt werden. Es liegen keine Informationen darüber vor, ob der Patient verschiedene schwere Delikte aus verschiedensten Bereichen („Gewalt, schwerer Diebstahl, Drogenhandel, ...Verkehrsdelikte, Einbruch,“[867]) begangen hat, da keine Akten, Anklagen, Verurteilungen oder Verwarnungen des Patienten vorliegen. Es kann jedoch davon ausgegangen werden, dass der Patient, wenn er kriminell wird, polytrop kriminell sein wird. Wenn eine Handlung seinen Zielen dient, würde er nicht davor zurückschrecken, in verschiedenen Gebieten kriminell zu werden. H.O. begründet delinquentes und kriminelles Verhalten – sowie alle seine Handlungen – mit dem Rationalitätsprinzip.[868]

Item 19: Verletzungen von Bewährungsauflagen

Da seine Präferenzordnung zeitstabil ist,[869] besitzt H.O. hohe Rückfälligkeitstendenzen. Nach einer Delinquenz wird die Legalprognose des Patienten H.O. als sehr schlecht eingeschätzt. Er wird die begangene Tat jederzeit wiederholen, da er (wiederholt) opportunistisch handelt.[870]

Der Patient wird sich nicht an Bewährungsauflagen halten. Bewährungsauflagen sind als Regeln zu interpretieren, an die sich H.O. nur dann halten wird, wenn sie seiner Maxime dienen. H.O. kann sich nicht vor einer Straftat in der Gesellschaft integrieren, noch kann er sich nach einer Delinquenz integrieren.[871] Er handelt ausschließlich rational nach dem Prinzip der Eigennutzenmaximierung[872] und opportunistisch[873], weshalb sein Handeln auch

---

866 „Zeigt wiederholt schwerkriminelles Verhaltensmuster“ (Kosson, D. et al. (2010)) ist ein Merkmal für Item 18 der PCL-R.

867 Kosson, D. et al. (2010).

868 Er optimiert „mit jeder Entscheidung seine individuellen Kosten-Nutzen-Kalküle.“ (Kapeller, J. (2008), S. 12).

869 Vgl. Ruckriegel, K. (2007), S. 200.

870 Die zwangsläufige erneute Delinquenz und Straffälligkeit zeigen, dass „ ... mit der ökonomischen Rationalität noch nicht die umfassende praktische Vernunft wirtschaftlichen Handelns garantiert ...“ (Göbel, E. (2006), S. VIII) ist. Der Patient handelt auschließlich nach seiner Maxime.

871 Siehe hier auch die Ausführungen zu Item 20, S. 148 dieser Arbeit.

872 Vgl. Corsten, H. / Gössinger, R. (2008), S. 297; vgl. Kapeller, J. (2008), S. 12; vgl. Kirchgässner, G. (1991), S. 12 und S. 16; vgl. Kirchler, E. (2005), S. 28; vgl. Manstetten, R. (2006), S. 41 f.; vgl. Martin, H. (1994), S. 168 und vgl. Rolle, R. (2005), S. 14.

873 Der *homo oeconomicus* ist rein materiell orientiert (vgl. Suchanek, A. / Kerscher, K.-J. (2007), S. 252; vgl. auch Göbel, E. (2002), S. 118).

erneut mit den Normen und Werten einer Gesellschaft konfligiert wird.[874] Es sind keine Aussagen dazu bekannt, ob H.O. gegen Entlassungskonditionen und Bewährungsauflagen tatsächlich verstößt,[875] von einer Bereitschaft und eindeutigen Tendenz dazu kann jedoch aus den oben genannten Gründen ausgegangen werden.[876]

Item 20: Kriminelle Flexibilität

In der Literatur finden sich keine Aussagen darüber, ob H.O. tatsächlich straffällig oder delinquent ist. Eine Person, die rational, emotionslos[877] und ohne Berücksichtigung anderer seine eigenen Interessen durchsetzt,[878] wird früher oder später mit den Gesetzen einer Gesellschaft in Konflikt geraten. Gesetze sind Regeln, gegen die H.O.„als egoistischer rationaler Nutzenmaximierer"[879] verstößt, wann immer es ihm nutzt.[880] Das opportunistische Handeln des Patienten begünstigt die Straffälligkeit.[881]

> „... Denn wenn alle Individuen konsequent als egoistische rationale Nutzenmaximierer handeln, wird eine konstitutionelle Demokratie gemäß der Logik des wirtschaftstheoretischen Modells zu einem Staat degenerieren, dessen Budget überproportional hoch ist und der eine ineffiziente und aufgeblähte Bürokratie unterhält. Damit schrumpft aber der Raum, innerhalb dessen die Homines oeconomici ihren Nutzen maximieren können, bis er schließlich zu verschwinden droht. Der Homo oeconomicus, der politisch konsequent als Homo oeconomicus handelt, gefährdet langfristig die Grundlagen seines Handelns."[882]

---

[874] Vgl. Mueller, D. C. (1989), S. 2; vgl. auch Kirchgässner, G. (1991), S. 48. Die Beeinträchtigung des passiven Vermeidungslernens bei gleichzeitig intaktem Belohnungslernen verstärkt diese Neigung (siehe die Erläuterungen zu Item 18, S. 146 dieser Arbeit).

[875] Ein Merkmal für Item 19 ist die „schwerwiegende Verletzung von Entlassungskonditionen ... oder ... aus dem sicheren Gewahrsam geflüchtet" (Kosson, D. et al. (2010)).

[876] Da beim Patienten H.O. die Tendenz zum Verstoß gegen Bewährungsauflagen vorhanden ist, wird das Item 19 der PCL-R mit eins bewertet. Weil aber nicht feststeht, ob der Patient tatsächlich in mehr als zwei Fällen schwerwiegende Verletzungen gegen Entlassungkonditionen begangen hat, kann das Item nicht mit zwei Punkten bewertet werden.

[877] Vgl. Boulding, K. E. (1969), S. 10 und vgl. Suchanek, A. / Kerscher, K.-J. (2007), S. 252.

[878] Vgl. Mueller, D. C. (1989), S. 2.

[879] Manstetten, R. (2006), S. 41 f..

[880] Vgl. Kirchgässner, G. (1991), S. 12; siehe auch Suchanek, A. / Kerscher, K.-J. (2007), S. 252.

[881] Vgl. Göbel, E. (2002), S. 118.

[882] Manstetten, R. (2006), S. 46.

Das ausschließliche Verfolgen des eigenen Ziels der Eigennutzenmaximierung[883] muss mit den Wünschen und Interessen anderer konfligieren. Aus diesem Grund gerät der Patient mit anderen Personen zwangsläufig und ständig in Konflikt. In der Literatur findet sich eine weitere Aussage eines Autors zu den möglichen Gefahren, die entstehen würden, wenn sich mehrere Personen wie H.O. verhielten: Dann, sei „der Verfall der Verfassungen der Freiheit ... unaufhaltsam."[884]

H.O. neigt also zu delinquentem und straffälligem Verhalten. Darüberhinaus geht H.O. davon aus, dass sich alle anderen Personen ebenso opportunistisch, egoistisch und delinquent verhalten:

> „Das ist das Zentrum der Ökonomik: Die Akteure agieren nicht als homines oeconomici, aber sie reagieren als homines oeconomici auf das Verhalten anderer, das sie in Nachteil bringt"[885].

Die Kriminalität kann dabei auf verschiedene Arten ausgeübt werden.[886] Die Vielfältigkeit des kriminellen Verhaltens resultiert daraus, dass H.O. konsequent und wiederholt Regeln und Gesetzte brechen wird, wenn es seinem eigenen Vorteil dient und den Eigennutzen maximiert. Das 20. Item der PCL-R beurteilt dabei nicht die Häufigkeit von delinquentem und kriminellem Verhalten, sondern die Vielfalt.[887] Wie oben erläutert ist bei H.O. von einem großen Spektrum an verschiedenen kriminellen Verstößen auszugehen.[888]

---

883 Vgl. Kirchgässner, G. (1991), S. 16; vgl. Kirchler, E. (2005), S. 28; vgl. Manstetten, R. (2006), S. 41 f.; vgl. Martin, H. (1994), S. 168 und vgl. Rolle, R. (2005), S. 14.

884 Manstetten, R. (2000b), S. 228.

885 Homann, K. (1994), S. 397,

886 Der *homo oeconomicus* ist dabei anreizgesteuert (vgl. Manstetten, R. (2000b), S. 94).

887 Vgl. Kosson, D. et al. (2010). Ein Kriterium für Item 20 der PCL-R ist ein „großes Spektrum an verschiedenen kriminellen Verstößen" (Kosson, D. et al. (2010)). Dabei sind „Kriminelle Vergehen in 15 Kategorien unterteilt: Mord, Sexualdelikte, Körperverletzung, Raub, Entführung, Brandstiftung, ..." (Kosson, D. et al. (2010)).

888 Die PCL-R unterteilt kriminelles Vergehen in 15 Kategorien (zum Beispiel Mord, Sexualdelikte, Körperverletzung, Entführung, Raub, Drohungen, Verkehrsdelikte, Verstoß gegen das Betäubungsmittelgesetz, Diebstahl, Betrug, Rechtsbehinderung,...). Das Item 20 wird mit zwei Punkten bewertet, wenn sich die Verstöße in sechs oder mehr Kategorien finden; ein Punkt wird vergeben, wenn vier oder fünf Bereiche betroffen sind. Ist die Delinquenz in drei oder weniger als drei Bereichen anzusiedeln, wird das Item mit null Punkten bewertet.

4.1.3.2 Auswertung und Diagnose

Wertet man die PCL-R aus, erreicht der Patient H.O. insgesamt einen Score von 27,1 Punkten.[889] Der Patient zeigt eindeutig einen erhöhten Wert von Psychopathie. Ob bei dem Patienten eindeutig eine psychopathische Persönlichkeitsstörung vorliegt, muss diskutiert werden. In der PCL-R wird als eindeutiger Cutt-Off-Wert für Psychopathie ein Punktwert von 30 angegeben. Insbesondere im Unternehmensbereich wird auch eine niedrigere Schwelle von 20 Punkten diskutiert.[890] Der PCL-R-Score des Patienten liegt eindeutig über einer Schwelle von 20 und 25 Punkten, weshalb mindestens von einer Verdachtsdiagnose der psychopathischen Persönlichkeitsstörung ausgegangen werden kann.

Eine differenzierte Auswertung der PCL-R nach dem Vier- und Zwei-Faktoren-Modell wird im Folgenden aufgestellt und diskutiert.[891]

Das Zwei-Faktoren-Modell[892] unterscheidet zwischen dem emotional-interpersonellen Faktor 1 und dem antisozialen Faktor 2.[893] Bei Faktor 1, der die Kernmerkmale der psychopathischen Persönlichkeit darstellt, erreicht der Patient H.O. 15 von 16 möglichen Punkten. Bei Faktor 2, der die sozial devianten Verhaltensweisen und den antisozialen Lebensstil abbildet, ist der Score mit sieben von 18 möglichen Punkten geringer.[894] Es handelt sich bei dem H.O. also um einen „Faktor-1-Psychopathen" nach dem Zwei-Faktoren-Modell.

Das Vier-Faktoren-Modell unterscheidet zwischen vier voneinander unabhängigen Faktoren.[895] Bei dem interpersonellen Faktor 1 erreicht H.O. acht von acht möglichen Punk-

---

[889] Bei vier der 20 Items lagen keine Informationen vor. Bei der Berechnung des Gesamtscores und der einzelnen Faktoren ist es möglich, fehlende Werte zu ersetzen. Für diesen Zweck enthalten psychologische Tests Ersatzwerte, die die Testautoren ihrem Verfahren beifügen. Die hier verwendete Ersatzwert-Tabelle findet sich bei Forth et al. (vgl. Forth, A. E. et al. (2003), Probating Table, Tabelle 1). Die Bewertung der einzelnen Items ist in Tabelle 14, S. 127 dieser Arbeit dargestellt.

[890] Widiger, T. A. (1998), S. 62.

[891] Das Zwei- und Vier-Faktoren-Modell der PCL ist in Kapitel 2.2.3.1.1, S. 37 ff. dieser Arbeit dargestellt.

[892] Siehe Hare, R.D. (1990), S. 338; siehe Hare, R. D. / Neumann, C. S. (2008), S. 219 f.; siehe Harpur, T. J. et al. (1989), S. 211; siehe Harpur, T. J. et al. (1988), S. 741; siehe Hart, S. D. / Hare, R. D. (1989), S. 211; siehe Sevecke, K. et al. (2005), S. 393 und siehe Walters, G. D. (2003), S. 89.

[893] Siehe Tabelle 4, S. 35 dieser Arbeit.

[894] Es sollte dabei beachtet werden, dass bei Faktor 2 ein Item nicht bewertet werden konnte. Aus diesem Grund könnte der tatsächliche Score des Patienten noch höher liegen.

[895] Vgl. Tabelle 6, S. 42 dieser Arbeit.

ten[896], beim affektiven Faktor 2 sieben von acht möglichen. Berechnet man Faktor 3, der den Lebensstil abbildet, erreicht der Patient vier von zehn möglichen Punkten. Faktor 4, der das antisoziale Verhalten abbildet, kann nicht berechnet werden.[897] Als Fazit kann festgehalten werden, dass der Patient H.O. bei Faktor 1 und 2 hohe Werte erreicht, bei Faktor 1 sogar den Höchstwert.

Es handelt sich beim Patienten H.O. um einen Psychopathen mit einem besonderen Profil. Auf interpersoneller und affektiver Ebene kann die Diagnose Psychopathie als gesichert betrachtet werden.[898] Das antisoziale Verhalten und der deviante Lebensstil sind kaum ausgeprägt.[899] H.O. besitzt die Kernpersönlichkeit eines Psychopathen, wird aber als solcher nicht auffällig, da antisoziale, delinquente und kriminelle Verhaltensmuster fehlen. Es handelt sich bei dem Patienten H.O. um einen Psychopathen, der als solcher nicht erkennbar ist. H.O. stellt einen besonderen Subtyp eines Psychopathen dar.[900]

Bei der oben beschriebenen Diagnostik ist auffällig, dass die beiden Rater, trotz der unterschiedlichen Vorerfahrung mit der PCL und der Begutachtung von Psychopathen, zu einer übereinstimmenden Diagnose des Patienen H.O. kommen. Das Rating der in der PCL geschulten Psychologin stimmt weitgehend mit dem des in diesem Test ungeschulten Ökonomen überein. Dies spricht dafür, dass die psychopathischen Merkmale des Patienten *homo oeconomicus* sehr dominant und ausgeprägt sind.

---

[896] Da ein Item von Faktor 1 nicht bewertet werden konnte, werden für die Gesamtbewertung des Faktors Ersatzwerte genutzt (vgl. Forth, A. E. et al. (2003), Probating Tables, Tabelle 2).

[897] Bei Faktor 4 konnten zwei der 5 Items nicht bewertet werden. Das Manual der PCL-R schlägt vor, einen Faktor nicht zu berechnen, wenn mehr als ein Item fehlt (vgl. Forth, A. E. et al. (2003), Hinweise zu den Probating-Tabellen (Note Probating Tables)). Fehlende Werte treten auch beim üblichen Umgang bei psychologischen Tests auf. Aus diesem Grund enthalten psychologische Testverfahren Ersatzwert-Tabellen (siehe zum Beispiel Andresen, B. (2006), S. 121 f.). *Missing Data* entstehen nicht nur bei der Diagnostik von H.O., weil es sich um die Bewertung eines theoretischen Konstruktes handelt, sondern auch bei der Psychodiagnostik von realen Probanden.

[898] Der Patient hat hohe Werte bei den Faktoren 1 und 2 im Vier-Faktoren-Modell und erreicht einen hohen Wert bei Faktor 1 des Zwei-Faktoren-Modells.

[899] H.O. hat mit vier Punkten einen geringen Wert bei Faktor 3 im Vier-Faktoren-Modell und erreicht ebenfalls einen niedrigen Wert bei Faktor 2 des Zwei-Faktoren-Modells (sieben Punkte).

[900] Auf diesen Subtyp, den *white collar Psychopath*, wird in Kapitel 3.1, S. 61 ff. dieser Arbeit eingegangen.

> „Vielfach wird, wenn vom *homo oeconomicus* die Rede ist, nicht unterschieden, ob man (i) über die alltägliche Welt spricht oder (ii) über die Modellwelt der Ökonomik oder aber (iii) über etwas, das für beide Welten gilt.“[901]

Diese Anmerkung MANSTETTENS kann nun nicht als Kritik an der ungenauen Bestimmung des Bezugssystems, auf das ein Wissenschaftler seine Aussagen zum *homo oeconomicus* bezieht, verstanden werden, sondern als ein Symptom des *homo oeconomicus* gedeutet werden. Die modelltheoretische Konzeption des *homo oeconomicus* ist sowohl in der modelltheoretischen ökonomischen Welt als auch im alltäglichen Leben zu finden. Es handelt sich beim *homo oeconomicus* um einen *homo psychoapthicus*, der sich als erfolgreiche Persönlichkeit in den wirtschaftlichen Führungsriegen wiederfinden lässt.

Durch die vorangegangene Diagnostik konnte gezeigt werden, dass beim *homo oeconomicus* ausreichende Merkmale und Eigenschaften für die Diagnose der Persönlichkeitsstörung Psychopathie vorliegen. Es wird verdeutlicht, dass es sich bei dem Patienten H.O. um einen besonderen Subtyp der Psychopathie handelt. Das Menschenbild der Wirtschaftswissenschaften, der *homo oeconomicus*, ist also eine gestörte Persönlichkeit.

4.2 Theoretische Grundlagen von Anreizsystemen

Unter einem Anreizsystem versteht man die Gesamtheit der einem Individuum gewährten Anreize, die dabei materieller oder immaterieller Art sein können. Voraussetzung ist, dass der Anreiz für das Individuum einen subjektiven Nutzen darstellt. Die Prinzipal-Agent-Theorie ist eine zentrale Basis für Anreizsysteme.

> „Durch Anreizsysteme werden die Art und Höhe von positiven (negativen) Anreizen festgelegt, die als Folge einer (un)erwünschten Leistung des Betroffenen eintreten bzw. veranlasst werden und ein Motiv des Betroffenen tangieren.“[902]

---

901 Manstetten, R. (2000b), S. 91 f..
902 Fischer, T. M. / Rödl, K. (2007), S. 6.

Die koordinationsorientierte Controllingkonzeption, die als zentrale Zwecksetzung des Controllings die Koordination des Führungssystems eines Unternehmens ansieht, betrachtet Anreizsysteme als Lösung personeller Koordinationsprobleme.[903]

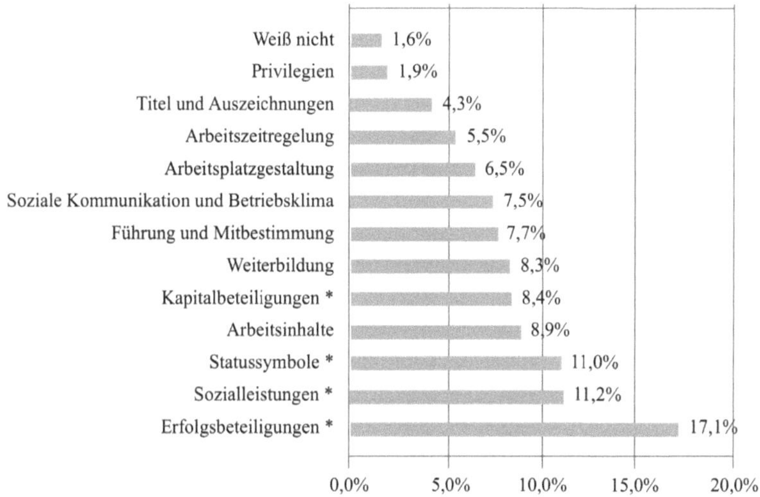

Abbildung 14: In deutschen Unternehmen eingesetzte Anreize [904]

Das Belohnungssystem stellt den Teil des Anreizsystems dar, der explizit zwischen den betroffenen Parteien vereinbart wurde und bei dem folglich ein vertraglicher Anspruch besteht. Dabei stellt das Belohnungssystem nur einen Teil eines umfassenden Anreizsystems dar.[905] Dienen sollen solche Instrumente der Managementvergütung zum einen dem Ziel, geeignete Mitarbeiter für das Unternehmen bzw. die Organisation zu finden und diese an die Organisation zu binden. [906] Zum anderen sollen so *Agency*-Probleme[907] verringert wer-

---

[903] Vgl. Ewert, R. / Wagenhofer, A. (2008), S. 411-413.

[904] Quelle: Fischer, T. M. / Rödl, K. (2007), S. 11. Anmerkung: Die monetären Anreize sind mit * gekennzeichnet. Die Prozentzahlen geben den Anteil der jeweiligen Belohnung unter allen eingesetzten Belohnungen an.

[905] Vgl. Laux, H. (2006), S. 11.

[906] Vgl. Gillenkirch, R. M. (2008), S. 7.

den.[908] Anreizsysteme sind auch aktuell in der Praxis von großer Relevanz. In einer Studie von FISCHER / RÖDL geben 94,6 Prozent der 74 befragten großen deutschen Unternehmen an, Anreizsysteme zu nutzen (siehe Abbildung 14).[909]

Im folgenden Kapitel werden die theoretischen und praktischen Grundlagen von Anreizsystemen dargestellt, erläutert und diskutiert. Innerhalb des *management accountings* werden zwei Forschungsrichtungen unterschieden: das *decision facilitating* und das *decision influencing* (4.2.1). Diese beiden Aufgaben beeinflussen das Verhalten von Individuen in Organisationen.[910] Ein Anreizsystem kann jedoch nur dann als Instrument zur Erhöhung der Leistungsbereitschaft der Arbeitnehmer wirksam sein, wenn es auf die Motivation der Arbeitnehmer hin ausgerichtet ist.[911] Aus diesem Grund werden zuerst die Grundlagen der Motivation (4.2.2) erläutert, bevor auf deren Basis aufbauend konkret der Gestaltungsrahmen und die weiteren theoretischen Grundlagen von Anreizsystemen (4.2.3) erörtert werden. Die Prinzipal-Agent-Theorie verdeutlicht die Notwendigkeit von Anreizsystemen (4.2.4). Im Rahmen der Erklärungen zur Prinzipal-Agent-Theorie wird auch auf den Vertrag zwischen Agent und Prinzipal als zentrales Merkmal eingegangen. Die auftretenden Interessenskonflikte sollen dabei durch Anreizsysteme verringert werden. Die *Agency*-Probleme, die mit den Informationsasymmetrien auftreten können, sowie die daraus resultierenden Gefahren, werden abschließend erläutert.[912]

4.2.1 Decision influencing und *decision facilitating*

Im Bereich des *management accountings* können zwei Aufgaben und zwei aus ihnen resultierende Forschungsrichtungen unterschieden werden: zum einen die Unterstützung im

[907] *Agency*-Probleme können unter anderem aus der Trennung von Eigentum und Management resultieren. Sie können aber auch zwischen Chef (Prinzipal) und Mitarbeiter (Agent) als Ergebnis der Arbeitsteilung entstehen (siehe S. 167 f.; siehe auch Kapitel 4.2.4, S. 164 ff. dieser Arbeit).

[908] Vgl. Gillenkirch, R. M. (2008), S. 7.

[909] Vgl. Fischer, T. M. / Rödl, K. (2007), S. 9.

[910] Vgl. Sprinkle, G. B. / Williamson, M. G. (2007), S. 416.

[911] Vgl. Schanz, G. (1991a), S. 8 und vgl. Siegert, T. (1999), S. 27.

[912] Siehe insbesondere S. 167 f. dieser Arbeit.

Problemlösungsprozess (*decision facilitating*) und zum anderen die Aufgabe der Entscheidungsbeeinflussung (*decision influencing*). [913] Mit der Zielsetzung, Entscheidungen zu erleichtern, beschäftigt sich das *decision facilitating*[914] mit der Bereitstellung und Nutzung von Information während des Problemlösungsprozesses. Die Problemlösung soll verbessert werden,[915] in dem die Planungsunsicherheit ex ante verringert und die Komplexität reduziert wird. *Decision influencing*[916] hat zum Ziel, die Entscheidung dadurch zu beeinflussen, dass die implementierte Problemlösung bewertet und evaluiert wird. Motivation, Evaluation und Belohnung sind typische Themen, die betrachtet werden. Dabei verfolgt diese Forschungsrichtung die Zielsetzung, das Individuum mindestens positiv zu beeinflussen. Zahlreiche Arbeiten beschäftigen sich mit verborgenen Handlungen (*hidden action*) und verborgener Information (*hidden information*).[917] Hier zeigt sich eine Verbindung zur *management control*-Forschung, die Evaluation, Überwachung und Beurteilung der durchgeführten Problemlösungen thematisiert,[918]da *hidden action* und *hidden information* erst ex post auftreten[919]. Verborgene Handlungen treten auf, wenn der Prinzipal zwar das Handlungsergebnis kennt, aber ex ante die Handlungen des Agenten nicht vollständig beobachten konnte. Kann der Prinzipal zwar die Handlungen beobachten, aber deren Qualität (zum Beispiel auf Grund mangelnder Fachkenntnis) nicht beurteilen, spricht man von verborge-

[913] Vgl. Demski, J. S. / Feltham, G. A. (1976), S. 9 f. und vgl. Sprinkle, G. B. (2003), S. 287 ff.. Die Unterscheidung zwischen „Können" und „Wollen", die aktuell in der deutschsprachigen Literatur diskutiert wird, ähnelt der Unterscheidung zwischen *decision facilitating* und *decision influencing* (vgl. Meyer, M. / Heine, B. (2005), S. 15 ff.).

[914] Einen zusammenfassenden Überblick über die Forschungsrichtung des *decision facilitating* gibt Waller, W. S. (1995), S. 29 ff..

[915] Mit der Funktion *to improve judgment and decision making* sollen im Problemlösungsprozess die Problemrepräsentation und die Alternativenauswahl verbessert werden.

[916] Ein Überblick über die Forschungsrichtung des *decision influencing* findet sich bei Young, S. M. / Lewis, B. (1995), S. 55 ff..

[917] Vgl. Sprinkle, G. B. (2003), S. 291. Ein Zustand, in dem zwei Personen oder Gruppen bei Abschluss einer Handlung nicht über dieselbe Information verfügen, wird als asymmetrische Information bezeichnet. Das Problem asymmetrischer Information wird hauptsächlich in der Prinzipal-Agent-Theorie thematisiert. Zwei allgemeine Klassen von *Agency*-Problemen sind *hidden action (moral hazard)* und *hidden information (adverse selection)* (vgl. Laffont, J.-J. / Martimort, D. (2002); vgl. Macho-Stadler, I. / Perez-Castrillo, J. D. (1977), S. 16 und vgl. Salanié, B. (1997), S. 11 ff.; siehe auch Kurth, A. (2005) und siehe Wagenhofer, A. / Ewert, R. (2002), S. 248).

[918] *Decision influencing* fokussiert insbesondere die Phase der Evaluation einer Problemlösung.

[919] Sie treten in der Phase der Lösungsüberprüfung auf, also nach der Problemrepräsentation (*judgment*) und der Alternativenauswahl (*decision making*).

ner Information.[920] Aus den verborgenen Handlungen (*hidden action*) resultiert die Gefahr des *moral hazard*, in dem der Agent die Unkenntnis und fehlende Kontrolle des Prinzipals opportunistisch ausnutzt. Negative Auslese (*adverse selection*) kann entstehen, wenn ein Prinzipal den Vertrag auf einen durchschnittlichen Agenten auslegt und Agenten mit schlechten Eigenschaften versuchen, einen Agenten mit guten Eigenschaften nachzuahmen.[921] Ein bekanntes Beispiel für *moral hazard* und *adverse selection* gibt AKERLOF in seinem Saure-Gurken-Problem.[922]

Grundsätzlich können emotionale Faktoren einen großen Einfluss auf die möglichen Effekte ausüben, sie können die Effekte abmildern oder ausgleichen.[923] Dies gilt nicht nur für Emotionen, sondern auch für Persönlichkeitsmerkmale.[924]

Die beiden Schulen der *decision facilitating* und *decision influencing* sind nicht unabhängig voneinander und können deshalb auch nicht unabhängig voneinander betrachtet werden.[925] In der *cognitive management accounting research* werden größtenteils Fragestellungen und Themen aus dem Bereich der *decision facilitating* behandelt.[926]

---

[920] Vgl. Sprinkle, G. B. (2003), S. 291 f..

[921] Vgl. Sprinkle, G. B. (2003), S. 291 f.. Es wird angenommen, dass Agenten mit sehr guten Fähigkeiten jedoch keine Vertragsbeziehung eingehen werden, die auf einen durchschnittlichen Agenten ausgelegt ist.

[922] Vgl. Akerlof, G. A. (1970), S. 488 ff.. George A. Akerlof wurde 2001 gemeinsam mit Michael Spence und Joseph E. Stiglitz mit dem Nobelpreis für Wirtschaftswissenschaften für die Erforschung der asymmetrischen Information ausgezeichnet.

[923] Vgl. Moreno, K. et al. (2002), S. 1344.

[924] Es kann deshalb davon ausgegangen werden, dass auch eine psychopathische Persönlichkeit die Effekte beeinflussen kann.

[925] Vgl. Sprinkle, G. B. (2003), S. 311.

[926] Das *decision facilitating* hat die Zielsetzung, den Problemlösungsprozess zu unterstützen. Da die *cognitive management accounting research* den Problemlösungsprozess fokussiert, finden sich hauptsächlich Fragestellungen des *decision facilitating* wieder. Hier wird der Problemlösungsprozess bis zur Entscheidung betrachtet, was die Problemrepräsentation und die Alternativenauswahl beinhaltet. Es finden sich aber auch Arbeiten zum *decision influencing* und damit zu verborgenen Handlungen und zur verborgenen Information. Diese betrachten ex post die Lösungsüberprüfung.

4.2.2 Motivationstheoretische Grundlagen

Motivation[927] ist definiert als „ein zielgerichteter Antrieb, der die Durchführung einer bestimmten Handlung auslöst".[928]

Beeinflusst wird die Motivation, aus der ein Verhalten oder eine Handlung resultiert, durch situative Umweltfaktoren der Umgebung und durch individuelle Faktoren. Die individuellen Faktoren sind dabei die Motive.[929] Der gesamte Motivationsprozess ist in vereinfachter Form in Abbildung 15 dargestellt. Die Motivation ergibt sich aus den Einflüssen der Motive und den in der Situation wahrgenommenen Anreizen.[930]

Unter Motiven versteht man sowohl angeborene als auch erlernte Verhaltensbereitschaften, die damit Teil des Verhaltensrepertoirs sind.[931] Motive beinhalten dabei auch individuelle Wertvorstellungen, die zeitlich relativ stabil sind.[932] Die situativen Faktoren aktivieren ein vorhandenes Motiv und lösen so einen Handlungsantrieb aus.[933]

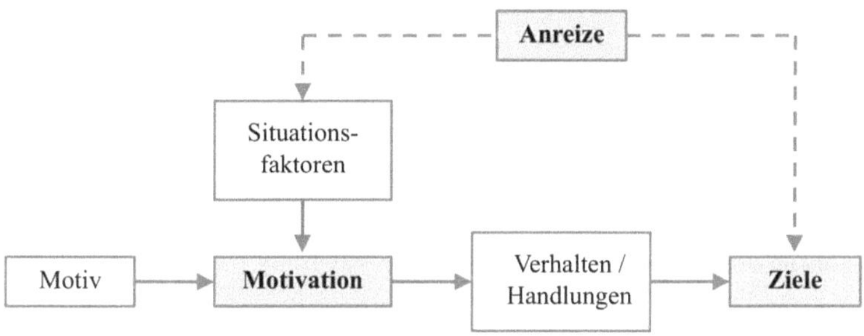

Abbildung 15: Der Motivationsprozess[934]

[927] Zur Definition des Begriffs Motivation finden sich in der Literatur zahlreiche Auffassungen. Einen Überblick mit Beispielen gibt von Rosenstiel, L. (1999), S. 48.

[928] Weber, T. (2006), S. 11.

[929] Vgl. Weber, T. (2006), S. 8.

[930] Vgl. von Rosenstiel, L. (1999), S. 51.

[931] Vgl. von Rosenstiel, L. (1999), S. 50 und Weber, T. (2006), S. 8.

[932] Vgl. von Rosenstiel, L. (1999), S. 50 und Weber, T. (2006), S. 8.

[933] Vgl. Weber, T. (2006), S. 8.

[934] Quelle: nach Sollberger, B. A. (2001), S. 8.

Indem eine Organisation einem Arbeitnehmer bestimmte Anreize vorgibt, kann sie die Zielgerichtetheit der Motivation nutzen, um den Arbeitnehmer dazu zu bringen, die Organisationsziele zu verfolgen.[935] Diese Forderung ist in der realen unternehmerischen Praxis jedoch nicht völlig realisierbar.[936]

Allgemein wird zwischen extrinsischer und intrinsischer Motivation unterschieden:[937]

> „Eine Handlung ist extrinsisch motiviert, wenn sie instrumentell zur Erzielung eines außerhalb der Handlung liegenden Ergebnisses willen erfolgt."[938]

> „Eine Handlung ist intrinsisch motiviert, wenn sie um ihrer selbst willen erfolgt, d. h. aus Interesse oder Spaß an der Tätigkeit oder um der Einhaltung einer verinnerlichten Norm willen."[939]

Dabei ist anzumerken, dass eine konsequente Trennung von extrinsischer und intrinsischer Motivation theoretisch nur schwer umsetzbar und in der Praxis nicht möglich ist.[940] Die Wirkung beider Motivationsformen kann sich nicht gegenseitig verstärken und so addiert werden. Dieser so genannte Verdrängungseffekt ist ein gut untersuchtes Phänomen.[941]

Zu berücksichtigen sind auch die Verbindungen der Motivationstheorien mit den Anreizsystemen.[942] Durch das Anreizsystem sollen die Organisationsmitglieder motiviert werden, nicht ausschließlich den eigenen Nutzen, sondern die Organisationsziele zu verfolgen. Die bekanntesten Motivationstheorien sind in Tabelle 15 aufgelistet.[943] Dabei sind die Motiva-

---

935 Die Intensität der Reaktion des Arbeitnehmers ist dabei sowohl von der Person selbst als auch von der Organisation abhängig (vgl. Weinert, A. B. (2004), S. 188 und S. 190).

936 In Kapitel 4.2.4, S. 164 dieser Arbeit wird auf die Behandlung von Störgrößen im Rahmen der Prinzipal-Agent-Theorie eingegangen.

937 Vgl. Weibel, A. et al. (2007), S. 1030.

938 Weibel, A. et al. (2007), S. 1030.

939 Weibel, A. et al. (2007), S. 1030.

940 Vgl. Weber, T. (2006), S. 9.

941 Zwei konkrete Beispiele, die den Verdrängungseffekt verdeutlichen, finden sich bei Frey, B. S. et al. (1996), S. 1302 f. (Beispiel des Atomendlagers Wolfenschliessen) und Frey, B. S. / Osterloh, M. (2002), S. 29 f. (Beispiel der Verkäuferin Frau Schneider).
Studien können belegen, dass extrinsische Anreize und dabei insbesondere monetäre Anreize eine zuvor intrinsisch motiviertes Verhalten deutlich reduzieren können (vgl. Weibel, A. et al. (2007), S. 1033).

942 Hentze, J. et al. (2005), S. 164. Weiterführende Literatur zum Thema Motivationstheorien siehe Weinert, A. B. (1998), S. 141 und siehe Winterhoff-Spurk, P. (2002), S. 123.

943 Weinert (1998) gibt einen Überblick über die Motivationstheorien. Im Anschluss daran werden die gebräuchlichsten Theorien näher erläutert (vgl. Weinert, A. B. (1998), S. 141 ff.).

tionstheorien nach zwei Gesichtspunkten gegliedert: nach Inhalts- und Ursachetheorien sowie nach Prozesstheorien.[944]

Inhalts- und Ursachetheorien	Prozesstheorien
MASLOWS Bedürfnispyramide (1954)[945]	VIE-Theorie von VROOM (1964)[946]
ALDERFERS ERG-Theorie (1969)[947]	Equity-Theorie von ADAMS (1963)[948]
Zwei-Faktoren-Theorie von HERZBERG (1959)[949]	Zielsetzungstheorie, LOCKE (1968) und LOCKE / LATHAM (1990)[950]
Theorie der gelernten Bedürfnisse, MCCLELLAND (1984)[951]	Zirkulationsmodell (1968) und Motivationstheorie des Setzens von Zielen (1990) nach PORTER / LAWLER[952]
Profil der fundamentalen Motive, REISS (2000)[953]	

Tabelle 15: Motivationstheorien[954]

Die aufgezählten Theorien verdeutlichen, dass der Begriff Motivation aus einer fundierten und breiten Forschungsbasis hervorgeht. Das der vorliegenden Arbeit zu Grunde liegende Verständnis von Motivation bedarf jedoch keiner weiteren, differenzierten Definition und fußt deshalb auf der in diesem Kapitel erläuterten Basisdefinition.

---

944 Vgl. Weinert, A. B. (1998), S. 141, siehe auch Winterhoff-Spurk, P. (2002), S. 123. Inhalts- und Ursachetheorien beschäftigen sich mit den spezifischen Faktoren und Bedürfnissen, die den Menschen motivieren. Prozesstheorien haben die inneren Prozesse im Fokus, nach denen ein Mensch sein Verhalten ausrichtet. Weiterführende Literatur zu den Inhalts- und Ursachetheorien siehe Franken, S. (2007), S. 86-97 und siehe Weinert, A. B. (2004), S. 190-203. Weiterführende Literatur zu den Prozesstheorien siehe Franken, S. (2007), S. 97-105 und siehe Weinert, A. B. (2004), S. 205-214.

945 Vgl. Maslow, A. H. (1954).

946 Vgl. Vroom, V. (1964); siehe auch Holtbrügge, D. (2010), S. 22.

947 Vgl. Alderfer, C. P. (1969), S. 142-175; siehe auch Hungenberg, H. / Wulf, T. (2006), S. 272.

948 Vgl. Adams, J. S. (1963), S. 422-436.

949 Vgl. Herzberg, F. (1968), S. 53-62 und vgl. Herzberg, F. et al. (1959).

950 Locke, E. A. (1968), S. 157-189. Die Theorie wurde 1990 erweitert (vgl. Kirchler, E. (2005), S. 363; vgl. Locke, E. A. / Latham, G. P. (1990); vgl. Weinert, A. B. (1998), S. 161 und vgl. Winterhoff-Spurk, P. (2002), S. 131.

951 Vgl. McClelland, D. C. (1984).

952 Vgl. Porter, L. W. / Lawler, E. E. (1968).

953 Vgl. Franken, S. (2010), S. 96 f. und vgl. Reiss, S. (2002); siehe auch Franken, S. (2007), S. 95 und siehe Hentze, J. et al. (2005), S. 124 f..

954 Einen Überblick über die Modelle gibt auch Winterhoff-Spurk, P. (2002), S. 123-133.

4.2.3 Komponenten und Ausgangspunkt der Gestaltung von Anreizsystemen

Ein Anreizsystem ist „die Summe aller im Wirkungsverbund bewusst gestalteten und aufeinander abgestimmten“[955] Anreize. Positive Anreize sollen bestimmtes, gewünschtes Verhalten auslösen und fördern.[956] Negative Anreize dienen dazu, unerwünschtes Verhalten zu hemmen und die Auftretenswahrscheinlichkeit zu senken.[957] Das Anreizsystem beinhaltet auch die mit ihm verbundenen Administratoren.[958] Die Gestaltungsebenen von Anreizsystemen sind in Abbildung 16 zusammengefasst dargestellt.

Anreize können sowohl intrinsisch als auch extrinsisch motivierend sein.[959] Anreizsysteme basieren jedoch hauptsächlich auf extrinsischer Motivation, was insbesondere für monetäre Anreize gilt.[960]

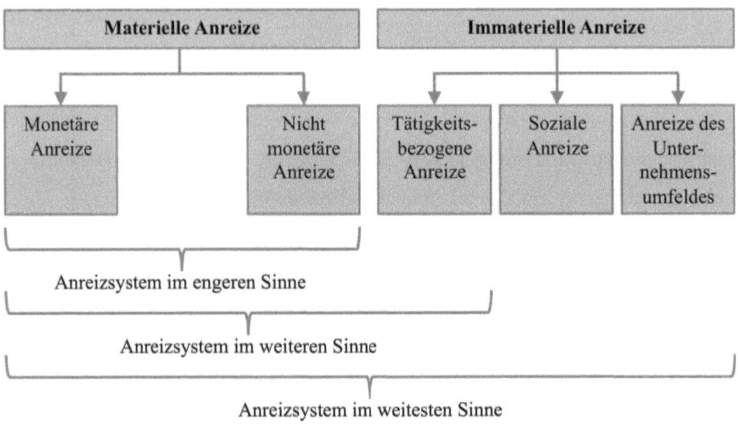

Abbildung 16: Gestaltungsebenen von Anreizsystemen[961]

---

[955] Becker, F. G. (2005), S. 4. Die vorliegende Arbeit basiert auf diesem Verständnis von Anreizsystem.

[956] Diese Verhaltensbahnung wird lerntheoretisch (und verhaltenstherapeutisch) als Belohnung oder positive Verstärkung bezeichnet.

[957] Lerntheoretische Bezeichnung: Bestrafung oder negative Verstärkung.

[958] Vgl. Becker, F. G. (2005), S. 4.

Anreizsysteme bestehen aus drei grundlegenden Komponenten:[962] der Entlohnungsart[963], dem Performanzmaß[964] und der Entlohnungsfunktion (Belohnungsfunktion)[965]. Neben diesen sind als weitere Gestaltungsmöglichkeiten und -dimensionen der Adressatenkreis des Anreizsystems und der Modus der Auszahlung zu nennen.[966]

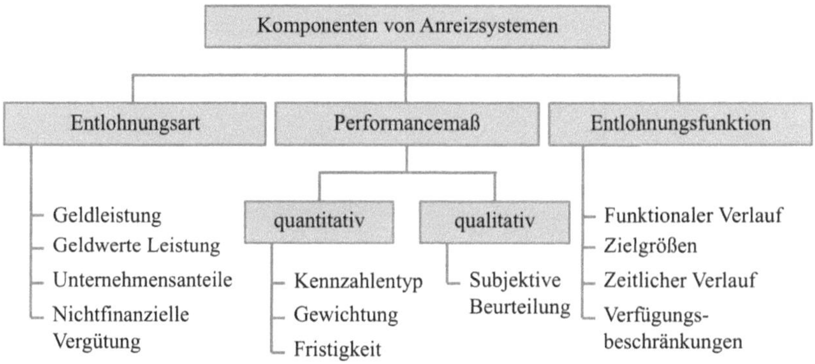

Abbildung 17: Komponenten von Anreizsystemen[967]

Durch ein Anreizsystem[968] sollen die Leistung und die Leistungsbereitschaft der Arbeitnehmer im Sinne der Organisation[969] beeinflusst werden.[970] In dieser Arbeit wird unter

---

959 Vgl. Weibel, A. / Rost, K. / Osterloh, M. (2007), S. 1030.

960 Vgl. auch auch Hentze, J. / Graf, A. (2005), S. 68 und vgl. Hentze, J. et al. (2005), S. 165.

961 Quelle: nach Brandenberg, A. (2001), S. 42.

962 Einen Überblick über die Komponenten, aus denen Anreizsysteme bestehen, geben Ewert / Wagenhofer (vgl. Ewert, R / Wagenhofer, A. (2008), S. 405).

963 Vgl. Ewert, R / Wagenhofer, A. (2008), S. 404 und vgl. Werkmeister, C. (2005), S. 34.

964 Vgl. Ewert, R / Wagenhofer, A. (2008), S. 404.
Ausführungen zur subjektiven Bewertung und zum Eindrucksmanagement in diesem Zusammenhang siehe Prendergast, C. (1999), S. 9.
Die Fähigkeit zum Eindrucksmanagement ist besonders ausgeprägt bei Personen mit psychopathischer Persönlichkeitsstörung (siehe dazu Babiak, P. / Hare, R. D. (2007), S. 110).

965 Vgl. Ewert, R / Wagenhofer, A. (2008), S. 405; vgl. Laux, H. (2006), S. 27 und vgl. Werkmeister, C. (2005), S. 35.

966 Vgl. Becker, W. / Kunz, C. (2008), S. 292. In der Studie von Fischer / Rödl (2007) wird die Gestaltung der Belohnungsfunktion in deutschen Unternehmen dargestellt (vgl. Fischer / Rödl (2007) S. 12). Dort finden sich auch konkrete Definitionen der Begriffe Auszahlungsmodus und Adressatenkreis (vgl. Fischer, T. M. / Rödl, K. (2007), S. 7-9).

967 Quelle: Ewert, R / Wagenhofer, A. (2008), S. 412.

Organisation ein zielgerichtetes soziales System verstanden, das seine Mitglieder durch soziale Werte und Normen sowie Belohnung und Bestrafung dazu bringt, zur Erreichung der Organisationsziele beizutragen.[971]

> „Eine Organisation ist ein kollektives Ganzes mit relativ festgelegten und identifizierbaren Grenzen, einer normativen Ordnung, einem hierarchischen Autoritätssystem, einem Kommunikationssystem und einem koordinativen Mitgliedersystem; dieses kollektive Ganze besteht aus einer relativ kontinuierlichen Basis innerhalb einer umgebenden Umwelt und beschäftigt sich mit Handlungen und Aktivitäten, die gewöhnlich auf ein (oder) mehrere Endziel(e) oder Objekt(e) zielen."[972]

Damit Anreizsysteme die intendierte und gewünschte Wirkung entfalten können, müssen bestimmte Anforderungen des Systems erfüllt sein: Die Gestaltung eines Anreizsystems sollte dabei so sein, dass der individuelle Nutzen und der individuelle Vorteil der Agenten mit den Interessen der Organisation teilweise übereinstimmen. Diese Forderung ist das zentrale Prinzip der Anreizkompatibilität.[973]

Die Leistungs- und Marktgerechtigkeit sollten dabei berücksichtigt werden: Der Anreiz sollte dem Agenten angemessen erscheinen und den marktüblichen Gegebenheiten entsprechen.[974]

Der Agent hat nur dann einen individuellen Vorteil oder Nutzen, wenn er so agiert, dass auch das Unternehmen bzw. sein Auftraggeber einen Vorteil und Nutzen erzielt. Diese Interessensharmonie soll Manager dazu veranlassen, „gute" Entscheidungen zu treffen.[975] Gegen das Prinzip der Anreizkompatibilität wird allerdings in der unternehmerischen Praxis verstoßen:

---

968 Zu dem Begriff Anreizsystem finden sich in der Literatur zahlreiche Definitionen (vgl. Brandenberg, A. (2001), S. 34 f.). Diese Arbeit bezieht sich auf die Definition von Becker, F. G. (2005), S. 4.

969 In der Literatur finden sich verschiedene Definitionen des Begriffs der Organisation (siehe zum Beispiel Weinert, A. (1987), S. 41 und siehe Winterhoff-Spurk, P. (2002), S. 33).

970 Vgl. von Rosenstiel, L. (1999), S. 48 f. und vgl. Schanz, G. (1991b), S. 8.

971 Vgl. Kirchler, E. (2005), S. 20.

972 Weinert, A. (1987), S. 41.

973 Vgl. Becker, W. / Kunz, C. (2008), S. 290 und vgl. Laux, H. (2006), S. 28. Siehe auch Hahn, D. / Willers, H. G. (2006), S. 365 und siehe Hentze, J. et al. (2005), S. 167 f.

974 Vgl. Becker, W. / Kunz, C. (2008), S. 291.

975 Vgl. Laux, H. (2006), S. 28.

> „Die elementaren Verstöße der populären Anreiz- und Kontrollsysteme gegen das Prinzip der Anreizkompatibilität können nicht nur gravierende Fehlentscheidungen in der Weise auslösen, dass vom Standpunkt der Anteilseigner nachteilige Investitionen durchgeführt und vorteilhafte unterlassen werden. Auch die skrupellosen Bereicherungen von Managern durch Bilanzmanipulationen in den letzen Jahren wurden dadurch erleichtert, daß bei der Gestaltung ihrer Bonussysteme nicht auf Anreizkompatibilität geachtet wurde."[976]

Ein Anreizsystem ist grundsätzlich auf die Unternehmensziele hin ausgerichtet,[977] weshalb das Anreizsystem diese relevanten Ziele der Organisation beinhalten sollte.[978]

Anreizsysteme sollen transparent gestaltet und sowohl einfach als auch intersubjektiv überprüfbar sein. [979] Dabei ist eine Pareto-Effizienz zu gestalten, bei der die Teilung in Bezug auf die Zeit und das Risiko Beachtung finden.[980]

Bei der Auswahl von Größen zur Beurteilung der Leistung der Agenten ist darauf zu achten, dass die Beeinflussbarkeit (*controllability*) der gewählten Beurteilungsgrößen durch den Agenten auch gegeben ist. Eine eindeutige Zurechenbarkeit von individueller Leistung sollte angestrebt werden. Aus diesem Grund werden in der Praxis meist individuelle Verantwortungsbereiche für die einzelnen Agenten geschaffen.[981]

Ein Anreizsystem ist auf die Leistung der Akteure hin fokussiert. Beurteilungen der individuellen Leistung sollten um vom Akteur nicht beeinflussbare und nicht kontrollierbare Umwelteinflüsse bereinigt werden,[982] damit auch das individuelle Leistungsverhalten möglichst isoliert betrachtet werden kann.

---

976 Laux, H. (2006), S. V.

977 Vgl. Fischer, T. M. / Rödl, K. (2007), S. 13.

978 Wertorientierte Anreizsysteme verfolgen als oberstes Ziel die Steigerung des Unternehmenswertes (vgl. Becker, W. / Kunz, C. (2008), S. 290). Becker / Kunz fordern eine flexible Anpassung der wertorientierten Anreizsysteme an die sich ständig ändernden Umweltbedingungen (vgl. Becker, W. / Kunz, C. (2008), S. 291). Laux fordert dagegen einmal gewählte Anreizsysteme nicht zu ändern. Er sieht dabei die Gefahr, dass Entscheidungsträger die Änderungen des Anreizsystems antizipieren (vgl. Laux, H. (2006), S. 31).

979 Vgl. Becker, W. / Kunz, C. (2008), S. 291.

980 Vgl. Laux, H. (2006), S. 29-31.

981 Vgl. Becker, W. / Kunz, C. (2008), S. 291.

982 Vgl. Becker, W. / Kunz, C. (2008), S. 290.

Ein Anreizsystem ist ein betriebswirtschaftliches Instrument; als solches sollte es effizient mit den Ressourcen einer Organisation umgehen. Bei der Beurteilung der Effizienz des wirtschaftlichen Prinzips sollten nicht nur die Kosten, sondern auch der Nutzen berücksichtigt werden. Eine Abschätzung des Nutzens ist allerdings nur schwer durchführbar, da dabei alle Anreizwirkungen analysiert werden müssen.[983]

Die Notwendigkeit von Anreizsystemen wird durch die Prinzipal-Agent-Theorie verdeutlicht. Ein Anreizsystem soll im Sinne der Prinzipal-Agent-Forschung so gestaltet sein, dass gleichzeitig durch die Eigennutzmaximierung der Organisationsmitglieder auch die Organisationsziele verfolgt werden und so auftretende Interessenskonflikte verringert werden können.

Basis dieser Überlegungen ist das Menschenbild des *homo oeconomicus*.[984] Diese modelltheoretische Vorstellung nimmt an, dass sich in einem Anreizsystem ein zweckrationaler, eigennutzorientierter und opportunistischer Akteur bewegt.

4.2.4 Die Prinzipal-Agent-Theorie und Informationsasymmetrien

Die Prinzipal-Agent-Theorie wird zu der Neuen Institutionenökonomie gezählt.[985] Die Neue Institutionenökonomie versteht sich als Teil der Sozialwissenschaften, der menschliches Handeln unter Ressourcenknappheit betrachtet.[986] Die Knappheit entsteht dabei dadurch, dass ein Akteur nie alle Motive gleichzeitig befriedigen kann und aus diesem Grund

---

[983] Vgl. Becker, W. / Kunz, C. (2008), S. 291 und vgl. Gillenkirch, R. M. (2008), S. 2. Die Wirtschaftlichkeitsanalyse des Anreizsystems zählt in der unternehmerischen Praxis zu den Aufgaben des Personalcontrollings.

[984] Siehe Kapitel 4.1, S. 113 ff. dieser Arbeit.

[985] Vgl. Kirstein, A. (1998), S. 16-18. Weiterführende Literatur zur Neuen Institutionenökonomie siehe Erlei, M. et al. (2007); siehe Göbel, E. (2002) und siehe Homann, K. / Suchanek, A. (2005), S. 22.

[986] Vgl. Greiling, D. (2009), S. 343 f. und vgl. Schweitzer, M. / Küpper, H.-U. (2008), S. 619.

zwischen verschiedenen möglichen Alternativen wählen muss (Entscheidung).[987] Überlegungen der Prinzipal-Agent-Theorie bestätigen die Notwendigkeit von Anreizsystemen.[988]

Jede Organisation baut auf den grundlegenden Prinzipien der Arbeitsteilung und Kooperation auf.[989] Dadurch entsteht eine Prinzipal-Agent-Beziehung zwischen mindestens zwei ökonomischen Akteuren.

> „Principal-Agent-Beziehungen entstehen, wenn mindestens ein Auftraggeber und mindestens ein Beauftragter unter Unsicherheit und bei uneinheitlichem Wissensstand untereinander gemeinsame Ziele erreichen wollen, die nur teilweise gleichgerichtet sind und bei denen teilweise auch der Vorteil des einen zum Nachteil des anderen werden kann."[990]

In der Regel bestehen in Organisationen vertikale hierarchische Strukturen, in denen der Prinzipal eine bestimmte Aufgabe an einen Agenten delegiert.[991] Damit die Ziele der Organisation erreicht werden können, delegiert der Prinzipal auch einen Teil seiner Entscheidungsbefugnisse an die Agenten weiter.

Die Kooperation und Arbeitsteilung sind dabei für das Erreichen der (Sach-)Ziele der Organisation bedeutsam.[992] Zwischen dem Auftraggeber, dem Prinzipal, und dem Auftragnehmer, dem Agenten, besteht also eine Vertragsbeziehung.[993] In einem abgeschlossenen Vertrag engagiert der Prinzipal verbindlich und konkret einen Agenten zur Ausführung eines Auftrages. Der Vertrag, der ein zentrales Merkmal bzw. eine Institution der Prinzipal-Agent-Theorie darstellt,[994] wird als „ein Übereinkommen zwischen zwei Parteien verstanden, in dem für alle möglichen Ereignisse, die im Verlauf der vertraglichen Beziehun-

---

[987] Vgl. Kirchgässner, G. (2006), S. 81 f..

[988] Vgl. Hentze, J. et al. (2005), S. 164 und vgl. Lomberg, C. (2008), S. 34. Die Verbindung von Anreizsystemen und Motivationstheorien wurde im vorangehenden Kapitel erläutert.

[989] Vgl. Alparslan, A. (2006), S. 11.

[990] Schneider, D. (1988), S. 1182. Alparslan geht von einem festen zeitlichen Ablauf der Prinzipal-Agent-Beziehung aus und beschreibt diese (vgl. Alparslan, A. (2006), S. 13 und S. 18).

[991] Vgl. Jost, P.-J. (2001a), S. 11 und Kirstein, A. (1998), S. 2.

[992] Vgl. Jost, P.-J. (2001a), S. 11 und vgl. Kunow, A. (2006), S. 35.

[993] Vgl. Alparslan, A. (2006), S. 13 und vgl. Lomberg, C. (2008), S. 34.

[994] Vgl. Alparslan, A. (2006), S. 13 f. und vgl. Kirstein, A. (1998), S. 16-18.

gen auftreten können, die Beiträge zur gemeinsamen Zusammenarbeit und der Beteiligung am Erfolg im Voraus festgelegt werden“[995].

Der Vertrag verpflichtet beide Parteien: Einerseits ist der Agent zur Erfüllung der Leistung, andererseits ist der Prinzipal zu der vereinbarten Gegenleistung verpflichtet. Die Gegenleistung erfolgt dabei meist in der Form des vorher vereinbarten Zahlungsmittels.[996] Es sind dabei aber auch andere Entlohnungsarten möglich.[997]

Die Prinzipal-Agent-Theorie geht davon aus, dass sowohl der Agent als auch der Prinzipal konstante Präferenzen besitzen.[998] Eine weitere Prämisse der Theorie sagt aus, dass die beiden Akteure überhaupt nur durch einen Vertrag zu einem bestimmten Verhalten gezwungen werden können. Ohne vertragliche Verpflichtung sei ihr Verhalten grundsätzlich durch die Eigennutzenmaximierung bestimmt.[999] Es wird angenommen, dass zwischen Prinzipal und Agent ein grundsätzlicher Interessenkonflikt besteht, der nur dadurch beseitigt oder abgemildert werden kann, indem der Prinzipal dem Agenten gegenüber Anreize setzt, die den Agenten dazu bringen, im Sinne der Unternehmensziele zu handeln.[1000] Insbesondere dem Agenten, aber auch dem Prinzipal, unterstellt die Theorie, mögliche Handlungsspielräume innerhalb der Vertragsbeziehung opportunistisch und mit dem Ziel der Eigennutzenmaximierung auszunutzen.[1001]

Es besteht ein Interessenkonflikt zwischen Prinzipal und Agent, was zu einem Vertragsbruch führen kann. Der Interessenkonflikt entsteht dabei aus dem Streben beider Akteure nach ihrer individuellen Eigennutzenmaximierung. Der Vertragsbruch soll in dieser Arbeit

---

[995] Kunow, A. (2006), S. 35. „Hierunter werden sämtliche Regelkomplexe verstanden, die geeignet sind, die Entscheidungen des Agenten zu definieren, zu beeinflussen und zu koordinieren.“ (Jost, P.-J. (2001b), S. 14).

[996] Vgl. Alparslan, A. (2006), S. 13 und vgl. Lomberg, C. (2008), S. 34. In der Literatur wird zwischen expliziten und impliziten sowie zwischen vollständigen und unvollständigen Verträgen unterschieden (vgl. Alparslan, A. (2006), S. 14 f.). Alparslan, A. (2006), S. 14-17 erläutert diese Unterscheidungen. Die Prinzipal-Agent-Theorie geht von vollständigen Verträgen aus, die in jedem Fall einzuhalten sind (vgl. Alparslan, A. (2006), S. 15).

[997] Siehe auch Abbildung 17, S. 161 dieser Arbeit.

[998] Vgl. Alparslan, A. (2006), S. 17.

[999] Vgl. Kunow, A. (2006), S. 35.

[1000] Vgl. Alparslan, A. (2006), S. 17; vgl. Hentze, J. et al. (2005), S. 164 und vgl. Schreyögg, G. (2008), S. 360.

[1001] Vgl. Alparslan, A. (2006), S. 17.

in Betracht gezogen werden. Der Vertrag ist zum einen auf Grund des Interessenkonflikts notwendig, zum anderen aber auch dadurch, dass sich die beiden Parteien nicht vollständig trauen können.[1002]

In einer weiteren Grundannahme geht die Prinzipal-Agent-Theorie davon aus, dass der Agent bzw. Arbeitnehmer grundsätzlich Arbeitsleid empfindet, das mit dem Arbeitseinsatz steigt.[1003] Mit dem Arbeitsleid geht eine Abneigung gegenüber der Arbeit einher. Zusätzlich wird angenommen, dass die Parteien unterschiedliche Einstellungen gegenüber dem Risiko besitzen (Riskoaversion und -appetenz).[1004]

Insbesondere vom Agenten, aber auch vom Prinzipal, wird angenommen, dass diese sämtliche Handlungsspielräume opportunistisch zu ihrem Vorteil und zur Verfolgung ihrer subjektiven Ziele nutzen. Dabei kann das Vorgehen beider Parteien auch arglistig und unehrlich sein, indem beispielsweise Präferenzen bewusst verborgen und Fakten, Ergebnisse oder Daten bewusst verfälscht werden.[1005]

Wie es zu einem solchen Verhalten kommen kann und welche Gefahren grundsätzlich entstehen können, wird im Folgenden untersucht.

Wenn der Prinzipal zu allen Zeitpunkten die Aktivitäten und das Verhalten des Agenten beobachten könnte und daneben auch über die identische Information verfügen würde, läge eine symmetrische Informationsverteilung vor.[1006] Zwischen dem Prinzipal und dem Agenten bestehen aber Informationsasymmetrien. Diese entstehen, indem der Agent über Informationen verfügt, die dem Prinzipal nicht bekannt sind.[1007] Die Asymmetrie lässt sich teilweise dadurch erklären, dass der Prinzipal nur das Ergebnis der Leistung kontrolliert, ohne zu überprüfen, wie diese Leistung zustande gekommen ist.[1008] Informationsasymmetrien stellen somit eine Konsequenz von Arbeitsteilung dar, da Information über die relevanten

[1002] Vgl. Jost, P.-J. (2001a), S. 14-17.
[1003] Vgl. Jost, P.-J. (2001a), S. 14-17.
[1004] Vgl. Schreyögg, G. (2008), S. 360 und vgl. Schweitzer, M. / Küpper, H.-U. (2008), S. 621 f..
[1005] Vgl. Alparslan, A. (2006), S. 17.
[1006] Vgl. Jost, P.-J. (2001a), S. 20 f..
[1007] Vgl. Ewert, R. / Wagenhofer, A. (2008), S. 367 und vgl. Hentze, J. et al. (2005), S. 164.
[1008] Vgl. Lomberg, C. (2008), S. 34.

Merkmale und die Durchführung des Auftrages asymmetrisch zwischen Prinzipal und Agent verteilt sind.

Vergleichskriterium / Typ	**hidden characteristics**	**hidden information**	**hidden action**
Entstehungszeitpunkt	vor Vertragsabschluss	nach Vertragsabschluss und vor Entscheidung	nach Vertragsabschluss und nach Entscheidung
Entstehungsursache	Eingehen der Vertragsbeziehungen	Nicht beobachtbarer Informationsstand des Agenten	Nicht beobachtbare Aktivitäten des Agenten
Problem	ex-ante verborgene Eigenschaften des Agenten	Ergebnisbeurteilung	Verhaltens-/ Leistungsbeurteilung
Resultierende Gefahr	*adverse selection*	*moral hazard*	*moral hazard* *shirking*
Lösungsansätze	Anreizsysteme *signalling* *screening* *self selection*	Anreizsysteme Kontrollsysteme *self selection*	Anreizsysteme Kontrollsysteme

Tabelle 16: Formen von Informationsasymmetrien[1009]

Innerhalb der Prinzipal-Agent-Theorie wird zwischen drei Typen von Informationsasymmetrien unterschieden. Dabei verfügt der Agent immer über einen Informationsvorsprung gegenüber dem Prinzipal. Es wird zwischen Situationen unterschieden, in denen verborgene Eigenschaften (*hidden characteristics*), unbeobachtbare Informationen (*hidden information*) oder unbeobachtbares Verhalten (*hidden action*) vorliegen.[1010] Diese Situationen kennzeichnen die Art des Informationsdefizits.[1011] Tabelle 16 nennt auch Lösungsansätze zur Reduzierung der genannten Prinzipal-Agent-Probleme.

[1009] Quelle: nach Schweitzer, M. / Küpper, H.-U. (2008), S. 621; siehe auch Kirstein, A. (1998), S. 22.

[1010] Vgl. Bonner, S. E. / Sprinkle, G. B. (2002), S. 303; vgl. Jost, P.-J. (2001b), S. 24; vgl. Kunow, A. (2006), S. 37; vgl. Schweitzer, M. / Küpper, H.-U. (2008), S. 621 und vgl. Sprinkle, G. B. (2000), S. 299.

[1011] Weiterführende Literatur zum Informationsdefizit siehe Jost, P.-J. (2001b), S. 23-31 und siehe Schweitzer, M. / Küpper, H.-U. (2008), S. 621-623.

Anreizsysteme sollen dabei Interessenkonflikte (*moral hazard*) verringern. Anreizsysteme werden auch in diesem Zusammenhang als Bestandteil des Vertrages eingesetzt, um *adverse selection* (vorvertragliche Informationsasymmetrien) zwischen den beiden Parteien zu verringern.[1012]

4.3 Pathogenese und Ätiologie

Auf Basis der bisherigen Überlegungen sollen im Folgenden die Entstehung und die Entwicklung des real existierenden Phänomens der *white collar psychopaths* betrachtet werden.[1013] Auch eine Theorie zur Ätiologie dieses Phänomens wird präsentiert.[1014] Dabei wird die Ursache im Menschenbild der Wirtschaftswissenschaften, dem *homo oeconomicus,* gesehen. Die Pathogenese lässt sich durch das Anreizsystem und den Sozialcharakter erklären.

Im Folgenden werden deshalb zuerst die Zusammenhänge von *homo oeconomicus* und Anreizsystemen sowie von Psychopathie und Anreizsystemen dargestellt und erörtert mit dem Ziel, aus den daraus resultierenden Konsequenzen und Effekten (4.3.1) eine Ursache und eine Erklärung für die Existenz und den Erfolg der Psychopathen in der Wirtschafts- und Finanzwelt ableiten zu können. Anschließend wird die Rolle des *homo oeconomicus* als erfolgreicher Sozialcharakter und als gesellschaftliches Leitbild untersucht (4.3.2), um die Entstehunggeschichte der *corporate psychopaths* zu veranschaulichen und zu begründen.

[1012] Alparslan nennt hierzu als Beispiel die Beteiligung des Agenten am Auftragsergebnis (vgl. Alparslan, A. (2006), S. 32).

[1013] Es soll eine Pathogenese entwickelt werden. Für eine Begriffsdefinition siehe Pschyrembel (2002), S. 1266.

[1014] Eine Ätiologie des Phänomens soll in diesem Kapitel verdeutlicht werden. Eine Definition des Begriffs findet sich bei Pschyrembel (2002), S. 26.

4.3.1 *Homo oeconomicus*, Anreizsysteme und Psychopathie

Überträgt man das Menschenbild des *homo oeconomicus* auf die Realität einer Organisation, werden alle Akteure als *homines oeconomici* betrachtet.[1015] Dementsprechend werden auch Anreizsysteme entwickelt und genutzt,[1016] die auf dem Menschenbild des *homo oeconomicus* basieren. Personen werden dabei als Agenten betrachtet, die – wie Objekte – durch die Organisation oder den Prinzipal kontrolliert und manipuliert werden können.[1017] Dabei sieht das Modell des *homo oeconomicus* den maximalen Lustgewinn vor allem im Erwerb. Anreizsysteme sind aus diesem Grund meist individuell monetär gestaltet.[1018]

Die Gestaltung eines Anreizsystems auf der Grundlage des Modells des *homo oeconomicus* wird von einigen Autoren als kritisch angesehen. So wird unter anderem angemerkt, dass durch das Modell unterstellt wird, dass Angestellte (Agenten) hauptsächlich durch monetäre Anreize motiviert werden könnten.[1019] Eine weitere Prämisse des Modells, die häufig kritisiert wird, bezieht sich darauf, dass Akteure in realen Entscheidungssituationen gerade nicht über die vollständige Information verfügen. Die Informationsbeschaffung ist dabei mit Kosten verbunden. Aus diesem Grund geht KIRCHGÄSSNER von einer eingeschränkten Rationalität aus,[1020] die sich neben den Informationen auch auf die begrenzten kognitiven Kapazitäten des realen Menschen bezieht.[1021] Diese Form der beschränkten Rationalität wurde als „*optimization under constraints*"[1022] in das Menschenbild integriert,[1023]

[1015] Mit dem *homo oeconomicus* beschäftigt sich Kapitel 4.1, S. 113 ff. dieser Arbeit.

[1016] Die Gestaltung und die Komponenten von Anreizsystemen sind in Kapitel 4.2.3, S. 160 ff. dieser Arbeit dargestellt.

[1017] Die Prinzipal-Agent-Theorie wird in Kapitel 4.2.4, S. 164 ff. dieser Arbeit erläutert.

[1018] Vgl. Martin, H. (1994), S. 168.

[1019] Vgl. Becker, F. G. (1995), S. 37 f..

[1020] Vgl. Kirchgässner, G. (2006), S. 84; vgl. Kirchgässner, G. (2008), S. 30 und vgl. Schweitzer, M. / Küpper, H.-U. (2008), S. 597.

[1021] Vgl. Hirsch, B. et al. (2008), S. 8 und vgl. Schweitzer, M. / Küpper, H.-U. (2008), S. 597.

[1022] Gigerernzer, G. / Selten, R. (2002), S. 5.

[1023] Vgl. Hirsch, B. / Schäffer, U. / Weber, J. (2008), S. 8; vgl. Kirchgässner, G. (2008), S. 30 und vgl. Schweitzer, M. / Küpper, H.-U. (2008), S. 597. Weiterführende Literatur zu *bounded rationality* siehe Gigerenzer, G. / Todd, P. M. (1999); siehe Gigerernzer, G. / Selten, R. (2002), S. 3 f.; siehe Goldstein, D. G. / Gigerenzer, G. (2002), S. 75-90; siehe Lingnau, V. (2010), S. 5 f. und siehe Simon, H. A. (1959), S. 253-283.

so dass der *homo oeconomicus* auch nachhaltig die Wirtschaftswissenschaften und die Gestaltung von Anreizsystemen prägt.[1024]

Das Menschenbild, auf dem ein Anreizsystem basiert, bestimmt, welche Persönlichkeitseigenschaften einer Person in dem Anreizsystem zum Erfolg verhelfen und welche Persönlichkeitseigenschaften ihren Erfolg hemmen. Eine Person, die dem zu Grunde liegenden Menschenbild entspricht, sollte dementsprechend erfolgreicher sein als eine Person, die dies nicht tut. Materielle Anreizsysteme und speziell monetäre Anreizsysteme fördern es, sich so zu verhalten, wie es ein *homo oeconomicus* tun würde.[1025]

Anreizsysteme sind so gestaltet, dass die Organisationsmitglieder ihren eigenen Nutzen durch anreizkompatibles Verhalten maximieren können.[1026] Anreizkompatibel ist das Verhalten dann, wenn es dem (dem Anreizsystem zu Grunde liegenden) Menschenbild des *homo oeconomicus* entspricht. Dieser stellt somit ein Vorbild und zugleich ein Idealbild für das Verhalten und die Handlungen dar. In einem Anreizsystem sind dann diejenigen Organisationsmitglieder am erfolgreichsten, deren Eigenschaften denen des *homo oeconomicus* entsprechen. Erfolgreich sind also diejenigen Akteure, die egoistisches, opportunistisches und emotionsloses Verhalten zeigen. Ein solches Verhalten wird jedoch nicht nur vom *homo oeconomicus* erwartet, sondern entspricht auch dem Verhalten, das Psychopathen zeigen.[1027] In dieser Arbeit kann in Anlehnung an die PCL-R gezeigt werden, dass die modelltheoretischen Eigenschaften des *homo oeconomicus* der Persönlichkeit eines Psychopathen entsprechen.[1028] Beim *homo oeconomicus* handelt es sich um einen *homo psychopathicus*. Erfolgreiches und idealtypisches Verhalten in einem Anreizsystem entspricht also dem

---

[1024] Vgl. Kirchler, E. (2005), S. 29 und vgl. Martin, H. (1994), S. 168

[1025] Zusammengefasst handelt der *homo oeconomicus* folgendermaßen: Er handelt rational, dabei geht die volle Information in seine optimale Entscheidung ein. Seine Präferenzen sind über die Zeit stabil, wodurch auch sein Verhalten zeitkonsistent ist. Dabei ist er egoistisch, er handelt ausschließlich im Eigeninteresse zur Eigennutzenmaximierung (vgl. Ruckriegel, Karlheinz (2007), S. 199-201; siehe auch Kapitel 4.1.1, S. 114 ff. dieser Arbeit). Siehe auch Lingnau, V. (In Vorbereitung), S. 3 f.

[1026] Anreizsysteme basieren meist auf der Annahme, dass die Organisationsmitglieder grenzenlos opportunistisch sind (vgl. zum Beispiel Weber, J. / Schäffer, U. (2008)). Aus diesem Grund zielt ein Anreizsystem darauf ab, die Eigennutzenmaximierung der Agenten so zu lenken, dass es der Verfolgung der Organisationsziele dient (siehe Kapitel 4.2.3, S. 160 ff. dieser Arbeit).

[1027] Vgl. Kühn, C. / Lingnau, V. (2009), S. 26.

[1028] Vgl. Kapitel 4.1.3, S. 125 ff..

eines Psychopathen.[1029] Organisationsmitglieder mit einer psychopathischen Persönlichkeitsstörung haben die größt mögliche Passung zu den vom Anreizsystem geförderten Eigenschaften und dem geforderten Verhalten. Folglich werden gerade Psychopathen in diesem System erfolgreich sein.[1030] Eine Ursache für das gehäufte Vorkommen von Psychopathen in Führungspositionen liegt also im Menschenbild des *homo oeconomicus.*

Dies legt nahe, dass die Häufung von Psychopathen in Führungspositionen[1031] letztlich darauf zurückzuführen ist, dass die eingesetzten Anreizsysteme Psychopathen geradezu anlocken und psychopathisches Verhalten belohnen.[1032]

White collar psychopaths erreichen Positionen im Top-Management nicht trotz ihrer Persönlichkeitsstörung, sondern gerade wegen dieser. Diese Pathogenese der Psychopathen in Nadelstreifen verdeutlicht Abbildung 18.

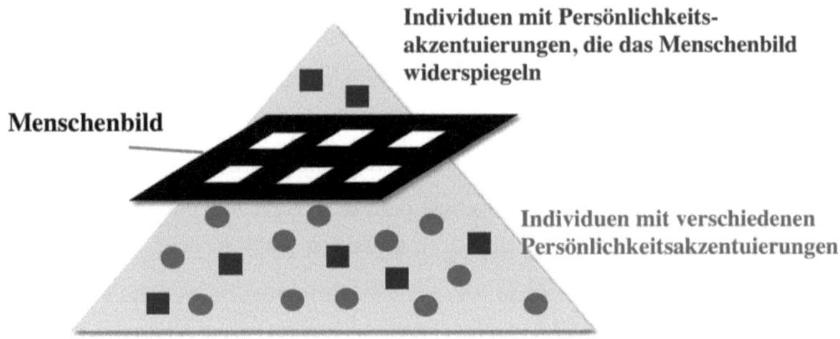

Abbildung 18: Pathogenese der erfolgreichen Psychopathen in Führungspositionen[1033]

[1029] Vgl. Kapitel 4.3.2, S. 125 ff. dieser Arbeit.

[1030] Mit den erfolgreichen Psychopathen und im Speziellen mit den Psychopathen in Nadelstreifen, also den Psychopathen, die erfolgreich in Führungspositionen der Wirtschafts- und Finanzwelt sind, beschäftigt sich Kapitel 3.1, S. 61 ff. dieser Arbeit.

[1031] Siehe Kapitel 3.1.1, S. 62 ff. dieser Arbeit.

[1032] Es ist zumal ein Merkmal von Psychopathen, dass diese nur durch Belohnung lernen. Das aversive Vermeidungslernen ist dabei gestört.

[1033] Personen mit einer Persönlichkeit, die dem des Menschenbildes entspricht, sind als Quadrate dargestellt. Die Kreise repräsentieren die Organisationsmitglieder mit anderen Persönlichkeiten bzw. Persönlichkeitsakzentuierungen.

Hinzu kommt die Annahme, dass Psychopathen in Nadelstreifen in der Unternehmenshierarchie schneller aufsteigen, also eher befördert werden. Dies wiederum führt dazu, dass die „Psychopathen-Dichte" besonders in hohen Führungspositionen sehr hoch ist.[1034] Das Modell in Abbildung 19 stellt dar, dass die Prävalenzraten der Psychopathie mit zunehmender Hierarchie steigen. Je höher die betrachtete Hierarchiestufe ist, desto größer ist der Anteil an Psychopathen. Den Psychopathen gelingt es, „die Systeme für die Beförderungsplanung und für das Leistungsmanagement zu überlisten oder sogar an sich zu reißen".[1035]

Psychopathen sind unzweifelbar motivierter und dabei – von ihrer (gestörten) Persönlichkeit her betrachtet – gleichzeitig besser ausgestattet als andere Manager.[1036] Die *white collar psychopaths* sind so in gewisser Weise prädestiniert, die höchsten hierarchischen Positionen zu erreichen.

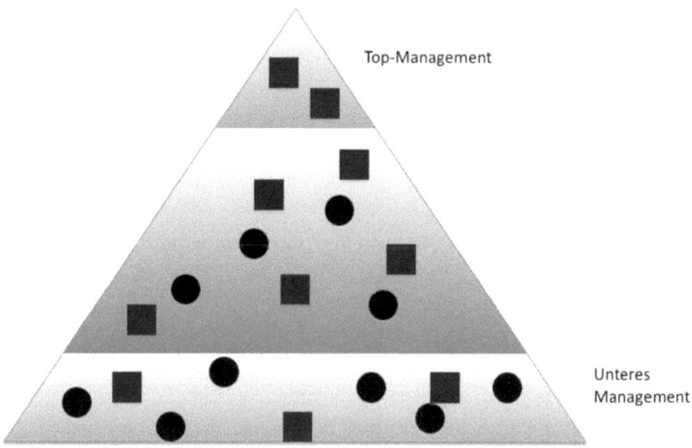

Abbildung 19: Prävalenz der Psychopathie in Abhängigkeit von den Hierarchiestufen[1037]

[1034] Vgl. Babiak, P. / Hare, R. D. (2007), S. XI und vgl. Boddy, C. R. (2005), S. 34.
[1035] Babiak, P. / Hare, R. D. (2007), S. XI.
[1036] Vgl. Boddy, C. R. (2005), S. 34.
[1037] Personen mit einer psychopathischen Persönlichkeit sind als Quadrate dargestellt. Die Kreise repräsentieren die Organisationsmitglieder mit unterschiedlichen Persönlichkeiten bzw. Persönlichkeitsakzentuierungen.

Das in Abbildung 19 dargestellte Modell orientiert sich an den Überlegungen von BODDY.[1038] Der höchste Prozentanteil an Psychopathen wird im Topmanagement erwartet. Man könnte vermuten, dass der Anteil an Psychopathen auf der untersten Hierarchiestufe der Prävalenzrate der Psychopathie der Bevölkerung entspricht.

Es ist davon auszugehen, dass bevorzugt diejenigen Bewerber in die Organisation aufgenommen werden, die dem Menschenbild der Organisation entsprechen und dabei das anreizkonforme psychopathische Verhalten zeigen. Es zeigt sich also bei der Personalauswahl geeigneter Mitarbeiter eine selektive Auswahl. Diese selektive Auswahl führt dazu, dass die Prävalenz der Psychopathie auf der untersten Hierarchieebene eine deutlich höhere ist als die der Bevölkerung.[1039]

Führt man diesen Gedankengang fort und betrachtet die Mitarbeiterrekrutierung im Speziellen, fällt auf, dass eine wesentliche Grundlage bzw. Zugangsberechtigung für einen Managementberuf das Studium der Wirtschaftswissenschaften darstellt. Da auch die Entscheidung für ein Studium zu einer selektiven Auswahl führt, könnte auch für die Population der Studierenden der Wirtschaftswissenschaften eine erhöhte Prävalenz der Psychopathie angenommen werden.

Es bestehen zur Zeit keine Informationen über die Höhe der jeweiligen Prozentsätze; auch existieren aktuell keine Studien, die sich mit diesem Thema konkret beschäftigen.

Ein Problem der Anreizsysteme sieht BABIAK darin, dass entsprechende Kontrollen fehlen und so psychopathisches Verhalten ungeahndet bleibt. Sind in Organisationen die Anreizsysteme zusätzlich anpassbar und flexibel, können sie besser von Psychopathen manipuliert werden.[1040] Kontrollsysteme, die unerwünschtes, auch psychopathisches Verhalten vermindern und verhindern sollen, haben einen geringeren Effekt auf das Verhalten von

---

[1038] Vgl. Boddy, C. R. (2005), S. 34.

[1039] Es handelt sich hierbei um *adverse selection* (vgl. Sprinkle, G. B. (2003), S. 291 f.). Das Problem der negativen Auslese wird auf S. 156 dieser Arbeit erläutert.

[1040] Vgl. Babiak, P. (2007), S. 420.

psychopathischen Managern. Im Vergleich dazu ist der Einfluss von belohnenden Anreizen als Aktivierungen bei Psychopathen stärker.[1041]

Nachdem der Einfluss des Anreizsystems auf die Förderung von Psychopathen in Führungspositionen untersucht wurde, wird anschließend diskutiert, ob der *homo oeconomicus* ein Leitbild und zugleich Erfolgsmodell für erfolgreiches Verhalten im Unternehmen darstellt. Wenn es sich bei dem Menschenbild der Ökonomie tatsächlich um einen Sozialcharakter handelte, würde dies den Erfolg und das Vorkommen der erfolgreichen Psychopathen in Nadelstreifen zusätzlich erklären.

4.3.2 Der *homo oeconomicus* als ein Leitbild und Sozialcharakter

Dieses Kapitel entwickelt und begründet eine umfassende Theorie zur pathologischen Entwicklung und Entstehung des Phänomens der *white collar psychopaths*. In einem ersten Schritt wird untersucht, ob der *homo oeconomicus* ein Leitbild für das Verhalten in Anreizsystemen darstellt.[1042] Dabei ergänzen auch aktuelle gesellschaftliche Phänomene und Tendenzen die Betrachtung. Darauf aufbauend, wird diskutiert, ob es sich bei dem Menschenbild der Wirtschaftswissenschaften um einen Sozialcharakter, einen in der Wirtschaft und in der Gesellschaft erfolgreichen Charakter, handelt.[1043] Um die Entwicklung des Charakters des *homo oeconomicus* zu verdeutlichen, wird anschließend seine mögliche Individuation betrachtet.[1044] Der Zusammenhang zwischen aktuellem, gesellschaftlichem und wirtschaftlichem Sozialcharakter und den *corporate psychopaths* wird erörtert,[1045] um die Pathogenese dieses Phänomens darzustellen und zu begründen. Abschließend kann dann

---

[1041] Vgl. Babiak, P. (2007), S. 420. Psychopathen zeigen ein gestörtes Vermeidungslernen bzw. kein Lernen aus Bestrafung.

[1042] In Kapitel 4.1.3 wird dargestellt, dass es sich beim *homo oeconomicus* um einen Psychopathen handelt, da dieser die Diagnosekriterien für die psychopathische Persönlichkeitsstörung erfüllt (siehe S. 125 ff. dieser Arbeit). Die Psychopathen in Nadelstreifen sind in Kapitel 3.1 thematisiert und es ist genau definiert, um welche Gruppe von Psychopathen und Führungskräften es sich dabei handelt (siehe S. 61 ff. dieser Arbeit).

[1043] Siehe S. 177 ff. dieser Arbeit.

[1044] Siehe S. 179 ff. dieser Arbeit.

[1045] Siehe S. 182 ff. dieser Arbeit.

eine zusammenfassende Darstellung der Pathogenese und der Ätiologie präsentiert und erläutert werden.

In Experimenten konnte gezeigt werden, dass sich Studenten der Wirtschaftswissenschaften unkooperativer verhalten als eine Vergleichsgruppe.[1046] Dieses Ergebnis kann folgenden Schluss nahelegen:

> „*Learning economics, it, seems, may make people more selfish.*“[1047]

Die Ökonomie kann so einen Einfluss auf das menschliche Verhalten ausüben. Der *homo oeconomicus* kann somit nicht nur eine Abbildung von menschlichen Verhalten darstellen, sondern gleichzeitig eine erhebliche Auswirkung auf die Gesellschaft haben.

> „Möglicherweise bestehen wechselseitige Verstärkungen zwischen einer sozialen Wirklichkeit, die ständig wachsende Anforderung an Rationalität und Durchsetzungsvermögen bezüglich der eigenen Interessen stellt, und den ökonomischen Theorien über diese Wirklichkeit.“[1048]

Im Folgenden sollen aktuelle gesellschaftliche Tendenzen diskutiert werden, die den Einfluss der Ökonomie auf das menschliche Verhalten repräsentieren. Der Einfluss der Ökonomie und des Menschenbildes der Ökonomie auf den Sozialcharakter einer Gesellschaft wird dann diskutiert. Es wird dabei darauf eingegangen, ob es sich beim *homo oeconomicus* um einen erfolgreichen Charaktertyp einer Gesellschaft, also um einen Sozialcharakter, handelt.[1049] Anschließend wird auf die Individuation eingegangen, die beim *homo oeconomicus* als unvollständig und nicht abgeschlossen angesehen werden kann.[1050]

Es können zahlreiche Tendenzen in der gesellschaftlichen Entwicklung genannt werden, die für die Annahme sprechen, dass der *homo oeconomicus* ein Modell für einen realen Menschen ist bzw. ein Menschenbild widerspiegelt. Einige Tendenzen sprechen dafür,

---

[1046] Vgl. Hausman, D. / McPherson, M. S. (1993), S. 674.

[1047] Hausman, D. / McPherson, M. S. (1993), S. 674.

[1048] Manstetten, R. (2000b), S. 122.

[1049] Siehe S. 177 dieser Arbeit.

[1050] Siehe S. 179 dieser Arbeit. Unter Individuation (Selbst-Werdung, Ich-Werdung) versteht man die schrittweise Bewusstwerdung einer Person mit dem Ziel, sich als etwas Eigenes und Einzigartiges zu erkennen und zu verwirklichen (siehe S. 179 dieser Arbeit).

dass die gesellschaftliche Entwicklung auch in Deutschland die Ausbreitung des *homo oeconomicus* fördert:

Der Mensch wird zunehmend aus traditionellen Lebenszusammenhängen und Normgefügen herausgelöst und spürt einen zunehmenden Zwang zur Eigenverantwortung. Es wird von ihm gefordert, individualistischer zu werden. Parallel zu der zunehmenden Individualisierung ist ein individualistischer Wertewandel von Pflicht- und Akzeptanzwerten zu Selbstentfaltungswerten zu beobachten.[1051] Auch das Phänomen der zunehmenden Säkularisierung ist ein Symptom dieser Entwicklung. MAX WEBER spricht in diesem Zusammenhang von einer „Rationalisierung" des Menschen, in der die Zweckrationalität legitimes Handlungsprinzip wird.[1052] Zunehmend wird kritisch von Ego-Gesellschaft, Raff-Gesellschaft, Ellenbogen-Gesellschaft und allgemeinem Werteverfall gesprochen.

Der zweckrationale Akteur ist dabei ein soziales Leitbild. Der Mensch ist dazu aufgefordert, sein Verhalten an diesem Vorbild zu orientieren.[1053] Wenn es sich beim *homo oeconomicus* um ein soziales Leitbild handelt, drängt sich die Frage auf, ob das Menschenbild der Wirtschaftswissenschaften dabei gleichzeitig einen erfolgreichen Charakter im Wirtschaftssystem und in der Gesellschaft darstellt. Im Folgenden wird deshalb diskutiert, ob der *homo oeconomicus* auch einen Sozialcharakter nach dem Konzept des Gesellschaftscharakters von ERICH FROMM darstellt.[1054]

Unter Sozialcharakter oder Gesellschaftscharakter versteht man „ein allen Menschen in spezifischen Epochen und sozialen Gruppen gemeinsames System von Gewohnheiten, Gefühlen und Idealen, das durch die ökonomischen, sozialen und kulturellen Verhältnisse einer bestimmten Epoche hervorgebracht wird"[1055]. ERICH FROMM definiert den Sozialcharakter als „den Kern der Charakterstruktur, der von den meisten Angehörigen einer Gesell-

[1051] Vgl. Klages, H. (2001), S. 727 ff. Zum Wertewandel, insbesondere zum Wandel hin zu Selbstentfaltungswerten siehe Klages, H. (2001), S. 726-738.

[1052] Zu der Rationalisierung des Menschen nach Weber siehe Kalberg, S. (1981), S. 9-38.

[1053] Manstetten diskutiert, ob es sich bei dem Menschenbild der Wirtschaftswissenschaften um eine Karikatur handelt. „Als Karikatur kann der *homo oeconomicus* nur an den Rändern der Ökonomik und von außen wirken, wenn er mit den Augen des Alltagslebens betrachtet wird." (Manstetten, R. (2000b), S. 117).

[1054] Vgl. Fromm, E. (1955), S. 73.

[1055] Winterhoff-Spurk, P. (2005), S. 13.

schaft geteilt wird, im Gegensatz zum individuellen Charakter, in dem die Menschen derselben Gesellschaft sich voneinander unterscheiden“[1056].

Während sich der Individualcharakter auf die einmalige Struktur und Ausrichtung der Charakterstruktur eines Individuums bezieht, ist mit dem Sozialcharakter die den Mitgliedern einer Gesellschaft gemeinsame Struktur des Charakters gemeint. Diese Kernstruktur ist sozial signifikant und veranlasst die Menschen, mit dem Gefühl von Freiheit die erwarteten gesellschaftlichen Aufgaben in Bezug auf Arbeit, Interaktion und Erziehung zu erfüllen.[1057] Der Sozialcharakter entsteht durch die Interaktion von sozioökonomischen Gesellschaftsstrukturen mit der individuellen psychischen Struktur. Er „entwickelt sich in steter Interaktion mit individuellen Lebenslagen und genetischen Anlagen zum Gesamtcharakter oder der Persönlichkeit eines Menschen“[1058].

Der Begriff Sozialcharakter geht auf den in Deutschland geborenen Humanwissenschaftler ERICH FROMM zurück.[1059] Zum ersten Mal findet der Sozialcharakter in dessen Aufsatz „*Psychoanalytic Characterology and its Application to the understanding of Culture*“[1060] Verwendung. Auch schon in früheren Arbeiten nutzt der Sozialpsychologe und Psychoanalytiker das Konzept des Sozialcharakters, wenn auch unter dem Namen „libidinöse Struktur“ einer Gesellschaft.[1061] Fromm interessierte sich insbesondere für die Zusammenhänge der Entwicklung der individuellen Persönlichkeit und der Charakterstruktur mit Kultur und Gesellschaft einer bestimmten Epoche.

FROMM und WINTERHOFF-SPURK beziehen sich auf die ganze Gesellschaft bzw. auf soziale Gruppen oder Schichten.[1062]

1056 Fromm, E. (1955), S. 73.

1057 Vgl. Fromm, E. (1941).

1058 Winterhoff-Spurk, P. (2005), S. 13.

1059 Fromms Ausführungen zum Sozialcharakter basieren auf seiner Gesellschaftskonzeption. Nach Fromm gibt es „keine Gesellschaft im Allgemeinen, sondern nur spezifische soziale Strukturen, die auf verschiedene und feststellbare Weise funktionieren.“ (Fromm, E. (1955), S. 74).

1060 Fromm, E. (1949).

1061 Vgl. Fromm, E. (1985), S. 11 ff..

1062 Vgl. Fromm (1955), S. 73 und vgl. Winterhoff-Spurk, P. (2005), S. 13.

Empirische Studien dokumentieren, dass Studierende der Wirtschaftswissenschaften in spieltheoretischen Experimenten ein egoistischeres Verhalten zeigen, als dies Studierende anderer Fachrichtungen tun.[1063] Die Versuchspersonen verhalten sich wie wirtschaftliche Akteure, kalkulierend und Eigennutzen maximierend. KAPELLER nimmt deshalb an, dass das ökonomische Modell des *homo oeconomicus* eine Rollenerwartung darstellt.[1064] Der *homo oeconomicus* stellt dabei ein idealtypisches Handlungsvorbild und -muster dar. Akteure in diesem System müssen sich entsprechend dem Rollenmodell verhalten, um erfolgreich zu sein. Es sind diejenigen am erfolgreichsten, die sich wie ein *homo oeconomicus* verhalten. Der *homo oeconomicus* stellt also einen erfolgreichen Charakter innerhalb seines Systems dar. Aus diesem Grund wird der *homo oeconomicus* als ein Sozialcharakter angesehen.

Zwar handelt es sich beim *homo oeconomicus* um ein ökonomisches Modell, aber dieses Modell hat, da es einen Sozialcharakter darstellt, Auswirkungen auf das reale Verhalten.

Der *homo oeconomicus* stellt also ein gesellschaftliches Leitbild und einen Sozialcharakter dar. Gleichzeitig erfüllt er die Kriterien für die Diagnose Psychopathie.[1065] Demnach ist ein Organisationsmitglied dann am erfolgreichsten, wenn es die Eigenschaften eines Psychopathen besitzt, was bei Personen mit der Persönlichkeitsstörung Psychopathie der Fall ist. Der Sozialcharakter „Psychopath in Nadelstreifen" ist in dem Anreizsystem der „Gewinner". Sein Verhalten und seine Handlungen sind im Sinne des dem Anreizsystems zu Grunde liegenden Menschenbildes vorbildlich.

Demnach ist der *homo oeconomicus* als erfolgreicher Charakter auch bei mehreren Personen zu finden. Ein Zusammenhang zwischen dem Individuum und der Entwicklung des *homo oeconomicus* findet sich bei STIERLIN in seinem Konzept zur Individuation.[1066]

[1063] Vgl. Kapeller, J. (2008), S. 34-37.
[1064] Vgl. Kapeller, J. (2008), S. 34-37.
[1065] Die Diagnose des *homo oeconomicus* als Psychopath ist in Kapitel 4.1.3, S. 125 ff. dieser Arbeit erläutert.
[1066] Vgl. Stierlin, H. (1989), S. 182.

Der betrachtete Zusammenhang findet sich auch in den Individuationskonzepten von CARL GUSTAV JUNG[1067], MILTON H. ERICKSON[1068] und GILBERT SIMONDON[1069]. Die Individuation ist der Prozess der Entwicklung des Individuums. Man spricht hier auch von Ich-Werdung oder Selbst-Werdung. Der Prozess beinhaltet die Entfaltung, Entwicklung und Anwendung eigener Fähigkeiten. Ziel der Individuation ist es, dass sich Menschen als etwas Eigenes und Einzigartiges erkennen und verwirklichen können. Aufbauend auf den Arbeiten von SIMONDON[1070], FRIEDRICH NIETZSCHE und SIGMUND FREUD beschreibt STIERLIN vier Schritte bis zum Gefühl innerer Freiheit und Autonomie:[1071]

- Abgrenzung des Ego
- Eigene Ziele
- Ambivalenz des Selbst
- Verantwortung für eigenes Handeln

Den ersten Schritt in dem Prozess stellt die Abgrenzung des Egos dar. Man versteht darunter „die Fähigkeit und Bereitschaft, differenzierende innere und äußere Grenzen zu bilden ...“[1072]. Der zweite Schritt endet mit der „Fähigkeit und Bereitschaft, eigene Ziele zu definieren und durchzusetzen, die sich von denen unterscheiden, die meine Umgebung vorgibt“[1073]. Die Person soll sich ihrer eigenen subjektiven Wahrnehmung und den daraus resultierenden eigenen Wünschen bewusst werden und diese wahrnehmen und reflektieren. Nach dem abgeschlossenen dritten Schritt soll die Person in der Lage sein, die Ambivalenz des Selbst aushalten zu können. Nach der vierten Stufe kann die Person Verantwortung für eigenes Handeln übernehmen.

Die ersten beiden Schritte sind dabei essentiell für den *homo oeconomicus*. Ein egoistischer und rational handelnder Nutzenmaximierer muss sein Ego zuerst einmal von anderen

---

[1067] Vgl. Jung, C. G. (1933), S. 65 und S. 77.
[1068] Vgl. Erickson, M. H. / Rossi, E. L. (1989).
[1069] Vgl. Simondon, G. (1989), erstmals veröffentlicht 1964.
[1070] Siehe Simondon, G. (1989).
[1071] Vgl. Stierlin, H. (1989), S. 128; siehe auch Simon, F. B. et al. (1999), S. 143 f..
[1072] Stierlin, H. (1989), S. 128.
[1073] Stierlin, H. (1989), S. 128.

abgrenzen. Dann muss er nach dem zweiten Schritt fähig sein, eigene Ziele, eigene Wünsche und eigene Interessen zu definieren und diese dann rational durchzusetzen. Diese Voraussetzung ist dem Menschen und auch dem *homo oeconomicus* nicht von Geburt an gegeben, sondern muss sich entwickeln oder durch therapeutische Hilfe entwickelt werden. Die ersten beiden Schritte der Individuation sind etwas Natürliches und Wünschenswertes in der Entwicklung eines jeden Menschen. Gleichzeitig zeigen diese Überlegungen, dass der *homo oeconomicus* ein notwendiges Stadium in der Entwicklung eines jeden Menschen darstellt, also ein Durchgangsstadium der normalen Entwicklung.[1074] Der *homo oeconomicus* entwickelt sich aber nicht über die beiden ersten Schritte hinaus, es handelt sich in diesem Fall um ein Individuum, das genau nach diesen beiden ersten Schritten in der Entwicklung seines Egos „stecken geblieben" ist.[1075] Diesen Gedanken zufolge handelt es sich bei dem *homo oeconomicus* um eine Person mit einer Entwicklungsstörung. Dem *homo oeconomicus* ist es demnach überhaupt nicht möglich, Verantwortung für sich und die Interessen anderer zu übernehmen, da er diese Entwicklungsstufe nicht erreicht hat. Er kann auch nicht widersprüchliche Aspekte seines Selbst oder seiner Handlungen ertragen[1076]. Deshalb handelt er rein rational und kalkulierend.[1077] Emotionen kann der *homo oeconomicus* nicht aushalten, weshalb er emotionslos handelt.[1078] Diese Emotionslosigkeit bezieht sich dabei aber nicht auf die Expression von Emotionen. Emotionen können zwar dargestellt und gezeigt werden, aber der *homo oeconomicus* kann keine Emotionen fühlen und nachfühlen bzw. sich in die Emotion einer anderen Person einfühlen im Sinne der Empathie.[1079] Man kann nicht davon ausgehen, dass der *homo oeconomicus* keine Emotionen darstellen kann. Es wird aber bezweifelt, dass er die dargestellten bzw. nach außen gezeigten Emotionen auch als solche fühlen kann. Es wird angenommen, dass er den emotionalen Code anderer Menschen verstehen kann, allerdings nur als Zeichencode.

[1074] Vgl. Manstetten, R. (2000b), S. 124.

[1075] Vgl. Manstetten, R. (2000b), S. 124 f..

[1076] Sowohl die Präferenzordnung als auch die Motive des *homo oeconomicus* werden über die Zeit hinweg als stabil und unabhängig von anderen Akteuren angenommen (vgl. Kapeller, J. (2008), S. 13 und vgl. Kirchler, E. (2005), S. 28 f.).

[1077] Er agiert vollkommen zweckrational (vgl. Kapeller, J. (2008), S. 12).

[1078] Vgl. Suchanek, A. / Kerscher, K.-J. (2007), S. 252.

[1079] Vgl. Priddat, B. P. (1998), S. 1.

Der *homo oeconomicus* ist in der Entwicklung seiner Persönlichkeit gestört, da er den Prozess der Individuation nicht abgeschlossen hat. Es handelt sich dabei also um ein Defizit, das bereits in frühester Kindheit vorhanden ist. Dies gilt auch für die Persönlichkeitsstörung Psychopathie, die angeboren ist.[1080]

MANSTETTEN betrachtet die Stufe der Individuation des *homo oeconomicus* positiver:

> „Man könnte also fragen, ob nicht doch letztendlich das höchste Ideal einer Therapie im Sinne STIERLINS ein homo oeconomicus ist, ergänzt um bestimmte Züge der Selbstwahrnehmung und eine unbestimmte, folgenlos bleibende Verantwortung, die vor keiner Instanz eingeklagt werden kann, die über das Individuum herausreicht."[1081]

EHRHARDT beschreibt in ihrem viel verkauften Buch „Gute Mädchen kommen in den Himmel, böse überall hin" den *homo oeconomicus* im Sinne STIERLINS sogar als Idealbild. Frauen sollen ein autonomes Leben führen:

> „Ihre Persönlichkeit kann ... nur diejenige entwickeln, die auf sich selbst, ihre Wünsche und Bedürfnisse konzentriert lebt."[1082]

Der Sozialcharakter „Psychopath" wird hier nicht nur als gesellschaftlich erfolgreich bezeichnet, sondern es wird sogar offen gefordert, dementsprechend psychopathisch zu sein.

Als Ideal- und Leitbild sowie als Sozialcharakter ist der *homo oeconomicus* Vorbild und Muster für das erfolgreiche Verhalten im wirtschaftlichen und gesellschaftlichen System. In einem Anreizsystem können erfolgreiche Psychopathen in der Unternehmenshierarchie aufsteigen, da sie dem zu Grunde liegenden Menschenbild des *homo oeconomicus* entsprechen. Innerhalb des gesellschaftlichen Systems sind diese erfolgreich, da sie dem Sozialcharakter der Gesellschaft entsprechen. Die höhere Prävalenz der Psychopathie in Führungspositionen lässt sich so durch zwei Wege erklären. Mit steigender Hierarchiestufe erhöht sich der Anteil an Psychopathen in Nadelstreifen durch selektive Auswahl. Es wer-

---

[1080] Die Störung Psychopathie und ihre Diagnostik ist in Kapitel 2.2.2, S. 28, und 2.2.3.2, S. 44 dieser Arbeit thematisiert. Ob der *homo oeconomicus* über ausreichend viele Kriterien für die Diagnose einer psychopathischen Persönlichkeitsstörung verfügt, ist in Kapitel 4.1.3, S. 125 dieser Arbeit erläutert.
Im Gegensatz zur Psychopathie, die angeboren und unheilbar ist, handelt es sich bei der Soziopathie (*acquired sociopathy*) um eine erworbene Störung (vgl. Hare, R. D. (2005), S. 21; siehe auch S. 26 dieser Arbeit).

[1081] Manstetten, R. (2000b), S. 124 f..

[1082] Ehrhardt, U. (1994), S. 122.

den diejenigen Mitarbeiter aufsteigen, die dem Menschenbild und Sozialcharakter des *homo oeconomicus* und damit einem Psychopathen entsprechen.

Auch wenn der *homo oeconomicus* aus den oben genannten Gründen kein allgemeines Menschenbild darstellen kann[1083], können einzelne Menschen dieses Bild widerspiegeln. Diese Menschen besitzen dann den (erfolgreichen) Sozialcharakter eines *homo oeconomicus* bzw. eines Psychopathen. Es kann deshalb davon ausgegangen werden, dass es den *homo oeconomicus* wirklich im wahren Leben gibt, nämlich als gestörte Persönlichkeit, als Psychopath in Nadelstreifen.

In einem diagnostisch orientierten Vorgehen kann gezeigt werden, dass es sich beim *homo oeconomicus* um einen Psychopathen handelt.[1084] Dementsprechend handelt es sich auch bei dem Sozialcharakter um einen Psychopathen.

Der *homo oeconomicus* ist zugleich auch die Basis für Anreizsysteme. Erfolgreiches Verhalten in diesem System ist anreizkonformes Verhalten, das dem dem Anreizsystem zu Grunde liegendem Menschenbild entspricht.[1085] Im Anreizsystem sind folglich Psychopathen am erfolgreichsten.

Der Sozialcharakter im Anreizsystem ist der Psychopath. Der oben dargestellte Gedankengang stellt eine Pathogenese des Phänomens der Psychopathen in Führungspositionen dar. Sowohl das Anreizsystem als auch der Sozialcharakter befördern Psychopathen in der Unternehmenshierarchie nach oben.[1086] Der Sozialcharakter und das Anreizsystem erklären, weshalb Psychopathen in Unternehmen so erfolgreich sind: Sie verfügen über die geforderte gestörte Persönlichkeit eines Psychopathen und entsprechen dem geforderten Menschenbild des rational handelnden Akteurs.

Die Ursache des Phänomens der psychopathischen Führungskräfte stellt der *homo oeconomicus* bzw. der *homo psychopathicus* dar. Dieses ökonomische Modell bildet die Grund-

---

[1083] Siehe Kapitel 4.1.2, S. 120 ff. dieser Arbeit.
[1084] Vgl. Kapitel 4.1.3, S. 125 ff. dieser Arbeit.
[1085] Vgl. Kapitel 4.2.3, S. 160 ff. dieser Arbeit.
[1086] Siehe Abbildung 19, S. 173 dieser Arbeit.

lage für Anreizsysteme und Sozialcharakter. Die Ätiologie der Psychopathen in Nadelstreifen findet sich im *homo oeconomicus.*

Vor dem Hintergrund der durch Psychopathen in Nadelstreifen verursachten Schäden,[1087] werden im folgenden Kapitel mögliche prophylaktische und präventive Verfahren gegen diese Gruppe dargestellt. Neben weiteren Gegenmaßnahmen[1088] liegt eine Möglichkeit der Psychopathen-Prävention in der Gestaltung von Anreizsystemen[1089].

[1087] Siehe Kapitel 3.1.2, S. 72 ff. dieser Arbeit
[1088] Siehe Kapitel 5.1, S. 186 ff. dieser Arbeit.
[1089] Siehe Kapitel 5.2, S. 188 ff. dieser Arbeit.

5 Nosologische Endbetrachtung: Therapie und Prophylaxe

> „Wenn der *homo oeconomicus* tatsächlich den Menschen so wiedergibt, wie er sich durchschnittlich in den westlichen Gesellschaften des ausgehenden zwanzigsten Jahrhunderts selber versteht und verhält, so scheint der Verfall der Verfassungen der Freiheit, die in den westlichen rechtsstaatlichen Demokratien weitgehend Geltung beanspruchen, unaufhaltsam.“[1090]

Das folgende letzte Kapitel dieser Arbeit ist als ein Fazit zu verstehen, in dem der Umgang mit dem Phänomen der Psychopathen in Nadelstreifen diskutiert wird. Auf Grund der bedeutenden wirtschaftlichen wie gesellschaftlichen Schäden, die durch Psychopathen verursacht werden, scheint es angebracht, Gegenmaßnahmen zu finden.[1091] Eine Therapie der *white collar psychopaths* ist im klassischen psychotherapeutischen Sinne nicht möglich. Da es sich um eine schwere Störung der Persönlichkeit handelt, ist diese nicht heil- oder therapierbar. Im Rahmen einer psychologischen oder psychiatrischen Psychotherapie ist es zwar grundsätzlich möglich, dem Patienten Methoden und Fertigkeiten zu vermitteln, die ihn dabei unterstützen, ein straffreies Leben zu führen, ohne sich selbst oder anderen Personen Leid zuzufügen,[1092] aber insbesondere für Psychopathen sind die Legalprognosen schlecht und die Rückfallquoten hoch.[1093] Da der persönliche Leidensdruck bei den wirtschaftskriminellen Psychopathen als sehr gering angenommen werden kann, wird auch die Bereitschaft zu einer Therapie oder psychologischen Beratung ebenfalls gering sein.[1094]

Psychopathen vor ihrem Eintritt in das Unternehmen bzw. im Unternehmen zu detektieren, ist kaum möglich, da bisher keine geeigneten Verfahren zur Verfügung stehen. Fragebögen, Aufgaben oder Tests sind zur Erfassung der Psychopathie für die Gruppe der Psycho-

---

1090 Manstetten, R. (2000b), S. 228.

1091 Auf die von Psychopathen in Nadelstreifen verursachten ökonomischen und sozialen Schäden ist in Kapitel 3.1.2, S. 72 ff. dieser Arbeit eingegangen.

1092 Besonders bei Straffälligen mit schweren Störungen der Persönlichkeit wird häufig versucht, diese im Rahmen einer Sozialtherapie zu behandeln (vgl. Egg, R. et al. (2001), S. 321-347).

1093 Vgl. Egg, R. et al. (2001), S. 321 ff. und vgl. Saß, H. / Felthous, A. R. (2007), S. 1.

1094 Der sehr seltene Fall, dass ein Psychopath unter seiner Störung leidet, wird in einer Fernsehdokumentation „Ich bin ein Psychopath“ von Walker geschildert (vgl. Walker, I. (2009)).

pathen und für den Unternehmenskontext ungeeignet.[1095] Ein Testverfahren, das sich zur Zeit noch in der Entwicklungsphase befindet, soll im Folgenden dargestellt werden (5.1).

Da es aktuell weder geeignete Methoden zur Erfassung der Psychopathen in Nadelstreifen noch Therapiemöglichkeiten gibt, bleibt als Schutzmaßnahme vor den Psychopathen die Prophylaxe.[1096] Als präventives Vorgehen[1097] wird vorgeschlagen, die Anreizsysteme psychopathenfest zu gestalten, so dass ihre Anziehungskraft für Psychopathen gemindert wird (5.2).[1098]

5.1 Der Business-Scan

Die Idee, ein Unternehmen vor Psychopathen zu schützen, findet sich auch im Business-Scan (B-Scan) von Babiak / Hare[1099]. Mithilfe eines Fragebogens, der sich momentan noch im Entwicklungsstadium befindet, möchten die Autoren potentielle Psychopathen entlarven, um diese dann aus dem Unternehmen zu entlassen oder gar nicht erst im Unternehmen einzustellen. In dieser Entwicklungsphase wird ein Sample von Angestellten (*employees in a business environment*) getestet. Nach eigener Aussage der Autoren zielt der B-Scan darauf ab, den Entwicklungsbedarf im Management und auf der Führungsebene zu identifizieren.[1100] Durch den Test soll beurteilt werden, wie Personen auf Aufgaben, die die organisationale Verantwortung und ihre Leistungsfähigkeit betreffen, reagieren. Es wird

[1095] Mögliche diagnostische Methoden sind in Kapitel 3.2, S. 75 ff. dieser Arbeit vorgestellt.Nach aktuellem Stand der Forschung existieren keine direkten oder indirekten Verfahren, die valide, reliabel und mit ausreichender diskriminanter Validität für die Diagnose von Psychopathie in Unternehmen eingesetzt werden können. Die fehlende Eignung der direkten und indirekten Methoden wird in Kapitel 3.2.3.3, S. 109 ff. dieser Arbeit diskutiert.

[1096] Prophylaktische Maßnahmen sollen der Verhütung und Vorbeugung dienen. Für eine Begriffserklärung siehe Pschyrembel (2002), S.1360.

[1097] Da es sich um eine angeborene Störung handelt, ist im Fall der Psychopathen in Nadelstreifen lediglich eine sekundäre und tertiäre Prävention möglich, um eine frühstmögliche Diagnose zu gewährleisten und um Maßnahmen zur Begrenzung der Ausbreitung zu installieren. Eine Definition von Prävention findet sich bei Pschyrembel (2002), S.1351.

[1098] Der Zusammenhang zwischen Psychopathie und Anreizsystem ist in Kapitel 4.3.1, S. 170 ff. dieser Arbeit erläutert.

[1099] Siehe Babiak, P. / Hare, R. D. (in Bearbeitung).

[1100] Vgl. zu den folgenden Ausführungen www.b-scan.com.

angenommen, dass sich die Tendenz zu reagieren dabei in ihrem Verhalten, ihren Einstellungen und ihren Entscheidungen zeigen wird. Der Fragebogen, den die Probanden selbst ausfüllen, besteht aus 126 Items.[1101] Diese werden für die Bewertung von vier Hauptmerkmalen genutzt: dem persönlichen und emotionalen Stil sowie der Leistung im Unternehmen und der sozialen Verantwortung. Das Merkmal „persönlicher Stil" (*personal style*) erfasst, wie ein Individuum sich selbst sieht und wie seine Einstellung gegenüber anderen ist. Unter dem „emotionalen Stil" (*emotional style*) versteht man das Verstehen von eigenen und fremden Gefühlen sowie das Ausmaß, in dem diese empathischen Fähigkeiten in der Unternehmensumwelt genutzt werden. Die Voraussetzungen, eigene Leistungen im Unternehmen beizutragen, wird unter dem Merkmal der organisationalen Effektivität zusammengefasst. Das Merkmal „soziale Verantwortung" bewertet, wie wirksam ein Individuum tatsächlich mit anderen interagiert.

Die Vorgehensweisen des B-Scans von HARE / BABIAK stellen einen komplementären Ansatz zu den Überlegungen dar, die in dieser Arbeit vertreten werden. Die Intention der vorliegenden Arbeit ist nicht, einzelne Organisationsmitglieder als Psychopathen zu entlarven. Das Anreizsystem soll so gestaltet werden, dass psychopathische Persönlichkeitsmerkmale und Verhaltensweisen nicht durch das in der Organisation vorliegende Anreizsystem gefördert werden.[1102] Es geht also nicht darum, die Organisation vor einzelnen Psychopathen zu schützen, sondern sie durch die Gestaltung des Anreizsystems psychopathenfest zu gestalten. Ein „natürlicher" Psychopath, wie er von HARE / BABIAK beschrieben wird, hätte so keine Chance, in einem psychopathenfesten Anreizsystem seine psychopathischen Tendenzen auszuleben.

Aus der Methode des B-Scans ergeben sich darüber hinaus Probleme: Sowohl die Anwendbarkeit und die Validität von Fragebögen im Unternehmenskontext als auch die Ver-

[1101] Daneben findet sich – ebenfalls in der Erprobungsphase – eine weitere Version des B-Scans. Diese Version zielt darauf ab, mit 113 Items ähnliche Merkmale zu messen. Jedoch wird hier der Fragebogen nicht vom Angestellten selbst ausgefüllt, sondern die Bewertung wird vom direkten Vorgesetzten des Angestellten vorgenommen. Es handelt sich dabei also nicht mehr um ein Self-Rating, sondern um ein Fremd-Rating.

[1102] Vgl. Kapitel 5.2, S. 188 ff. dieser Arbeit.

wendung von direkten Verfahren bei der Gruppe der erfolgreichen Psychopathen müssen kritisch diskutiert werden.[1103]

Die verfolgte Intention ist hier die Gestaltung von Anreizsystemen – nicht die Entlassung von psychopathischen Mitarbeitern. Das dem Anreizsystem zu Grunde liegende Menschenbild soll den tatsächlichen Menschen abbilden und nicht einen Menschen mit einer Persönlichkeitsstörung, einen Psychopathen.

5.2 Psychopathenfeste Anreizsysteme

> „Familie, Religion und Freundschaft sind die drei Dämonen, die ihr besiegen müsst, um im Geschäftsleben Erfolg zu haben."[1104]

Die Basis von Anreizsystemen bildet das Menschenbild des *homo oeconomicus*. Bei dem *homo oeconomicus* handelt es sich um einen Psychopathen in Nadelstreifen.[1105] Dies führt dazu, dass gerade diese Psychopathen in Anreizsystemen erfolgreich sind und ihre Prävalenz mit zunehmender Hierarchie steigt.[1106] Nach dem aktuellen Stand der Forschung ist die Persönlichkeitsstörung Psychopathie weder therapier- noch heilbar. Aus diesem Grund bleibt als einzige Möglichkeit, der Psychopathie in Unternehmen entgegenzuwirken, Anreizsysteme „psychopathenfest" zu gestalten. Dies hat jedoch die Aufgabe des Opportunismusgedankens zugunsten eines *bounded opportunism*-Ansatzes zur Folge.[1107] So schlägt AMARTYA KUMAR SEN[1108] die Berücksichtigung von Metapräferenzen vor, sodass das Anreizsystem in ein Geflecht von normativem, strategischem und operativem Management integriert wird. Dieses Geflecht sollte zwischenmenschliche Beziehungen und gemeinsame Ziele fördern, da gerade diese Punkte für Psychopathen unmöglich sind. Die

---

[1103] Vgl. Kapitel 3.2.3.3, S. 109 ff. dieser Arbeit.

[1104] Zitat von Mr. Burns aus der Fernsehserie „Die Simpsons", vgl. Groening, M. (2007), Staffel 8, Nr. 21.

[1105] Siehe Kapitel 4.1.3.2, S. 150 dieser Arbeit.

[1106] Siehe zum Beispiel Abbildung 18, S. 172 und siehe Abbildung 19, S. 173 dieser Arbeit.

[1107] Vgl. Lingnau, V. (2010), S. 5 f.. Siehe auch Lingnau, V. (2010), S. 13-17.

[1108] Vgl. Lohmann, K. R. (1997), S. 123; vgl. Priddat, B. P. (1997), S. 184 und vgl. Sen, A. K. (1971), S. 62 f.. Eine ausführliche Darstellung von Sens Metapräferenzen findet sich bei Priddat, B. P. (2001), S. 50-56.

fiktive Person des Mr. Burns, die in der Fernsehserie „Die Simpsons" einen prototypischen Psychopathen in Nadelstreifen darstellt, sieht darin sogar ein Erfolgshindernis. Diese Ansicht resultiert auf der Unfähigkeit der Psychopathen zur Teamfähigkeit und Wir-Identität.

Die Arbeit im Team erschwert es dem Psychopathen, als solcher unerkannt zu bleiben. Die Teamfähigkeit ist auch anthropologisch gesehen eine Besonderheit. TOMASELLO spricht dabei von einer dem Menschen exklusiven Voraussetzung: der „psychologischen Infrastruktur geteilter Intentionalität".[1109] Diese ermöglicht es den Menschen, ihre interindividuellen und voneinander verschiedene Wahrnehmungen und Ziele untereinander abzustimmen und „zum Bezugspunkt ihres gemeinsamen Handelns"[1110] werden zu lassen. Die Entstehung von Sprache wird von dem Forscher darauf zurückgeführt, dass es sich bei dem Menschen um ein genuin soziales Wesen handelt.[1111] Mit dieser Wir-Identität unterscheidet sich der Mensch vom Tier.[1112]

> „Der Mensch ist ein Tier, das „wir" sagt!"[1113]

Es handelt sich dabei auch um eine kognitiv-emotionale Fähigkeit, über die ein Psychopath nicht verfügt, und damit um ein Unterscheidungsmerkmal. Seine Unfähigkeit, Beziehungen zu Personen und Organisationen aufzubauen, sowie die Unfähigkeit zur Empathie verhindern, dass ein Psychopath einen Bezugspunkt geteilter Intentionalität aufbauen kann.

Neben der Förderung und Honorierung von Teamfähigkeit ist als weitere konkrete prophylaktische Maßnahme, um eine Organisation vor Psychopathen zu schützen, neben der Schaffung und Einführung von nachhaltigen Entlohnungssystemen auch die Installation eines 360-Grad-Feedbacksystems zu nennen, indem auch Kollegen und der Vorgesetzte bewertet werden können.[1114] Diese Feedbackart kann auch einen Einblick in die Leistung von Führungskräften bieten. Um Psychopathen den Eintritt in eine Organisation zu erschweren, könnten Vorstellungsgespräche grundsätzlich auf allen Hierarchiestufen geführt

---

[1109] Tomasello, M. (2009), Klappentext.
[1110] Tomasello, M. (2009), Klappentext.
[1111] Weiterführende Literatur siehe Tomasello, M. (2010) und siehe Tomasello, M. (2009).
[1112] Vgl. Greffrath, M. (2009), S. 33.
[1113] Tomasello, M. in Kalvelage, P. / Scheele, B. (2010).
[1114] Vgl. Lingnau, V. (2011).

werden.[1115] Hierbei ist jedoch zu beachten, dass es Psychopathen durch ihre ausgeprägte Manipulationsfähigkeit auch gelingt, erfahrene Therapeuten zu beeinflussen und für eigene Ziele zu missbrauchen.

Ein psychopathenfestes Anreizsystem muss auf einem Menschenbild aufbauen, das die in der Gesellschaft vorhandenen Ausprägungen der Persönlichkeit widerspiegelt. Nur so sind auch „gesunde" Persönlichkeiten in diesem System erfolgreich.

5.3 Ausblick

Die vorliegende Dissertationsschrift stellt die erste Arbeit dar, die ein nosologisches Konzept des Phänomens der *white collar psychopaths* darstellt. Sie beinhaltet die Anamnese, Epidemiologie, Diagnostik, Ätiologie, Pathogenese, Therapie und Prophylaxe der Persönlichkeitsstörung Psychopathie in der Wirtschafts- und Finanzwelt sowie Implikationen und Effekte. Es handelt sich dabei um eine interdisziplinäre Arbeit, die das Phänomen der Psychopathen in Nadelstreifen aus Sicht der Wirtschaftswissenschaften und aus dem Blickwinkel der Psychologie betrachtet. Dieses Vorgehen erlaubt es, das Phänomen abzubilden und zu erklären.

Für die zukünftige Forschung bieten sich dabei verschiedene Ansatzpunkte. Es finden sich bisher nur wenige großzahlige empirische Untersuchungen zum Vorkommen der Psychopathie in Führungspositionen.[1116] Hier besteht weiterhin ein großer Forschungsbedarf, zumal aktuell keine Studien existieren, die die Population einer Organisation als Ganzes betrachten.[1117]

Empirische Arbeiten könnten auch den Zusammenhang zwischen Anreizsystem und dem Auftreten von psychopathischen Persönlichkeitsakzentuierungen bei den Organisations-

[1115] Vgl. Lingnau, V. (2011).

[1116] Siehe 66 ff. dieser Arbeit.

[1117] Eine Organisation mit allen Hierarchiestufen wurde in Bezug auf das Vorkommen der psychopathischen Persönlichkeitsstörung bisher noch nicht untersucht.

mitgliedern untersuchen. Eine valide und zugleich reliable Bestimmung der Prävalenz der Psychopathen in Nadelstreifen in den verschiedenen Hierarchieebenen von Organisationen fehlt bisher. Ein empirischer Nachweis der Annahme, dass mit steigender Unternehmenshierarchie auch die Prävalenz der Psychopathie zunimmt, steht noch aus.[1118]

Erste Studien zur Wirtschaftskriminalität kommen zu den Ergebnis, dass einige wenige Mitglieder des Top-Management einen erheblichen Schaden für die Organisation verursachen können. Der gesamte wirtschaftliche und gesellschaftliche Schaden, der durch Wirtschaftskriminelle und im Speziellen durch Psychopathen resultiert, ist bisher noch kaum untersucht.

Die Evaluation von „psychopathenfesten" Anreizsystemen als prophylaktische Maßnahme gegen Psychopathen in Nadelstreifen könnte durch Studien, die ein Längsschnittdesign nutzen, durchgeführt werden.

Eine grundlegende Schwierigkeit bei der Untersuchung der Ausprägung von Psychopathie in Organisationen stellt das Problem dar, dass es nach aktuellem Stand der Forschung keine Methode zur Messung dieser Persönlichkeitsstörung gibt, die sich sowohl für die Psychopathen in Nadelstreifen noch für den Unternehmenskontext eignet.[1119]

Auf den theoretischen Annahmen aufbauende empirische Arbeiten könnten experimentelle Untersuchungen folgen.[1120]

Die vorliegende Arbeit stellt mit ihrer wirtschaftswissenschaftlich-psychologischen Nosologie einen weiteren Schritt in der Erforschung der erfolgreichen Psychopathen in Führungspositionen dar. Weitere empirische Schritte im Feld können nun folgen.

> „Wohl mag die Nosologie im Anfang des medizinischen Studiums von Nutzen sein, und zwar vom selben Gesichtspunkte, wie etwa ein analytischer Schlüssel sein Gutes hat,... sobald Sie aber einmal genug kennen, um sich auszukennen – gestatten Sie mir diese Redeweise – dann, meine [Damen und] Herren, werfen Sie jede No-

[1118] Siehe Kapitel 4.3.1, S. 170 ff. dieser Arbeit.

[1119] Vgl. Kapitel 3.2.3.3, 109 ff. dieser Arbeit; siehe auch Kapitel 3.2, S. 75 ff. dieser Arbeit.

[1120] Insbesondere für den Bereich des *management accountings* wird experimentelles Vorgehen gefordert (vgl. Sprinkle, G. B. / Williamson, M. G. (2007)).

sologie eiligst über Bord, halten Sie sich an das Krankenbett, beobachten Sie jede Krankheit, und zwar bei jedem Kranken dieselbe Krankheit, gerade wie ein Naturforscher ..., bis er so weit ist, sich selbst ein System bilden, d.h. Analogien begreifen, finden und feststellen zu können.“[1121]

[1121] Trousseau, A. (1866), S. XXIII.

Literatur

Abbott, A. (2001): Into the mind of a killer. In: Nature, 410 (2001), S. 296-298.

Adams, J. S. (1963): Towards an understanding of inequity. In: Journal of Abnormal and Social Psychology, 67 (1963), S. 422-436.

Akerlof, G. A. (1970): The Market for "Lemons". In: Quarterly Journal of Economics, 84 (1970), H. 3, S. 488-500.

Alderfer, C. P. (1969): An empirical test of a new theory of human needs. In: Organizational behavior and human performance, 4 (1969), H. 2, S. 142-175.

Allport, G. W. (1949): Persönlichkeit: Struktur, Entwicklung und Erfassung der menschlichen Eigenart, Stuttgart 1949.

Alparslan, A. (2006): Strukturalistische Prinzipal-Agent-Theorie: Eine Reformulierung der Hidden-Action-Modelle aus der Perspektive des Strukturalismus, Wiesbaden 2006.

Alpers, G. W. / Eisenbarth, H. (2008): Psychopathic Personality Inventory-Revised (PPI-R): Deutsche Version, Manual, Göttingen et al. 2008.

Amelang, M. / Bartussek, D. (2001): Differentielle Psychologie und Persönlichkeitsforschung, 5. Aufl., Stuttgart et al. 2001.

Amelang, M. / Schmidt-Atzert, L. (2006): Psychologische Diagnostik und Intervention, 4. Auflage, Heidelberg 2006.

American Psychiatric Association (1996): Diagnostisches und statistisches Manual psychischer Störungen DSM IV. Übersetzt nach der 4. Auflage des Diagnostic and statistical manual of mental disorders der American Psychiatric Association, Göttingen et al. 1996.

Andresen, B. (2006): IKP - Inventar Klinischer Persönlichkeitsakzentuierungen - Dimensionale Diagnostik nach DSM-IV und ICD-10: Manual, Göttingen et al. 2006.

Asendorpf, J. B. (2005): Persönlichkeit: Stabilität und Veränderung. In: Weber, H. et al. (Hrsg.): Handbuch der Persönlichkeitspsychologie und Differentiellen Psychologie, Göttingen 2005, S. 15-25.

Asendorpf, J. B. (2009): Persönlichkeitspsychologie, Heidelberg 2009.

Babiak, P. (2000): Psychopathic manipulation at work. In: Gacono, C. B. (Hrsg.): The clinical and forensic assessment of psychopathy. A practitioner's guide, Mahwah, New Jersey 2000, S. 287-310.

Babiak, P. (2007): From Darkness Into the Light: Psychopathy in Industrial and Organizational Psychology. In: Hervé, H. et al. (Hrsg.): The psychopath - theory, research, and practice, Mahwah, New Jersey 2007, S. 411-430.

Babiak, P. / Hare, R. D. (2006): Snakes In Suits: When Psychopaths Go To Work, New York 2006.

Babiak, P. / Hare, R. D. (2007): Menschenschinder oder Manager. Psychopathen bei der Arbeit, München 2007.

Babiak, P. / Hare, R. D. (in Bearbeitung): Business-Scan (B-SCAN). Multi-Health Systems, Toronto. Online im Internet, URL: http://www.b-scan.com/, Abruf: 17.06.2011.

Banse, R. (2003): Partnerschaftsdiagnostik. In: Bierhoff, H. W. et al. (Hrsg.): Sozialpsychologie der Partnerschaft, Berlin et al. 2003, S. 13-42.

Beck, A. T. / Freemann, A. (1999): Kognitive Therapie der Persönlichkeitsstörungen, 4. Aufl., Weinheim 1999.

Becker, F. G. (1995): Anreizsysteme als Führungsinstrumente. In: Kieser, A. et al. (Hrsg.): Handwörterbuch der Führung, 2. Aufl., Stuttgart 1995.

Becker, F. G. (2005): Führen mit Anreizsystemen. In: Antoni, C. H. et al. (Hrsg.): Digitale Fachbibliothek: „Das flexible Unternehmen". Online im Internet, URL: http://www.symposion.de/?cmslesen/q7001004_00360401#F%FChren_mit_Anreiz systemen, Abruf: 2011-07-01.

Becker, G. S. (1976): The Economic Approach to Human Behavior, Chicago et al. 1976.

Becker, P. (2005): Klinische Psychologie. In: Weber, H. et al. (Hrsg.): Handbuch der Persönlichkeitspsychologie und Differentiellen Psychologie, Göttingen 2005, S. 511-523.

Becker, W. / Kunz, C. (2008): Wertorientierte Anreizsysteme. In: Wirtschaftswissenschaftliches Studium, 37 (2008), H. 6, S. 290-296.

Benning, S. D. et al. (2003): Factor structure of the psychopathic personality inventory: validation and implications for clinical assessment. In: Psychological Assessment, 15 (2003), H. 3, S. 340-350.

Berger, K. (2010): Erfassung von forensischen Patienten (§ 64 StGB) unter besonderer Berücksichtigung der Psychopathy Checklist nach Hare (PCL-R) - Eine epidemiologische Untersuchung von nach § 64 StGB untergebrachten Patienten in einer Maßregelvollzugsklinik, Dissertationsschrift, Medizinischen Fakultät Charité - Universitätsmedizin Berlin, Berlin 2010.

Berger, M. H. (2009): Psychische Erkrankungen - Klinik und Therapie, 3. Aufl., München 2009.

Birnbaum, K. (1926): Die psychopathischen Verbrecher [The Psychopathic Offenders], 2. Aufl., Leipzig 1926.

Blackburn, R. (1988): On Moral Judgements and Personality Disorders: The Myth of Psychopathic Personality Revisited. In: The British Journal of Psychiatry, 153 (1988), H. 4, S. 505-512.

Blackburn, R. (2009): Subtypes of Psychopath. In: McMurran, M. et al. (Hrsg.): Personality, Personality Disorder and Violence, Chichester et al. 2009, S. 113-132.

Blair, K. S. et al. (2006): They know the words, but not the music: Affective and semantic priming in individuals with psychopathy. In: Biological Psychology, 73 (2006), S. 114-123.

Blair, R. J. R. (2001): Neuro-cognitive models of aggression, the antisocial personality disorders and psychopathy. In: Journal of Neurology, Neurosurgery and Psychiatry (2001), H. 71, S. 727-731.

Blair, R. J. R. (2004): The roles of orbital frontal cortex in the modulation of antisocial behavior. In: Brain and Cognition (2004), H. 55, S. 198-208.

Blair, R. J. R. (2005): Applying a congnitive neuroscience perspective to the disorder of psychopathy. In: Development and Psychopathology, 17 (2005), H. 3, S. 865-891.

Blair, R. J. R. et al. (1997): The psychopathic individual: a lack of responsiveness to distress cues? In: Psychophysiology (1997), H. 34, S. 192-198.

Bleuler, E. (1896): Der geborene Verbrecher: Eine kritische Studie, München 1896.

Blonigen, D. M. et al. (2005): Psychopathic personality traits: Heritability and genetic overlap with internalizing and externalizing psychopathology. In: Psychological Medicine, 35 (2005), H. 5, S. 637-648.

Board, B. J. / Fritzon, K. (2005): Disordered personalities at work. In: Psychology, Crime & Law, 11 (2005), H. 1, S. 17-32.

Boddy, C. R. (2005): The implications of corporate psychopaths for business and society: an initial examination and a call to arms. In: Australasian Journal of Business and Behavioural Sciences, 1 (2005), H. 2, S. 30-40.

Boddy, C. R. (2006): The dark side of management decisions: organisational psychopaths. In: Management Decision, 44 (2006), H. 10, S. 1461-1475.

Boddy, C. R. (2010): Corporate Psychopaths and Productivity. In: Management Services, 54 (2010), H. 1, S. 26-30.

Boddy, C. R. / Ladyshewsky, R. K. / Galvin, P. (2010): The Influence of Corporate Psychopaths on Corporate Social Responsibility and Organizational Commitment to Employees. In: Journal of Business Ethics, 97 (2010), H. 1, S. 1-19.

Boetsch, T. (2003): "Psychopathie" und antisoziale Persönlichkeitsstörung - Die ideengeschichtliche Entwicklung von "Psychopathie"-Konzepten in der deutschen und angloamerikanischen Psychiatrie und ihr Bezug zu operationalisierten

Klassifikationssystemen, Dissertationsschrift, Ludwig-Maximilians-Universität zu München, München 2003.

Boland, L. A. (1979): A critique of Friedman's Critics. In: Journal of Economic Literature, 17 (1979), H. 2, S. 503-522.

Bolt, D. et al. (2004): Multigroup IRT analyses of Hare Psychopathy Checklist-Revised (PCL-R). In: Psychological Assessment, 16 (2004), S. 155-168.

Bonner, S. E. / Sprinkle, G. B. (2002): The effects of monetary incentives on effort and task performance: theories, evidence, and a framework for research. In: Accounting, Organizations and Society, 27 (2002), H. 4-5, S. 303-345.

Boulding, K. E. (1969): Economics as a Moral Science. In: The American Economic Review, 59 (1969), H. 1, S. 1-12.

Braasch, M. (2006): Untherapierbare Straftäter im Maßregelvollzug, Mönchengladbach 2006.

Brandenberg, A. (2001): Anreizsysteme zur Unternehmenssteuerung: Gestaltungsoptionen, motivationstheoretische Herausforderungen und Lösungsansätze, Wiesbaden 2001.

Brinkley, C. A. et al. (2004): Two Approaches to Parsing the Heterogeneity of Psychopathy. In: Clinical Psychology: Science and Practice, 11 (2004), H. 1, S. 69-94.

Brinkley, C. A. / Schmitt, W. A. / Newman, J. P. (2005): Semantic processing in psychopatic offenders. In: Personality and Individual Differences, 38 (2005), S. 1047-1056.

Bronisch, T. (1999): Diagnostik von Persönlichkeitsstörungen. In: Persönlichkeitsstörungen, Theorie und Therapie (1999), H. 3, S. 5-15.

Bronisch, T. / Habermeyer, V. / Herpertz, S. C. (2008): Persönlichkeitsstörungen. In: Möller, H.-J. et al. (Hrsg.): Psychiatrie und Psychotherapie, Bd. 2: Spezielle Psychiatrie, 3. Aufl., Heidelberg 2008, S. 1031-1093.

Buchanan, J. M. (1977): Limits of Liberty. Between Anarchy and Leviathan, Chicago et al. 1977.

Caponecchia, C. / Wyatt, A. (2007): The problem with "workplace psychopaths". In: Journal of Occupational Health and Safety, 23 (2007), H. 5, S. 403-406.

Cleckley, H. M. (1950): The Mask of Sanity: An Attempt to Clarify Some Issues About the So-Called Psychopathic Personality, 2. Aufl., St. Louis 1950.

Cleckley, H. M. (1964): The Mask of Sanity: An Attempt to Clarify Some Issues About the So-Called Psychopathic Personality, 4. Aufl., St. Louis 1964.

Cleckley, H. M. (1976): The Mask of Sanity: An Attempt to Clarify Same Issues About the So-Called Psychopathic Personality, 5. Aufl., St. Louis 1976.

Cleckley, H. M. (1982): The Mask of Sanity, 5. Aufl., St. Louis 1982.

Cleckley, H. M. (1988): The Mask of Sanity: An Attempt to Clarify Some Issues About the So-Called Psychopathic Personality, 5. Aufl., Augusta, Georgia 1988.

Cooke, D. J. (1996): Psychopathic personality in different cultures. What do we know? What do we need to find out? In: Journal of Personality Disorders, 10 (1996), H. 1, S. 23-40.

Cooke, D. J. / Michie, C. (2001): Refining the Construct of Psychopathy: Towards a Hierarchical Model. In: Psychological Assessment, 13 (2001), H. 2, S. 171-188.

Corsten, H. / Gössinger, R. (2008): Lexikon der Betriebswirtschaftslehre, München 2008.

Damasio, A. R. / Everitt, B. J. / Bishop, D. (1996): The somatic marker hypothesis and the possible functions of the prefrontal cortex. In: Biological Sciences, 351 (1996), H. 1346, S. 1413-1420.

Damasio, H. et al. (1994): The return of Phineas Gage: clues about the brain from the skull of a famous patient. In: Science, 264 (1994), H. 5162, S. 1102-1105.

Dammann, G. (2007): Narzissten, Egomanen, Psychopathen in der Führungsetage: Fallbeispiele und Lösungswege für ein wirksames Management, Bern et al. 2007.

Dammann, G. (2009): Narzissmus und Führung. In: Eurich, J. et al. (Hrsg.): Leadership in sozialen Organisationen, Wiesbaden 2009, S. 61-89.

De Houwer, J. (2006): What are implicit measures and why are we using them. In: Wiers, R. W. et al. (Hrsg.): The handbook of implicit cognition and addiction, Thousand Oaks 2006, S. 11-28.

De Oliveira-Souza, R. et al. (2008): Psychopathy in a civil psychiatric outpatient sample. In: Criminal justice and behavior, 35 (2008), H. 4, S. 427-437.

Degner, J. / Kühn, C. / Wentura, D. (2006a): Automatic activation vs. controlled expression of prejudice in children and adolescents: A dissociation in development? [Vortrag], EAESP Meeting on Social Developmental Perspectives on Intergroup Inclusion and Exclusion, Canterbury, Juli 2006.

Degner, J. / Kühn, C. / Wentura, D. (2006b): Automatische Aktivierung vs. kontrollierte Äußerung von Vorurteilen bei Kindern und Jugendlichen. Dissoziation im Entwicklungsverlauf? [Vortrag], 45. Tagung der DGP, Nürnberg, September 2006.

Demski, J. S. / Feltham, G. A. (1976): Cost Determination: A Conceptual Approach, Ames, Iowa 1976.

Deutschman, A. (2005): Is your boss a psychopath? In: Fast Company (2005), H. 96, S. 44-51.

Diehl, S. (2009): Reale und mediale Produkterfahrung: Analyse und Vergleich der Wirkungen von Experience- und Cross-Media-Marketingmaßnahmen, Wiesbaden 2009.

Dilling, H. et al. (2010): Internationale Klassifikation psychischer Störungen. ICD-10 Kapitel V (F). Klinisch-diagnostische Leitlinien, 7. Aufl., Bern et al. 2010.

Dilling, H. et al. (2005): Internationale Klassifikation psychischer Störungen: ICD-10 Kapitel V (F). Klinisch-diagnostische Leitlinien, 5. Aufl., Bern et al. 2005.

Dittman, V. / Ermer, A. / Stieglitz, R.-D. (2002): Persönlichkeits- und Verhaltensstörungen Erwachsener. In: Freyberger, H. J. et al. (Hrsg.): Kompendium Psychiatrie, Psychotherapie, Psychosomatische Medizin, Basel et al. 2002, S. 185-195.

Dovidio, J. F. / Kawakami, K. / Gaertner, S. L. (2002): Implicit and Explicit Prejudice and Interracial Interaction. In: Journal of Personality and Social Psychology, 82 (2002), H. 1, S. 62-68.

Draine, S. C. / Greenwald, A. G. (1998): Replicable unconscious semantic priming. In: Journal of Experimental Psychology: General, 127 (1998), H. 3, S. 286-303.

Dreßing, H. (2009): Persönlichkeitsstörungen. In: Foerster, K. et al. (Hrsg.): Psychiatrische Begutachtung: Ein praktisches Handbuch für Ärzte und Juristen, 5. Aufl., München 2009, S. 309-327.

Dupré, E. (1925): La doctrine des constitutions. In: Dupré, E. (Hrsg.): Pathologie de l'imagination et de l'émotivité, Göttingen 1925.

Durtschi, P. (2004): Schlangen in Nadelstreifen. Interview mit Paul Babiak. In: Psychoscope, 25 (2004), H. 9, S. 10-11.

Eagly, A. H. / Chaiken, S. (1993): The psychology of attitudes, Orlando 1993.

Eagly, A. H. / Chaiken, S. (1998): Attitude Structure and Function. In: Gilbert, D. T. et al. (Hrsg.): The handbook of social psychology, Bd. 1, New York 1998, S. 269-322.

Egg, R. et al. (2001): Evaluation von Straftäterbehandlungsprogrammen in Deutschland. Überblick und Meta-Analyse. In: Rehn, G. et al. (Hrsg.): Behandlung "gefährlicher Straftäter". Grundlagen, Konzepte, Ergebnisse, Herbolzheim 2001, S. 321-347.

Ehlers, S. (2004): Ohne Mitgefühl - und doch normal? . In: Psychologie Heute (2004), H. 6, S. 34-39.

Ehrhardt, U. (1994): Gute Mädchen kommen in den Himmel, böse überall hin: Warum Bravsein uns nicht weiterbringt, Frankfurt a. M. 1994.

Eidt, M. (2007): Vergleich des 2- und 3-Faktoren Modells der Psychopathy Checklist-Revised (PCL-R) bei der Rückfallprognose von Straftätern, Klinik und Poliklinik für Psychiatrie und Psychotherapie der Ludwig-Maximilians-Universität München, München 2007.

Einzmann, S. (2009): Antisoziale Persönlichkeit - Aus Mangel an Gefühlen. In: Gehirn & Geist (2009), H. 7-8, S. 28-34.

Eisenbarth, H. / Alpers, G. W. (2007): Validierung der deutschen Übersetzung des Pschopathy Personality Inventory (PPI). In: Zeitschrift für Klinische Psychologie und Psychotherapie, 36 (2007), H. 3, S. 216-224.

Erickson, M. H. / Rossi, E. L. (1989): The February Man: Evolving Consciousness and Identity in Hypnotherapy, New York 1989.

Erlei, M. / Leschke, M. / Sauerland, D. (2007): Neue Institutionenökonomik, 2. Aufl., Stuttgart 2007.

Erlinghagen, M. / Rinne, K. / Schwarze, J. (1997): Ehrenamtliche Tätigkeiten in Deutschland - komplementär oder substitutiv? Analysen mit dem Sozio-ökonomischen Panel 1985 bis 1996, Diskussionspapier Nr. 97-10, Fakultät für Sozialwissenschaft, Ruhr-Universität, Bochum 1997.

Esquirol, E. (1839): Des Maladies Mentales Considérées sous les Rapports Médicals, Hygiénique et Médico-Legal, Paris 1839.

Ewert, R. / Wagenhofer, A. (2008): Interne Unternehmensrechnung, 7. Aufl., Berlin et al. 2008.

Ewert, R. / Wagenhofer, A. (2008): Koordination, Budgetierung und Anreize. In: Ewert, R. et al. (Hrsg.): Interne Unternehmensrechnung, 7. Aufl., Berlin et al. 2008, S. 393-460.

Eysenck, H. J. (1992): Four ways five factors are not basic. In: Personality and Individual Differences, 13 (1992), H. 6, S. 667-673.

Eysenck, H. J. / Eysenck, S. B. G. (1976): Psychoticism as a Dimension of Personality, London 1976.

Farrington, D. P. / Lambert, S. / West, D. J. (1998): Criminal careers of two generations of family members in the Cambridge Study in Delinquent Development. In: Studies on Crime and Crime Prevention (1998), H. 7, S. 85-106.

Farrington, D. P. / Welsh, B. C. (2007): Saving Children from a Life of Crime: Early Risk Factors and Effective Interventions, Oxford 2007.

Fast Company (Hrsg.) (2007): Bosses from Hell. Online im Internet, URL: http://www.fastcompany.com/magazine/96/open_boss-gallery.html, Abruf: 2009-06-19.

Fazio, R. H. et al. (1986): On the Automatic Activation of Attitude. In: Journal of Personality and Social Psychology, 50 (1986), H. 2, S. 229-238.

Fazio, R. H. (2003): Implicit measures in social cognition research: Their meaning and use. In: Annual Review of Psychology (2003), H. 54, S. 297-327.

Fehr, E. (2003): Über Vernunft, Wille und Eigennutz hinaus - Ansätze zu einer neuen Synthese von Psychologie und Ökonomie. In: Fehr, E. et al. (Hrsg.): Psychologische Grundlagen der Ökonomie, 3. Aufl., Zürich 2003, S. 11-18.

Fehr, E. / Gächter, S. (2000): Fairness and Retaliation: The Economics of Reciprocity. In: The Journal of Economic Perspectives, 14 (2000), H. 3, S. 159-181.

Fehr, E. / Schmidt, K. M. (1999): A Theory Of Fairness, Competition, and Cooperation. In: Quarterly Journal of Economics, 114 (1999), H. 3, S. 817-868.

Fiedler, K. / Bluemke, M. (2005): Faking the IAT: Aided and unaided response control on the Implicit Association Test. In: Basic and Applied Social Psychology (2005), H. 37, S. 307-316.

Fiedler, P. (2007): Persönlichkeitsstörungen, 6. Aufl., Weinheim et al. 2007.

Fischbacher, U. / Fong, C. M. / Fehr, E. (2009): Fairness, errors and the power of competition. In: Journal of Economic Behavior & Organization, 72 (2009), H. 1, S. 527-545.

Fischer, T. M. / Rödl, K. (2007): Unternehmensziele und Anreizsysteme. Theoretische Grundlagen und empirische Befunde aus deutschen Unternehmen. In: Controlling, 19 (2007), H. 1, S. 5-14.

Fisseni, H.-J. (1998): Persönlichkeitspsychologie: auf der Suche nach einer Wissenschaft; ein Theorieüberblick, 4. Aufl., Göttingen et al. 1998.

Fleischhaker, C. / Schulz, E. (2010): Borderline-Persönlichkeitsstörungen im Jugendalter, Berlin et al. 2010.

Forth, A. E. (2005a): Hare Psychopathy Checklist: Youth Version. In: Grisso, T. et al. (Hrsg.): Mental health screening and assessment in juvenile justice 9. Aufl., New York 2005, S. 324-338.

Forth, A. E. (2005b): Mental health screening and assessment. In: Grisso, T. et al. (Hrsg.): Juvenile justice, New York 2005, S. 324-338.

Forth, A. E. et al. (1996): The assessment of psychopathy in male and female noncriminals: Reliability and validity. In: Personality and Individual Differences, 20 (1996), H. 5, S. 531-543.

Forth, A. E. / Kosson, D. / Hare, R. D. (2003): The Hare PCL: Youth Version, Toronto 2003.

Fowles, D. C. (1980): The three arousal model: implications of Gray`s two-factor learning theory for heart rate, electrodermal activity, and psychopathy. In: Psychophysiology (1980), H. 17, S. 87-104.

Fowles, D. C. (1988): Psychophysiology and psychopathy: a motivational approach. In: Psychophysiology (1988), H. 25, S. 2779-2783.

Franken, S. (2007): Verhaltensorientierte Führung: Handeln, Lernen und Ethik in Unternehmen, 2. Aufl., Wiesbaden 2007.

Franken, S. (2010): Verhaltensorientierte Führung: Handeln, Lernen und Diversity in Unternehmen, 3. Aufl., Wiesbaden 2010.

Frey, B. (1997): Markt und Motivation. Wie ökonomische Anreize die (Arbeits-) Moral verdrängen können, München 1997.

Frey, B. (2001): Die Grenzen ökonomischer Anreize. Was Menschen motiviert. In: Neue Zürcher Zeitung (2001), 18.05.2001.

Frey, B. (2002): Wie beeinflusst Lohn die Motivation? In: Frey, B. S. et al. (Hrsg.): Managing Motivation, 2. Aufl., Wiesbaden 2002, S. 73-106.

Frey, B. S. / Oberholzer-Gee, F. / Eichenberger, R. (1996): The Old Lady Visits Your Backyard: A Tale of Morals and Markets. In: Journal of Political Economy, 104 (1996), H. 6, S. 1297-1313.

Frey, B. S. / Osterloh, M. (2002): Managing Motivation: Wie Sie die neue Motivationsforschung für Ihr Unternehmen nutzen können, 2. Aufl., Wiesbaden 2002.

Friedman, M. (1953): Methodology of Positive Economics. In: Friedman, M. (Hrsg.): Essays in Positive Economics, London et al. 1953, S. 1-43.

Frings, C. / Wentura, D. (2003): Who is watching "Big Brother"? TV consumption predicted by masked affective priming. In: European Journal of Social Psychology, 33 (2003), H. 6, S. 779-791.

Fromm, E. (1941): Die Furcht vor der Freiheit, Stuttgart 1941.

Fromm, E. (1949): Über psychoanalytische Charakterkunde und ihre Anwendung zum Verständnis der Kultur. In: Keupp, H. (Hrsg.): Lust an der Erkenntnis: Der Mensch als soziales Wesen, München 1949, S. 202-208.

Fromm, E. (1955): Der moderne Mensch und seine Zukunft. Eine sozialpsychologische Untersuchung, Frankfurt 1955.

Fromm, E. (1985): Was ist Analytische Sozialpsychologie? In: Fromm, E. (Hrsg.): Erich-Fromm-Lesebuch, 1985, S. 11-17.

Gaschler, K. (2005): Abschied vom Psychopathen. In: Gehirn & Geist (2005), H. 5, S. 24-27.

Gigerenzer, G. / Todd, P. M. (1999): Simple heuristics that make us smart, New York 1999.

Gigerenzer, G. / Selten, R. (2002): Rethinking Rationality. In: Gigerenzer, G. / Selten, R. (Hrsg.): Bounded rationality. The adaptive toolbox, Cambridge 2002, S. 1-12.

Gillenkirch, R. M. (2008): Entwicklungslinien in der Managementvergütung. In: Betriebswirtschaftliche Forschung und Praxis, 60 (2008), H. 1, S. 1-17.

Glueck, S. / Glueck, E. (1950): A detailed analysis of the causation of crime as a basis for crime preventive programs and effective therapy, Cambridge 1950.

Göbel, E. (2002): Neue Institutionenökonomik. Konzeption und betriebswirtschaftliche Anwendungen, Stuttgart 2002.

Goldman, A. (2006): Personality disorders in leaders. Implications of the DSM IV-TR in assessing dysfunctional organizations. In: Journal of Managerial Psychology, 21 (2006), H. 5, S. 392-414.

Goldstein, D. G. / Gigerenzer, G. (2002): Models of ecological rationality: The recognition heuristic. In: Psychological Review, 109 (2002), H. 1, S. 75-90.

Göppinger, H. (1983): Der Täter in seinen sozialen Bezügen. Ergebnisse aus der Tübinger Jungtäter-Vergleichsuntersuchung, Berlin et al. 1983.

Graf, M. (2007): Psychotherapie mit Patienten mit antisozialen Persönlichkeitsstörungen auf Grundlage des Psychopathie-Konzeptes, Basel 2007.

Gray, N. S. et al. (2003): Violence viewed by psychopathic murderers. In: Nature (2003), H. 423, S. 497-498.

Greenwald, A. G. / McGhee, D. E. / Schwartz, J. L. K. (1998): Measuring individual differences in implicit cognition: The implicit association test. In: Journal of Personality and Social Psychology, 74 (1998), H. 6, S. 1464-1480.

Greffrath, M. (2009): Wer denkt für morgen? Das Tier, das "Wir" sagt - Michael Tomasello sucht nach der Einzigartigkeit des Menschen und findet sie in dessen Kooperationsfähigkeit, DIE ZEIT, 08.04.2009, Nr. 16. Online im Internet, URL: http://www.zeit.de/2009/16/PD-Tomasello, Abruf: 17.06.2011.

Greiling, D. (2009): Performance Measurement in Nonprofit-Organisationen, Habilitationsschrift, Universität Mannheim 2007, Wiesbaden 2009.

Groening, M. (2007): Der alte Mann und Lisa (The Old Man and the Lisa), Die Simpsons [Fernsehserie], Staffel 8, Nr. 21, USA 2007.

Gustafson, S. B. (2000): Personality and organizational destructiveness: Facts, fiction, and fable. In: Bergman, L. R. et al. (Hrsg.): Developmental science and the holistic approach, Mahwah, New Jersey 2000, S. 299-314.

Gutmann, P. (2008): Julius Ludwig August Koch (1841-1908): Christian, philosopher and psychiatrist. In: History of Psychiatry, 19 (2008), H. 2, S. 202-214.

Habermeyer, E. (2008): Die Maßregel der Sicherungsverwahrung: Forensisch-psychiatrische Bedeutung, Untersuchungsbefunde und Abgrenzung zur Maßregel gemäß § 63 StGB, Heidelberg 2008.

Habermeyer, E. / Herpertz, S. C. (2006): Dissoziale Persönlichkeitsstörung. In: Der Nervenarzt, 77 (2006), H. 5, S. 605-617.

Hackert, B. (1999): Kooperation in Arbeitsgruppen: Bausteine einer ökonomischen Analyse, Berlin 1999.

Hahn, D. / Willers, H. G. (2006): Unternehmensplanung und Führungskräftevergütung. In: Hahn, D. et al. (Hrsg.): Strategische Unternehmensplanung - Strategische Unternehmensführung: Stand und Entwicklungstendenzen, 9. Aufl., Berlin et al. 2006, S. 365-374.

Hall, J. R. / Benning, S. D. (2006): The 'Successful' Psychopath: Adaptive and Subclinical Manifestations of Psychopathy in the General Population. In: Patrick, C. J. (Hrsg.): Handbook of Psychopathy, New York et al. 2006, S. 459-478.

Hall, J. R. / Benning, S. D. / Patrick, C. J. (2004): Criterion-Related Validity of the Three-Factor Model of Psychopathy: Personality, Behavior, and Adaptive Functioning. In: Assessment, 11 (2004), H. 1, S. 4-16

Hare, R. D. (1965): Psychopathy, fear arousal and anticipated pain. In: Psychological Reports (1965), H. 16, S. 499 -502.

Hare, R. D. (1970): Psychopathy: Theory and research, New York 1970.

Hare, R. D. (1980): A research scale for the assessment of psychopathy in criminal populations. In: Personality and Individual Differences, 1 (1980), H. 2, S. 111-119

Hare, R. D. (1985): The Psychopathy Checklist. Unveröffentlichtes Manuskript, University of British Columbia, Vancouver 1985.

Hare, R. D. (1990): The Revised Psychopathy Checklist: Reliability and Factor Structure. In: Psychological Assessment, 2 (1990), H. 3, S. 338 -341.

Hare, R. D. (1991): The Hare Psychopathy Checklist - Revised, 1. Aufl., Toronto 1991.

Hare, R. D. (1993): Without Conscience. The Disturbing World of the Psychopaths Among Us, New York 1993.

Hare, R. D. (1999): Psychopathy as a Risk Factor for Violence. In: Psychiatric Quarterly, 70 (1999), H. 3, S. 181-197.

Hare, R. D. (2005): Gewissenlos: Die Psychopathen unter uns, Wien et al. 2005.

Hare, R. D. (2007): Psychological Instruments in the Assessment of Psychopathy. In: Felthous, A. et al. (Hrsg.): International Handbook on Psychopathic Disorders And The Law, Bd. 1, Diagnosis and Treatment, Chichester, West Sussex, England 2007, S. 41-67.

Hare, R. D. / Babiak, P. (2007): Menschenschinder oder Manager, München 2007.

Hare, R. D. / Neumann, C. S. (2005): Structural models of psychopathy. In: Current Psychiatry Reports, 7 (2005), S. 57-64.

Hare, R. D. / Neumann, C. S. (2008): Psychopathy as a Clinical and Empirical Construct. In: Annual Review of Clinical Psychology, 4 (2008), S. 217-246.

Hare, R. D. / Williamson, S. E. / Harpur, T. J. (1988): Psychopathy and language. In: Moffitt, T. E. et al. (Hrsg.): Biological contributions to crime causation, Dordrecht 1988, S. 68-92.

Harpur, T. J. / Hakistan, A. R. / Hare, R. D. (1988): Factor Structure of the Psychopathy Checklist. In: Journal of Consulting and Clinical Psychology, 56 (1988), H. 5, S. 741-747.

Harpur, T. J. / Hare, R. D. / Hakstian, A. R. (1989): Two-factor conceptualization of psychopathy: Construct validity and assessment implications. In: Psychological Assessment, 1 (1989), S. 211-218.

Hart, S. D. / Cox, D. N. / Hare, R. D. (1995): PCL: SV Hare Psychopathy Checklist: Screening Version Online im Internet, URL: http://www.mhs.com/product.aspx?gr=saf&prod=pcc-sv&id=overview#scales, Abruf: 2011-04-18.

Hart, S. D. / Cox, D. N. / Hare, R. D. (2008): Hare PCL: SV - German Manual Supplement, North Tonawanda et al. 2008.

Hart, S. D. / Hare, R. D. (1989): Discriminant Validity of the Psychopathy Checklist in a Forensic Psychiatric Population. In: Psychological Assessment, 1 (1989), H. 3, S. 211-218.

Hartmann, H.-P. (2006): Narzisstische Persönlichkeitsstörung - Ein Überblick. In: Kernberg, O. F. et al. (Hrsg.): Narzissmus: Grundlagen - Störungsbilder - Therapie, Stuttgart 2006, S. 3-36.

Hartmann, J. / Hollweg, M. / Nedopil, N. (2001): Quantitative Erfassung dissozialer und psychopathischer Persönlichkeiten bei der strafrechtlichen Begutachtung. In: Der Nervenarzt, 72 (2001), H. 5, S. 365-370.

Haug, H.-J. / Kind, H. (2008): Psychiatrische Untersuchung, 7. Aufl., Heidelberg 2008.

Hausman, D. / McPherson, M. S. (1993): Taking Ethics Seriously: Economics and Contemporary Moral Philosophy. In: Journal of Economic Literature, 31 (1993), S. 671-731.

Heinz, W. / Spieß, G. / Storz, R. (1988): Prävalenz und Inzidenz strafrechtlicher Sanktionierung im Jugendalter. In: Kaiser, G. et al. (Hrsg.): Kriminologische Forschung in den 80ger Jahren, Freiburg 1988, S. 631-660.

Heinz, W. / Storz, R. (1992): Diversion im Jugendstrafverfahren der Bundesrepublik Deutschland, Bonn 1992.

Henderson, D. (1939): Psychopathic States, New York 1939.

Henkel, Y. (2006): Klinischer Validitätsvergleich zweier Selbstbeurteilungsfragebögen unter besonderer Berücksichtigung der Borderline-Persönlichkeitsstörung, Dissertationsschrift, Universitätsklinikum Hamburg-Eppendorf, Hamburg 2006.

Hentze, J. et al. (2005): Personalführungslehre: Grundlagen, Funktionen und Modelle der Führung, 4. Aufl., Bern et al. 2005.

Hentze, J. / Graf, A. (2005): Personalwirtschaftslehre 2, 7. Aufl., Bern et al. 2005.

Herpertz, S. C. / Sass, H. (2000): Emotional deficiency and psychopathy. In: Behavioral Sciences and the Law (2000), H. 18, S. 567-580.

Herpertz, S. C. / Sass, H. (2003): Persönlichkeitsstörungen, Stuttgart 2003.

Hervé, H. (2007): Psychopathy across the ages: A history of the Hare psychopath. In: Hervé, H. (Hrsg.): The psychopath. Theory, research, and practice, Mahwah, New Jersey 2007, S. 31-55.

Herzberg, F. (1968): One more time: how do you motivate employees? In: Harvard Business Review, 46 (1968), H. 1, S. 53-62.

Herzberg, F. / Mausner, B. / Snyderman, B. B. (1959): The Motivation to Work, 2. Aufl., New York 1959.

Hicks, B. M. et al. (2004): Identifying Psychopathy Subtypes on the Basis of Personality Structure. In: Psychological Assessment, 16 (2004), H. 3, S. 276-288.

Hirsch, B. / Schäffer, U. / Weber, J. (2008): Zur Grundkonzeption eines verhaltensorientierten Controllings. In: Zeitschrift für Controlling & Management, 52 (2008), H. 1, S. 5-11.

Hofert, S. (2006): Jeder gegen jeden: Der neue Klassenkampf in den Unternehmen, Heidelberg 2006.

Hoitsch, H.-J. / Lingnau, V. (2007): Kosten- und Erlösrechnung, 6. Aufl., Berlin et al. 2007.

Höllrigel, T. (2010): Schematherapie und Persönlichkeitsstörungen: Maladaptive Schemata, Emotionserleben und Emotionsregulierung, Hamburg 2010.

Holtbrügge, D. (2010): Personalmanagement, 4. Aufl., Heidelberg et al. 2010.

Homann, K. (1994): Homo oeconomicus und Dilemmastrukturen. In: Sautter, H. (Hrsg.): Wirtschaftspolitik in offenen Volkswirtschaften, Festschrift für Helmut Hesse zum 60. Geburtstag, Göttingen 1994, S. 387-411.

Homann, K. / Suchanek, A. (2005): Ökonomik - Eine Einführung, 2. Aufl., Tübingen 2005.

Horowitz, M. J. (2009): Persönlichkeitsstile und Belastungsfolgen. Integrative psychodynamisch-kognitive Psychotherapie. In: Maercker, A. (Hrsg.): Posttraumatische Belastungsstörungen, Heidelberg 2009, S. 237-258.

Huber, G. (2005): Psychiatrie: Lehrbuch für Studium und Weiterbildung, 7. Aufl., Stuttgart 2005.

Hungenberg, H. / Wulf, T. (2006): Grundlagen der Unternehmensführung, 2. Aufl., Berlin et al. 2006.

Huss, M. T. (2009): Forensic Psychology: Research, Clinical Practice, and Applications, Malden et al. 2009.

Jabs, B. / Pfuhlmann, B. / Beckmann, H. (2002): Die "akzentuierten Wesenszüge" - Wiederentdeckung eines bedeutsamen Konzeptes der Persönlichkeitspsychologie Anmerkungen zum Beitrag von Pukrop et al. In: Der Nervenarzt, 73 (2002), H. 7, S. 246-254.

Jakobwitz, S. / Egan, V. (2006): The dark triad and normal personality traits. In: Personality and Individual Differences, 40 (2006), H. 2, S. 331-339.

Jaser, R. (2006): Erfassung der Reliabilität und Validität der deutschen Version der Hare-Psychopathie-Checkliste-Revised (PCL-R) zur Beurteilung „psychopathischer“ Persönlichkeitsstörungen bei der strafrechtlichen Begutachtung, München 2006.

Jensen, A. R. / Rohwer, W. D. (1966): The Stroop color-word test: a review. In: Acta psychologica, 25 (1966), H. 1, S. 36-93.

Jevons, W. S. (1924): Die Theorie der Politischen Ökonomie, Jena 1924.

Johansson, P. et al. (2002): On the operationalization of psychopathy: further support for a three-faceted personality oriented model. In: Acta Psychiatrica Scandinavica, 106 (2002), S. 81-85.

Jonason, P. K. et al. (2009): The dark triad: Facilitating a short-term mating strategy in men. In: European Journal of Personality, 23 (2009), H. 1, S. 5-18.

Jost, P.-J. (2001a): Die Prinzipal-Agenten-Theorie im Unternehmenskontext. In: Jost, P.-J. (Hrsg.): Die Prinzipal-Agenten-Theorie in der Betriebswirtschaftslehre, Stuttgart 2001, S. 11-43.

Jost, P.-J. (2001b): Die Prinzipal-Agenten-Theorie in der Betriebswirtschaftslehre, Stuttgart 2001.

Jung, C. G. (1933): Die Beziehungen zwischen dem Ich und dem Unbewußten, Zürich 1933.

Kaiser, G. (1996): Kriminologie - Ein Lehrbuch, 3. Aufl., Heidelberg 1996.

Kalberg, S. (1981): Max Webers Typen der Rationalität: Grundsteine für die Analyse von Rationalisierungs-Prozessen in der Geschichte. In: Sprondel, W. M. et al. (Hrsg.): Max Weber und die Rationalisierung sozialen Handelns, Stuttgart 1981, S. 9-38.

Kallmann, F. J. (1938): The Genetics of Schizophrenia, New York 1938.

Kallmann, F. J. (1946): The genetic theory of schizophrenia: an analysis of 691 schizophrenic twin index families. In: The American Journal of Psychiatry, 103 (1946), S. 309-322.

Kalvelage, P. / Scheele, B. (2010): Ursprung der Kommunikation - Der Mensch ist ein "Wir"-Tier [Fernsehsendung]. Online im Internet, URL: http://abenteuerwissen. zdf.de/ZDFde/inhalt/2/0,1872,8093282,00.html, Abruf: 2011-06-16.

Kantowitz, B. H. / Roediger, H. L. / Elmes, D. G. (2009): Experimental Psychology, 9. Aufl., Wadsworth 2009.

Kapeller, J. (2008): Das Menschenbild moderner Ökonomie, Linz 2008.

Karpman, B. (1941): On the need of separating psychopathy into two distinct clinical types: the symptomatic and the idiopathic. In: Journal of Criminal Psychopathology (1941), H. 2, S. 112-137.

Karpman, B. (1948): The myth of the psychopathic personality. In: The American Journal of Psychiatry, 104 (1948), H. 9, S. 523-534.

Klages, H. (2001): Werte und Wertewandel. In: Schäfers, B. / Zapf, W. (Hrsg.): Handwörterbuch zur Gesellschaft Deutschlands, 2. Aufl., Opladen, S. 726-738.

Kerber, W. S. J. (1991): Homo Oeconomicus: Zur Rechtfertigung eines umstrittenen Begriffs. In: Biervert, B. et al. (Hrsg.): Das Menschenbild der ökonomischen Theorie: Zur Natur des Menschen, New York et al. 1991, S. 56-75.

Kernberg, O. F. (2006): Die narzisstische Persönlichkeit und ihre Beziehung zu antisozialem Verhalten und Perversionen - pathologischer Narzissmus und narzisstische Persönlichkeit. In: Kernberg, O. F. et al. (Hrsg.): Narzissmus: Grundlagen - Störungsbilder - Therapie, Stuttgart 2006, S. 263-307.

Kets de Vries, M. / Engellau, E. (2008): A clinical approach to the dynamics of leadership and executive transformation. Online im Internet, URL: http://www.hbs.edu /leadership/docs/KetsdeVries.Summary.pdf, Abruf: 2011-01-20.

Kiel, K. A. (2005): A cognitive neuroscience perspective on psychopathy: Evidence for paralimbic system dysfunction. In: Psychiatry Research, 142 (2005), H. 2-3, S. 107-128.

Kiehl, K. A. et al. (1999): Semantic and affective processes in psychopaths: An event-related potential (ERP) study. In: Psychophysiology, 36 (1999), S. 765-774.

Kirchgässner, G. (1991): Homo oeconomicus. Das ökonomische Modell individuellen Verhaltens und seine Anwendung in den Wirtschafts- und Sozialwissenschaften, Tübingen 1991.

Kirchgässner, G. (2006): Das ökonomische Verhaltensmodell: Der Homo Oeconomicus. In: Nell, V. v. et al. (Hrsg.): Homo oeconomicus: Ein neues Leitbild in der globalisierten Welt?, Berlin et al. 2006, S. 81-106.

Kirchgässner, G. (2008): Homo oeconomicus: Das ökonomische Modell individuellen Verhaltens und seine Anwendung in den Wirtschafts- und Sozialwissenschaften, 3. Aufl., Boston et al. 2008.

Kirchler, E. (2005): Arbeits- und Organisationspsychologie, Wien 2005.

Kirstein, A. (1998): Typgerechte Anreizverträge. Erfolg und Misserfolg als zusätzlicher Motivationsfaktor, Dissertationsschrift, Albert-Ludwigs-Universität Freiburg, Freiburg 1998.

Klauer, K. C. (1998): Affective Priming. In: European Review of Social Psychology, 8 (1998), H. 3, S. 67-103.

Klauer, K. C. / Musch, J. (2003): Affective priming: Findings and theories. In: Musch, J. et al. (Hrsg.): The psychology of evaluation: Affective processes in cognition and emotion, Mahwah, New Jersey 2003, S. 7-49.

Kobbé, U. (2001): Psychopathieforschung: Neue Einseitigkeit oder Update der forensischen Psychotherapie? In: Forensische Psychiatrie und Psychotherapie - Werkstattschriften, 8 (2001), H. 2, S. 92-168.

Koch, J. L. A. (1889): Kurzgefaßter Leitfaden der Psychiatrie, 2. Aufl., Ravensburg 1889.

Koch, J. L. A. (1891-1893): Die psychopathischen Minderwertigkeiten [The Psychopathic Inferiorities], Ravensburg 1891-1893.

Koschnick, W. J. (2010): Was leisten die impliziten Verfahren? Online im Internet, URL: http://www.medialine.de/deutsch/wissen/publikationen/jahrbuch/was-leisten-die-impliziten-verfahren.html, Abruf: 2011-06-13.

Kosson, D. / Sevecke, K. / Krischer, M. K. (2010): Grundlagen des Psychopathy-Konzepts, Anwendungen und Interpretation der PLC YV [Workshop], Köln, Mai 2010.

KPMG (Hrsg.) (2007): Profile of a Fraudster - Survey 2007. Online im Internet, URL: http://www.kpmg.co.uk/pubs/ProfileofaFraudsterSurvey(web).pdf, Abruf: 2010-11-07.

Kraepelin, E. (1896): Psychiatrie. Ein Lehrbuch für Studierende und Ärzte, 5. Aufl., Leipzig 1896.

Kraepelin, E. (1904): Psychiatrie. Ein Lehrbuch für Studierende und Ärzte, 7. Aufl., Leipzig 1904.

Kraepelin, E. (1909-1915): Psychiatrie. Ein Lehrbuch für Studierende und Ärzte, 8. Aufl., Leipzig 1909-1915.

Kretschmer, E. (1921): Körperbau und Character, Berlin 1921.

Kretschmer, E. (1925): Character and Physique, London 1925.

Kröber, H.-L. (2009): Habgier und Geldfetischismus. In: Forensische Psychiatrie, Psychologie, Kriminologie, 3 (2009), H. 2, S. 149-150.

Kuhl, J. / Kazén, M. (1997): Persönlichkeits-Stil- und Störungs-Inventar, Göttingen 1997.

Kuhl, J. / Kazén, M. (2009): Persönlichkeits-Stil- und Störungs-Inventar (PSSI): Manual, 2. Aufl., Göttingen et al. 2009.

Kühn, C. (2006): Automatisch aktiviert vs. offen ausgedrückt: Die Erfassung von Vorurteilen gegenüber Türken bei Kindern und Jugendlichen mit dem affektiven Priming, Diplomarbeit, Universität des Saarlandes, Saarbrücken 2006.

Kühn, C. / Lingnau, V. (2009): Psychopathen in Nadelstreifen - der homo oeconomicus als homo psychopathicus. In: Abstracts Controllertagung 4. - 5. März, Vallendar 2009, S. 26-27.

Kunow, A. (2006): Anreizsteuerung unter Berücksichtigung von Lernkurveneffekten, Wiesbaden 2006.

Kurth, A. (2005): Agency-Probleme und Performance von Initial Public Offerings, 1. Aufl., Wiesbaden 2005.

Laffont, J.-J. / Martimort, D. (2002): The Theory of Incentives, Princeton 2002.

Langelüddeke, A. / Bresser, P. H. (1976): Gerichtliche Psychiatrie, 4. Aufl., Berlin 1976.

Laux, H. (2006): Unternehmensrechnung, Anreiz und Kontrolle. Die Messung, Zurechnung und Steuerung des Erfolges als Grundprobleme der Betriebswirtschaftslehre, 3. Aufl., Berlin et al. 2006.

Leonhard, K. (1976): Akzentuierte Persönlichkeiten, 2. Aufl., Stuttgart 1976.

Levenston, G. K. et al. (1996): Psychopathy and startle modulation during affective picture processing: a replication and extension. Annual Meeting of the Society for Psychophysiological Research, Vancouver, Kanada 1996.

Levenston, G. K. et al. (2000): The psychopath as observer: emotion and attention in picture processing. In: Journal of Abnormal Psychology (2000), H. 109, S. 373-386.

Leygraf, N. (2006): Persönlichkeitsgestörte Rechtsbrecher. In: Kröber, H.-L. et al. (Hrsg.): Handbuch der Forensischen Psychiatrie, Bd. 3: Psychiatrische Kriminalprognose und Kriminaltherapie, Darmstadt 2006, S. 271-288.

Lilienfeld, S. O. / Andrews, B. P. (1996): Development and preliminary validation of a self-report measure of psychopathic personality traits in noncriminal populations. In: Journal of Personality Assessment, 66 (1996), H. 3, S. 488-524.

Lilienfeld, S. O. / Fowler, K. A. (2006): The self-reported assessment of psychopathy. Problems, pittfalls, and promises. In: Patrick, C. J. (Hrsg.): Handbook of psychopathy, New York 2006, S. 107-132.

Lingnau, V. (2006): Controlling - Ein kognitionsorientierter Ansatz. In: Lingnau, V. (Hrsg.): Beiträge zur Controlling-Forschung, 2. Aufl., Kaiserslautern 2006.

Lingnau, V. (2010): Forschungskonzept des Lehrstuhls für Unternehmensrechnung und Controlling. In: Lingnau, V. (Hrsg.): Beiträge zur Controlling-Forschung, Kaiserslautern 2010.

Lingnau, V. (2011): Psychopathen am Kapitalmarkt [Fernsehinterview]. Online im Internet, URL: http://www.finance-tv.de/programm/archiv-talk/, Abruf: 2011-06-01.

Lingnau, V. (in Vorbereitung): Menschenfreundlichkeit ist keine ökonomische Kategorie – oder: Warum die Betreibswirtschaftslehre Probleme mit ethischen Aspekten hat, aber nicht haben sollte, *bisher unveröffentlichtes Manuskript*, Kaiserslautern 2011.

Littmann, E. (2007): Stand und Stellenwert psychodiagnostischer Verfahren im Rahmen der Diagnostik von Persönlichkeitsstörungen in foro. In: Lammel, M. et al. (Hrsg.): Forensische Begutachtung bei Persönlichkeitsstörungen, Berlin 2007, S. 13-56.

Locke, E. A. (1968): Toward a theory of task motivation and incentives. In: Organizational behavior and human performance, 3 (1968), H. 2, S. 157-189.

Locke, E. A. / Latham, G. P. (1990): A theory of goal setting and task performance, Upper Saddle River, New Jersey 1990.

Lohmann, K. R. (1997): Moralische Überzeugung und wirtschaftliche Wahl. In: Lohmann, K. R. et al. (Hrsg.): Ökonomie und Moral - Beiträge zur Theorie ökonomischer Rationalität, Oldenburg et al. 1997, S. 113-134.

Lomberg, C. (2008): Personalanreizstrategien junger Wachstumsunternehmen, Köln 2008.

Lombroso, C. (1976): L'Uomo Delinquente, Mailand 1976.

Lorenz, A. R. / Newman, J. P. (2002): Deficient response modulation and emotion processing in low-anxious Caucasian psychopathic offenders: results from a lexical decision task. In: Emotion (2002), H. 2, S. 91-104.

Lykken, D. T. (1957): A study of anxiety in the sociopathic personality. In: Journal of Abnormal and Social Psychology (1957), H. 55, S. 6-10.

Lykken, D. T. (1982): Fearlessness: Its Carefree Charm and Deadly Risks. In: Psychology Today, 16 (1982), H. 9, S. 20-28.

Lykken, D. T. (1995): The Antisocial Personalities, Hillsdale, New Jersey 1995.

Lynam, D. R. / Derefinko, K. J. (2006): Psychopathy and Personality. In: Patrick, C. J. (Hrsg.): Handbook of Psychopathy, New York et al. 2006, S. 133-155.

Lynam, D. R. / Whiteside, S. / Jones, S. (1999): Self-reported psychopathy: A validation study. In: Journal of Personality Assessment, 73 (1999), H. 1, S. 110-132.

Macho-Stadler, I. / Perez-Castrillo, J. D. (1977): An Introduction to the Economics of Information, Oxford 1977.

Magnan, V. / Möbius, P. J. (1892): Ueber die Geistesstörungen der Entarteten, Stuttgart 1892.

Manstetten, R. (2000a): Das Menschenbild der Ökonomie, Freiburg et al. 2000.

Manstetten, R. (2000b): Menschenbild der Ökonomie. Der homo oeconomicus und die Anthropologie von Adam Smith, München 2000.

Manstetten, R. (2006): Menschenbild und Wirtschaft. In: Nell, V. v. et al. (Hrsg.): Homo oeconomicus: ein neues Leitbild in der globalisierten Welt?, Berlin 2006, S. 41-58.

Martin, H. (1994): Grundlagen der menschengerechten Arbeitsgestaltung: Handbuch für die betriebliche Praxis, Köln 1994.

Maslow, A. H. (1954): Motivation and personality, New York 1954.

Maurach, R. / Zipf, H. (1992): Strafrecht, Allgemeiner Teil, Bd. 1, 8. Aufl., Heidelberg 1992.

Max, K. (2008): Niedergangsdiagnostik: Zur Funktion von Krankheitsmotiven in "Buddenbrooks", Frankfurt a. M. 2008.

McClelland, D. C. (1984): Motives, personality, and society, New York 1984.

McCrae, R. R. / Costa, P. T. (2003): Personality in adulthood: a five-factor theory perspective, New York 2003.

Mealey, L. (1995): The Sociobiology of sociopathy: an integrated evolutionary model. In: Behavioral and Brain Sciences, 18 (1995), H. 3, S. 523-541.

Meloy, J. R. / Gacono, C. B. (1997a): A Borderline Psychopath: "I was basically maladjusted...". In: Meloy, J. R. et al. (Hrsg.): Contemporary Rorschach Interpretation, New Jersey et al. 1997, S. 139-156.

Meloy, J. R. / Gacono, C. B. (1997b): A Psychotic (Sexual) Psychopath: "I just had a violent thought...". In: Meloy, J. R. et al. (Hrsg.): Contemporary Rorschach Interpretation, New Jersey et al. 1997, S. 37-52.

Mentzos, S. (1999): Persönlichkeitsstörungen. In: Studt, H. H. (Hrsg.): Psychotherapeutische Medizin: Psychoanalyse - Psychosomatik - Psychotherapie; Ein Leitfaden für Klinik und Praxis, Berlin et al. 1999, S. 99-113.

Meyer, M. / Heine, B. (2005): Motivation und Einordnung des 'Akteursmodells' - Überlegungen zur Integration von Anreizen und Kognition in der betriebswirtschaftlichen Forschung. In: WHU-Forschungspapier Nr. 105, Vallendar/Rhein 2005.

Mierke, J. (2004): Kognitive Prozesse bei der indirekten Messung von Einstellungen mit dem Impliziten Assoziationstest, Dissertationsschrift, Albert-Ludwigs-Universität Freiburg, Freiburg i. Br. 2004.

Millon, T. / Davis, R. D. (1998): Ten Subtypes of Psychopathy. In: Millon, T. et al. (Hrsg.): Psychopathy: Antisocial, Criminal and Violent Behavior, New York 1998, S. 161-170.

Möller, A. / Hell, D. (2001): Das gegenwärtige Verständnis des Psychopathiebegriffes in der forensischen Psychiatrie. In: Fortschritte der Neurologie und Psychiatrie, 69 (2001), H. 12, S. 603-610

Morel, B. A. (1857): Traité des Dégénérescences Physiques, Intellectuelles et Morales de l'Espèce Humaine et des Causes qui Produisent ces Variétés Maladies, Paris 1857.

Moreno, K. / Kida, T. / Smith, J. F. (2002): The Impact of Affective Reactions on Risky Decision Making in Accounting Contexts. In: Journal of Accounting Research, 40 (2002), H. 5, S. 1331-1349.

Morgan, M. S. (1997): The Character of Rational Economic Man. In: Dialektik (1997), H. 1, S. 77-94.

Moscoso, S. / Salgado, J. F. (2004): "Dark side" personality styles as predictors of task, contextual, and job performance. In: International Journal of Selection and Assessment, 12 (2004), H. 4, S. 356-362.

Mueller, D. C. (1989): Public Choice II: A revised edition of Public Choice, Cambridge 1989.

Müller-Isberner, R. / Eucker, S. / Herpertz, S. C. (2003): Dissoziale Persönlichkeitsstörung. In: Herpertz, S. C. et al. (Hrsg.): Persönlichkeitsstörungen, Stuttgart et al. 2003, S. 71-84.

Mummendey, H. D. (1987): Die Fragebogen-Methode, Göttingen et al. 1987.

Murphy, C. / Vess, J. (2003): Subtypes of Psychopathy: Proposed Differences between Narcissistic, Borderline, Sadistic, and Antisocial Psychopaths. In: Psychiatric Quarterly, 74 (2003), H. 1, S. 11-29.

Myers, D. G. (2008a): Gedächtnis. In: Myers, D. (Hrsg.): Psychologie, 2. Aufl., Heidelberg et al. 2008, S. 380-428.

Myers, D. G. (2008b): Psychologie, 2. Aufl., Heidelberg 2008.

Nedopil, N. (2001): Rückfallprognose bei Straftätern. In: Psycho, 27 (2001), S. 363-369.

Nedopil, N. (2005): Prognosen in der Forensischen Psychiatrie - Ein Handbuch für die Praxis, 3. Aufl., Lengerich et al. 2005.

Nedopil, N. et al. (2007): Forensiche Psychiatrie: Klinik, Begutachtung und Behandlung zwischen Psychiatrie und Recht, 3. Aufl., Stuttgart et al. 2007.

Nedopil, N. / Müller-Isberner, R. (2001): Die Psychopathie-Checkliste PCL-R, Multi-Health-Systems, Toronto 2001.

Neumann, C. S. et al. (2005): Reconstructing the "reconstruction" of psychopathy: A comment on Cooke, Michie, Hart & Clark. In: Journal of Personality Disorders, 19 (2005), S. 624-640.

Nissen, G. (2000): Persönlichkeitsstörungen, Stuttgart et al. 2000.

Nussbeck, F. W. et al. (2007): Konvergente und diskriminante Validität über die Zeit: Integration von Multitrait-Multimethod-Modellen und der Latent-State-Trait-Theorie. In: Moosbrugger, H. et al. (Hrsg.): Testtheorie und Fragebogenkonstruktion Heidelberg 2007, S. 362-387.

Oldham, J. M. / Skodol, A. E. (1998): Persönlichkeitsstörungen. In: Wittchen, H.-U. (Hrsg.): Handbuch Psychische Störungen, 2. Aufl., Weinheim 1998, S. 202-211.

Online Medical Tribune (Hrsg.) (2005): Wenn Ihr Chef Sie zum Wahnsinn bringt. Ausgabe 1/2005, S. 12. Online im Internet, URL: http://www2.medical-tribune.de/patienten/magazin/13292/, Abruf: 2011-06-16.

Osterloh, M. / Frey, B. S. (2000): Motivation, Knowledge Transfer, and Organizational Forms. In: Organization Science, 11 (2000), H. 5, S. 538-550.

Otten, S. / Wentura, D. (1999): About the impact of automaticity in the Minimal Group Paradigm: evidence from affective priming task. In: European Journal of Social Psychology, 29 (1999), H. 8, S. 1049-1071.

Ottosson, H. et al. (1998): DSM-IV and ICD-10 personality disorders: a comparison of a self-report questionnaire (DIP-Q) with a structured interview. In: European Psychiatry, 13 (1998), H. 5, S. 246-253.

Özdemir, H. (2008): Fehlzeiten und Fluktuation reduzieren durch Organisationsentwicklung - Ein Leitfaden für die Unternehmenspraxis, Erftstadt-Liblar 2008.

Pareto, V. (1964): Cours de l'Économie Politique, Genf 1964.

Parker, J. / Sitarenios, G. / Hare, R. D. (2002): Large sample multigroup analyses of the factor structure of the Hare Psychopathy Checklist-Revised (PCL-R), unveröffentlichtes Manuskript 2002.

Partridge, G. E. (1930): Current conceptions of psychopathic personality. In: American Journal of Psychiatry (1930), H. 10, S. 53-99.

Patrick, C. J. (1994): Emotion and psychopathy: startling new insights. In: Psychophysiology (1994), H. 31, S. 319-330.

Patrick, C. J. / Bradley, M. M. / Lang, P. J. (1993): Emotion in the criminal psychopath: startle reflex modulation. In: Journal of Abnormal Psychology (1993), H. 102, S. 82-92.

Paulhus, D. L. / Williams, K. M. (2002): The dark triad of personality: Narcissism, machiavellianism and psychopathy. In: Journal of Research in Personality, 36 (2002), H. 6, S. 556-563.

Peters, U. H. (2007): Lexikon Psychiatrie, Psychotherapie, medizinische Psychologie, 6. Aufl., München et al. 2007.

Pinel, J. P. J. (2001): Biopsychologie, 2. Aufl., Heidelberg et al. 2001.

Pinel, P. (1801): Traité médico-philosophique sur l'aliénation mentale ou la manie. Online im Internet, URL: http://visualiseur.bnf.fr/Visualiseur?Destination=Gallica&O=NUMM-76576, Abruf: 2011-02-12.

Pinel, P. (1809): Traité Médico-Philosophique sur L'aliénation Mentale, 2. Aufl., Paris 1809.

Porter, L. W. / Lawler, E. E. (1968): Managerial attitudes and performance, Homewood 1968.

Poythress, N. G. / Skeem, J. L. (2006): Disaggregating Psychopathy: Where and How to Look for Subtypes. In: Patrick, C. J. (Hrsg.): Handbook of Psychopathy, New York et al. 2006, S. 172-192.

Prendergast, C. (1999): The provision of incentives in firms. In: Journal of Economic Literature, 37 (1999), H. 1, S. 7-63.

Prichard, J. C. (1835): A Treatise on Insanity and Other Disorders Affecting the Mind, London 1835.

Priddat, B. P. (1997): Moralischer Konsum. Über das Verhältnis von Rationalität, Präferenzen und Personen. In: Lohmann, K. R. et al. (Hrsg.): Ökonomie und Moral - Beiträge zur Theorie ökonomischer Rationalität, Oldenburg et al. 1997, S. 175-194.

Priddat, B. P. (1998): Moral based rational man. In: Brieskorn, N. et al. (Hrsg.): Homo oeconomicus: der Mensch der Zukunft?, Stuttgart et al. 1998, S. 1-31.

Priddat, B. P. (2001): Moral: Restriktion, Metapräferenz: Adjustierung einer Ökonomie der Moral. In: Wieland, J. et al. (Hrsg.): Die moralische Verantwortung kollektiver Akteure, Heidelberg 2001, S. 41-79.

Pschyrembel (Hrsg.) (2002): Klinisches Wörterbuch, 259. Aufl., Berlin et al. 2002.

Pukrop, R. et al. (2002): Persönlichkeit, akzentuierte Wesenszüge und Persönlichkeitsstörungen. Ein Beitrag zur dimensionalen Diagnostik von Persönlichkeitsstörungen. In: Der Nervenarzt, 73 (2002), H. 3, S. 247-254.

PwC (Hrsg.) (2009): Wirtschaftskriminalität 2009: Sicherheitslage in deutschen Großunternehmen. Online im Internet, URL: http://www.pwc.de/fileserver/RepositoryItem/StudieWirtschaftskriminal09.pdf?itemId=13277911, Abruf: 2010-11-08.

Ramb, B.-T. (1993): Die allgemeine Logik menschlichen Handelns. In: Ramb, B.-T. et al. (Hrsg.): Ökonomische Verhaltenstheorie, München 1993, S. 1-31.

Rasch, W. (1982): Angst vor Abartigkeit. In: Neue Zeitschrift für Strafrecht (1982), H. 2, S. 177-183.

Rathgeber, K. (2005): 270°-Beurteilung von Führungsverhalten: Interperspektivische Übereinstimmung und ihr Zusammenhang mit Erfolg - eine Befragung in der Automobilindustrie, Dissertationsschrift, TU Chemnitz, Chemnitz 2005.

Ray, J. J. / Ray, J. A. B. (1982): Some apparent advantages of subclinical psychopathy. In: Journal of Social Psychology, 117 (1982), H. 1, S. 135-142.

Reidy, D. E. et al. (2008): Psychopathy traits and the processing of emotion words: Results of a lexical decision task. In: Cognition and Emotion, 22 (2008), H. 6, S. 1174-1186.

Reiss, S. (2002): Who am I?: the 16 basic desires that motivate our behavior and define our personality, Berkley 2002.

Rentrop, M. / Häussermann, P. / Theml, T. (2009): Tipps für die Stationsarbeit. In: Rentrop, M. et al. (Hrsg.): Klinikleitfaden: Psychiatrie und Psychotherapie, 4. Aufl., München et al. 2009, S. 1-60.

Robbins, L. (1932): On the Nature and Significance of Economic Science, London 1932.

Rolle, R. (2005): Homo oeconomicus: Wirtschaftsanthropologie in philosophischer Perspektive, Würzburg 2005.

Rothermund, K. / Wentura, D. (2004): Underlying processes in the Implicit Association Test: Dissociating salience from associations. In: Journal of Experimental Psychology: General, 133 (2004), H. 2, S. 139-165.

Ruckriegel, K. (2007): Quo vadis, Homo oeconomicus? In: Das Wirtschaftsstudium (2007), H. 2, S. 198-201.

Rush, B. (1812): Medical Inquiries and Observations upon the Diseases of the Mind, 2. Aufl., Philadelphia 1812.

Rush, B. (1827): Medical Inquiries and Observations upon the Diseases of the Mind, 3. Aufl., Philadelphia 1827.

Salanié, B. (1997): The Economics of Contracts: a Primer, Cambridge, MA 1997.

Salekin, R. T. / Rogers, R. / Sewell, K. W. (1996): A Review and Meta-Analysis of the Psychopathy Checklist and Psychopathy Checklist-Revised: Predictive Validity of Dangerousness. In: Clinical Psychology: Science and Practice, 3 (1996), H. 3, S. 203-215.

Sandoval, A.-M. R. et al. (2000): Construct validity of the psychopathic personality inventory in a correctional sample. In: Journal of Personality Assessment, 74 (2000), H. 2, S. 262-281.

Saß, H. (1987): Psychopathie, Soziopathie, Dissozialität - Zur Differentialtypologie der Persönlichkeitsstörungen, Berlin et al. 1987.

Saß, H. et al. (2003): Diagnostische Kriterien des Diagnostischen und Statistischen Manuals Psychischer Störungen DSM-IV-TR, Göttingen et al. 2003.

Saß, H. / Felthous, A. R. (2007): History and Conceptual Development of Psychopathic Disorders. In: Felthous, A. et al. (Hrsg.): International Handbook on Psychopathic Disorders And The Law, Bd. 1, Diagnosis and Treatment, Chichester, West Sussex, England 2007, S. 9-32.

Schanz, G. (1991a): Handbuch Anreizsysteme, Stuttgart 1991.

Schanz, G. (1991b): Motivationale Grundlagen der Gestaltung von Anreizsystemen. In: Schanz, G. (Hrsg.): Handbuch Anreizsysteme in Wirtschaft und Verwaltung, Stuttgart 1991, S. 3-30.

Schlick, C. / Bruder, R. / Luczak, H. (2010): Arbeitswissenschaft, 3. Aufl., Heidelberg et al. 2010.

Schneider, D. (1988): Grundsätze anreizverträglicher innerbetrieblicher Erfolgsrechnung zur Steuerung und Kontrolle von Fertigungs- und Vertriebsentscheidungen. In: Zeitschrift für Betriebswirtschaft, 58 (1988), H. 11, S. 1181-1192.

Schneider, F. / Frister, H. / Olzen, D. (2010): Begutachtung psychischer Störungen, 2. Aufl., Berlin et al. 2010.

Schneider, H. J. (2009): Rückfallprognose bei Sexualstraftätern. In: Schneider, H. J. (Hrsg.): Internationales Handbuch der Kriminologie, Bd. 2, Berlin 2009, S. 909-946.

Schneider, K. (1923): Die psychopathischen Persönlichkeiten, 1. Aufl., Leipzig 1923.

Schneider, K. (1950): Die psychopathischen Persönlichkeiten, 9. Aufl., Wien 1950.

Schneider, K. (2007): Klinische Psychopathologie, 15. Aufl., Stuttgart 2007.

Schneider, K. / Schmalt, H.-D. (2000): Motivation, 3. Aufl., Stuttgart et al. 2000.

Schreiber, H.-L. / Rosenau, H. (2009): Rechtliche Grundlagen der psychiatrischen Begutachtung. In: Foerster, K. et al. (Hrsg.): Psychiatrische Begutachtung: Ein praktisches Handbuch für Ärzte und Juristen, 5. Aufl., München 2009, S. 77-152.

Schreyögg, G. (2008): Organisation: Grundlagen moderner Organisationsgestaltung, 5. Aufl., Wiesbaden 2008.

Schweitzer, M. / Küpper, H.-U. (2008): Systeme der Kosten- und Erlösrechnung, 9. Aufl., München 2008.

Schwertfeger, B. (2006): Kets de Vries: Gruppen coachen ist effektiver (Interview mit dem Psychoanalytiker Manfred F. R. Kets de Vries). In: wirtschaft + weiterbildung, 19 (2006), H. 4, S. 48-51.

Semmelrock, C. (2009): Die prädiktive Validität des 2-, 3- und 4-Faktorenmodells der Psychopathie-Checkliste von Hare, München 2009.

Sen, A. K. (1971): Collective Choice and Social Welfare, San Francisco 1971.

Sen, A. K. (1977): Rational Fools: A Critique of the Behavioral Foundations of Economic Theory. In: Philosophy and Public Affairs, 6 (1977), H. 4, S. 317-344.

Seto, M. C. / Barbare, H. E. (1999): Psychopathy, Treatment, Behavior, and Sex Offender Recidivism. In: Journal of Interpersonal Violence, 14 (1999), H. 12, S. 1235-1248.

Sevecke, K. / Krischer, M. K. (2008): Das Psychopathy-Konzept für Jugendliche - empirische Ergebnisse und forensisch-psychiatrische Aspekte. In: Steinhausen, H.-C. et al. (Hrsg.): Jugenddelinquenz: Entwicklungspsychiatrische und forensische Grundlagen und Praxis, Stuttgart 2008, S. 64-78.

Sevecke, K. / Krischer, M. K. (im Druck): Die Psychopathy-Checkliste für Jugendliche, deutsche Übersetzung. Multi-Health Systems, Tornonto.

Sevecke, K. et al. (2005): Das Psychopathy-Konzept und seine psychometrische Erfassung im Kindes-, Jugend- und Erwachsenenalter. In: Fortschritte der Neurologie und Psychiatrie, 73 (2005), H. 7, S. 392-400.

Sevecke, K. et al. (2007): Erfassung von Persönlichkeitsdimensionen der Psychopathy nach Hare bei der strafrechtlichen Begutachtung von Jugendlichen: Eine retrospektive Untersuchung zur Anwendbarkeit der Psychopathy-Checkliste als Version für Jugendliche. In: Der Nervenarzt, 78 (2007), H. 5, S. 552-559.

Shakespeare, W. (1623): Macbeth, London 1623.

Siegert, T. (1999): Humankapital: Erfolgsmessung und Partizipation. In: Bühler, W. et al. (Hrsg.): Unternehmenssteuerung und Anreizsysteme, Stuttgart 1999, S. 17-46.

Siegmund, K. / Fehr, E. / Nowak, M. A. (2002): Teilen und Helfen: Ursprünge sozialen Verhaltens. In: Spektrum der Wissenschaft (2002), H. 3, S. 52-59.

Simon, F. B. / Clement, U. / Stierlin, H. (1999): Die Sprache der Familientherapie, ein Vokabular. Kritischer Überblick und Integration systemtherapeutischer Begriffe, Konzepte und Methoden, Stuttgart 1999.

Simon, H. A. (1955): A Behavioral Model of Rational Choice. In: Quarterly Journal of Economics, 69 (1955), H. 1, S. 99-118.

Simon, H. A. (1959): Theories of decision making in economics and behavioural science. In: American Economic Review, 49 (1959), H. 3, S. 253-283.

Simondon, G. (1989): L'individuation psychique et collective, Aubier 1989.

Smith, A. (1789): Der Wohlstand der Nationen. Eine Untersuchung seiner Natur und seiner Ursachen. Aus dem Englischen übersetzt von Recktenwald, H. C. 1974, München 1789.

Smith, A. (2005): Der Wohlstand der Nationen, 11. Auflage, München 2005.

Sollberger, B. A. (2001): Personalerhaltungsmaßnahmen in Form von Anreizsystemen im Regionalspital Emmental (RSE). Online im Internet, URL: http://www.iop.unibe.ch/lehre/lizentiatsarbeiten/Liz-Sollberger-Bettina-Anne.pdf, Abruf: 2010-11-22.

Sprinkle, G. B. (2000): The Effect of Incentive Contracts on Learning and Performance. In: The Accounting Review, 75 (2000), H. 3, S. 299-326.

Sprinkle, G. B. (2003): Perspectives on experimental research in managerial accounting. In: Accounting, Organizations and Society, 28 (2003), H. 2-3, S. 287-318.

Sprinkle, G. B. / Williamson, M. G. (2007): Experimental Research in Managerial Accounting. In: Chapman, C. S. et al. (Hrsg.): Handbooks of Management Accounting Research, Bd. 1, New York 2007, S. 415-444.

Sprothen, V. (2005): Ohne Skrupel - Erstaunlich häufig gelangen Psychopathen in die Chefetagen. In: WirtschaftsWoche, 79 (2005), H. 30 S. 77-79.

Steigleder, E. (1966): Kritische Bemerkungen zum Begriff der Psychopathie. In: International Journal of Legal Medicine, 57 (1966), H. 1-2, S. 90-99.

Stieglitz, R.-D. (2008): Diagnostik und Klassifikation in der Psychiatrie, Stuttgart 2008.

Stierlin, H. (1989): Individuation und Familie: Studien zur Theorie und therapeutischen Praxis, Frankfurt a. M. 1989.

Strauss, E. (1983): Perception of emotional words. In: Neuropsychologia (1983), H. 21, S. 99-103.

Stroop, J. R. (1935): Studies of interference in serial verbal reactions. In: Journal of Experimental Psychology (1935), H. 18, S. 643-662.

Suchanek, A. / Kerscher, K.-J. (2007): Der Homo oeconomicus: Verfehltes Menschenbild oder leistungsfähiges Analyseinstrument? In: Lang, R. et al. (Hrsg.): Individuum und Organisation: Neue Trends eines organisationswissenschaftlichen Forschungsfeldes, Wiesbaden 2007, S. 251-275.

Sutton, R. I. (2007): Der Arschloch-Faktor: Vom geschickten Umgang mit Aufschneidern, Intriganten und Despoten im Unternehmen, München et al. 2007.

Swogger, M. T. / Kosson, D. S. (2007): Identifying subtypes of criminal psychopaths: A replication and extension. In: Criminal justice and behavior, 34 (2007), H. 8, S. 953-970.

Thalmann, T. (2009): Neues vom Psychopathen. In: Monatsschrift für Kriminologie und Strafrechtsreform, 92 (2009), H. 4, S. 376-394.

Tiedemann, J. L. (2007): Die intersubjektive Natur der Scham, Dissertationsschrift, Freie Universität Berlin, Berlin 2007.

Tokarski, K. O. (2008): Ethik und Entrepreneurship: Eine theoretische sowie empirische Analyse junger Unternehmen im Rahmen einer Unternehmensethikforschung, Wuppertal 2008.

Tomasello, M. (2009): Die Ursprünge der menschlichen Kommunikation, Frankfurt a. M. 2009.

Tomasello, M. (2010): Warum wir kooperieren, Berlin 2010.

Trousseau, A. (1866): Medicinische Klinik des Hotel-Dieu in Paris, Bd. 1, Würzburg 1866.

Tyler, T. R. (2006): Why people obey the law, 10. Aufl., Princeton 2006.

Tyler, T. R. (2011): Why People Cooperate: The Role of Social Motivations, 10. Aufl., Princeton 2011.

Ullrich, S. et al. (2003): Kategoriale und dimensionale Erfassung von "psychopathy" bei deutschen Straftätern. In: Der Nervenarzt, 74 (2003), H. 11, S. 1002-1008.

Vernona, P. A. et al. (2008): A behavioral genetic investigation of the Dark Triad and the Big 5. In: Personality and Individual Differences, 44 (2008), H. 2, S. 445-452.

von Rosenstiel, L. (1999): Motivationale Grundlagen von Anreizsystemen. In: Bühler, W. et al. (Hrsg.): Unternehmenssteuerung und Anreizsysteme, Stuttgart 1999, S. 47-77.

Vroom, V. (1964): Work and motivation, New York 1964.

Wagenhofer, A. / Ewert, R. (2002): Externe Unternehmensrechnung, Berlin et al. 2002.

Walker, I. (2009): Ich bin ein Psychopath, [Fernsehdokumentation], Australien, Arte 2009.

Waller, W. S. (1995): Decision-Making Research in Managerial Accounting. In: Ashton, R. H. et al. (Hrsg.): Judgement and Decision-Making Research in Accounting and Auditing, New York 1995, S. 29-54.

Walter, H. (2005): Emotionale Dysfunktion, Psychopathie und kognitive Neurowissenschaft: Was gibt es Neues und was folgt daraus? In: Der Nervenarzt, 76 (2005), H. 5, S. 557-568.

Walters, G. D. (2003): Prediciting Criminal Justice Outcomes with the Psychopathy Checklist and Lifestyle Criminality Screening Form: A Meta-Analytic Comparison. In: Behavioral Sciences and the Law, 21 (2003), S. 89-102.

Walters, G. D. (2004): The Trouble with Psychopathy as a General Theory of Crime. In: International Journal of Offender Therapy and Comparative Criminology, 48 (2004), H. 2, S. 133-148.

Weaver, C. M. et al. (2006): Two-, Three-, and Four-Factor PCL-R Models in Applied Sex Offender Risk Assessments. In: Assessment, 13 (2006), H. 2, S. 208-216.

Weber, J. / Schäffer, U. (2006): Einführung in das Controlling, 11. Aufl., Stuttgart 2006.

Weber, T. (2006): Anreizsysteme für die betriebliche Forschung und Entwicklung, Wiesbaden 2006.

Webster, C. D. / Bailes, G. (2000): Assessing Violence Risk in Mentally and Personality Disordered Individuals. In: Hollin, C. R. (Hrsg.): Treatment, Chichester 2000.

Wegener, H. (1981): Einführung in die forensische Psychologie, Darmstadt 1981.

Weibel, A. / Rost, K. / Osterloh, M. (2007): Gewollte und ungewollte Anreizwirkungen von variablen Löhnen: Disziplinierung der Agenten oder Crowding-Out? In: Zeitschrift für betriebswirtschaftliche Forschung, 59 (2007), H. 12, S. 1029-1054.

Weinert, A. (1987): Lehrbuch der Organisationspsychologie, München et al. 1987.

Weinert, A. B. (1998): Organisationspsychologie, 4. Aufl., Weinheim et al. 1998.

Weinert, A. B. (2004): Organisations- und Personalpsychologie, 5. Aufl., Weinheim et al. 2004.

Weinrich, M. (2004): Norm, Abweichung und Zuschreibung als Grundbegriffe einer reflexiven Kriminologie. In: Karliczek, K.-M. (Hrsg.): Kriminologische Erkundungen, Münster 2004, S. 179-209.

Werkmeister, C. (2005): Investitionsbudgetierung mit leistungsorientierter Managemententlohnung, Wiesbaden 2005.

Weschke, E. / Krause, W. (1983): Auswertung polizeilicher Unterlagen in Berlin über Kinder, Jugendliche und Heranwachsende des Jahrgangs 1953. In: Arbeitsgruppe Jugenddelinquenz (Hrsg.): Handlungsorientierte Analyse von Kinder- und Jugenddelinquenz, Berlin 1983, S. 211-298.

West, D. J. / Farrington, D. P. (1973): Who Becomes Delinquent?, London 1973.

West, D. J. / Farrington, D. P. (1977): The Delinquent Way of Life'. In: Bean, P. (Hrsg.): Crime: Critical Concepts in Sociology, London 1977.

Widiger, T. A. (1998): Psychopathy and Normal Personality. In: Cooke, D. J. et al. (Hrsg.): Psychopathy: Theory, Research and Implication for Society, Dordrecht et al. 1998, S. 47-68.

Widiger, T. A. (2006): Psychopathy and DSM-IV Psychopathology. In: Patrick, C. J. (Hrsg.): Handbook of psychopathy, New York 2006, S. 156-171.

Williamson, S. E. / Harpur, T. J. / Hare, R. D. (1991): Abnormal processing affective words by psychopaths. In: Psychophysiology (1991), H. 28, S. 260-273.

Winterhoff-Spurk, P. (2002): Organisationspsychologie. Eine Einführung, Stuttgart 2002.

Winterhoff-Spurk, P. (2005): Kalte Herzen. Wie das Fernsehen unseren Charakter formt, Stuttgart 2005.

Witter, H. (1972): Forensische Beurteilung des Schwachsinns. In: Göppinger, H. et al. (Hrsg.): Handbuch der forensischen Psychiatrie, Berlin et al. 1972.

Wolfgang, M. E. / Figlio, R. M. / Sellin, T. (1972): Delinquency in a Birth Cohort, Chicago 1972.

Wootton, J. M. et al. (1997): Ineffective parenting and childhood conduct problems: The moderating role of callous-unemotional traits. In: Journal of Consulting and Clinical Psychology, 65 (1997), H. 2, S. 301-308.

Young, S. M. / Lewis, B. (1995): Experimental incentive-contracting research in management accounting. In: Ashton, R. H. et al. (Hrsg.): Judgement and decision-making research in accounting and auditing, Cambridge 1995, S. 55-75.

Ziehen, T. H. (1905): Zur Lehre von den psychopathischen Konstitutionen. In: Charité-Annalen 29 (1905).

Ziehen, T. H. (1907): Zur Lehre von den psychopathischen Konstitutionen. In: Charité-Annalen 31 (1907).

Ziehen, T. H. (1908): Zur Lehre von den psychopathischen Konstitutionen. In: Charité-Annalen 32 (1908).

Ziehen, T. H. (1912): Zur Lehre von den psychopathischen Konstitutionen. In: Charité-Annalen 36 (1912).

Zimbardo, P. G. / Gerrig, R. J. (2008): Psychologie, 18. Aufl., München et al. 2008.